武汉大学规划教材

土 木 工 程 图 学

主编　夏唯　靳萍

副主编　刘天桢　刘永

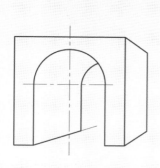
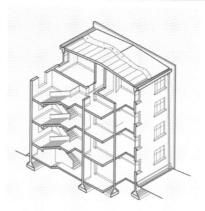
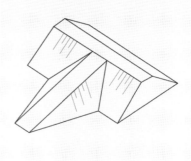

WUHAN UNIVERSITY PRESS
武汉大学出版社

图书在版编目（CIP）数据

土木工程图学 / 夏唯，靳萍主编；刘天桢，刘永副主编. -- 武汉 ：武汉大学出版社，2024. 9. -- ISBN 978-7-307-24593-8

Ⅰ. TU204

中国国家版本馆 CIP 数据核字第 2024RX7243 号

责任编辑:谢文涛　　　　责任校对:汪欣怡　　　　版式设计:马　佳

出版发行：**武汉大学出版社** （430072　武昌　珞珈山）

（电子邮箱：cbs22@whu.edu.cn　网址：www.wdp.com.cn）

印刷:湖北金海印务有限公司

开本:787×1092　1/16　印张:24.5　字数:563 千字　插页:1

版次:2024 年 9 月第 1 版　2024 年 9 月第 1 次印刷

ISBN 978-7-307-24593-8　　定价:58.00 元

前　　言

　　土木工程图学是研究绘制工程图样的一门学科。内容包括工程图样的绘制与阅读，以及计算机绘图基础，不仅涵盖了几何造型、投影理论、图学规范等基础知识，还涉及计算机辅助设计（CAD）等现代技术应用。本书融合了设计原理、图形表达与工程技术，旨在培养学生精确的三维空间想象力、严谨的逻辑思维能力和高效的图形沟通技巧。

　　本书是"武汉大学规划教材"项目，致力于为卓越工程师和新工科培养计划服务。其特点包括：

　　（1）体系合理，各部分内容之间衔接自如、重点突出、难易适中、张弛有度，利于不同学时教学选用，符合当前教学现状需求。

　　（2）积极贯彻新颁布的国家标准。全书采用了国家标准化委员会颁布的《技术制图》《建筑制图》《水利工程制图》等有关最新国家标准和行业标准，根据内容需要，培养学生正确查阅、使用国家标准的能力，树立贯彻最新国家标准的意识。

　　（3）内容上全面涵盖了大土木类（建筑、土木、水利）专业所需的画法几何学、专业工程制图和计算机绘图等相关内容。在符合专业表达的前提下力求文字简洁通顺，按照由浅入深、由简入繁、循序渐进的原则进行编写，图文清晰、配图合理，便于学生阅读、自学。

　　本书由武汉大学具有多年工程制图教学经验的教师编写，参加编写的教师有：夏唯（前言，绪论，第 2、4、9、10、11、12 章），靳萍（第 7、13、14 章），刘天桢（第 3、5、8 章），刘永（第 1、6 章）。全书由夏唯统稿，夏唯、靳萍担任主编，刘天桢、刘永担任副主编。

　　感谢所有参与本书编写工作的老师付出的辛苦劳动！感谢武汉大学图学与数字技术系所有教师对本书提出的宝贵意见和建议，对提高本书的质量提供了重要保障！感谢武汉大学出版社谢文涛编辑及其同仁的努力，保证了本书按时出版！

　　本书在编写过程中参考了该领域部分优秀著作、教材和习题集等文献，在此谨向参考文献作者致以衷心感谢！

　　最后，由于编者水平有限，书中不足之处在所难免，恳请选用本书的师生和读者及同仁批评指正，多提意见和建议，便于及时修订。

编者

2024 年 7 月，于武昌珞珈山

目　　录

绪　　论

一、工程图学发展概述

有史以来，人类就试图用图形来表达和交流思想。考古发现，早在公元前 2600 年就出现了可以成为工程图样的图，那是一幅刻在泥板上的神庙地图。1100 年，宋代李诫(明仲)所著《营造法式》这一巨著有三十六卷，其中就有六卷是当时世界上极为先进的工程图绘制方法。

十八世纪，法国数学家加斯帕尔·蒙日将各种表达方法归纳和提高，发表了以多面正投影法为基础的画法几何学，对世界各国科学技术的发展产生了巨大影响，并在科技界，尤其在工程界得到广泛的应用和发展。

画法几何学与工程专业结合，产生了多个学科。工程制图标准的制定，使工程图样成为工程中重要的技术文件，成为国际上科技界通用的"工程技术语言"。

20 世纪下半叶，计算机绘图、计算机辅助设计、数字城市、数字水利等现代技术的不断推进，形数结合的研究得以发展，国外先进的绘图软件如 AutoCAD、Revit、Pro/E 等得到广泛使用。计算机绘图在我国也迅猛发展，自主开发的国产绘图软件，如天正建筑、浩辰 CAD 等也在设计、教学、科研生产单位得到广泛使用。

二、本课程的性质和任务

工程图学是研究绘制工程图样的一门学科。工程图样是工程界进行技术交流的语言，是指导生产、施工管理等必不可少的技术文件。为了培养能胜任工作的高级工程技术应用型人才，各高等院校的培养计划中都设置了制图基础课程。

本课程主要介绍绘制和阅读工程图样的理论和方法，培养学生空间想象能力和绘制工程图样的技能；是为本专业学生学习后续课程提供工程图学的基本概念、基本理论、基本方法和基本技能的一门专业技术基础课程；也是工程技术人员必不可少的专业基础。

本课程的主要内容包括制图基础、画法几何、专业图和计算机绘图。通过课程的学习，学生应牢固掌握投影的基本概念和基本理论，熟练掌握作图的基本方法和基本技能，掌握数字化制图的基本方法。

本课程的主要任务是：

（1）学习工程制图的有关国家标准并正确执行；

（2）学习投影法的基本原理并加以应用；

（3）培养空间想象能力和图示、图解的初步能力；

（4）培养绘制和阅读本专业工程图样的初步能力；

（5）培养用计算机绘制专业工程图样的初步能力。

三、本课程的特点和学习方法

本课程是一门理论性及实践性都较强的课程，学生除了认真听课，用心理解课堂内容并及时复习、巩固外，还应做到以下几点：

（1）培养空间思维能力。画法几何研究的是图示法和图解法，讨论空间形体与平面图形之间的对应关系，所以学习时要学会根据实物模型或立体图画出该物体的投影图，也要学会由该物体的投影图想象它的空间形状，逐步理解三维空间物体和二维平面图形之间的对应关系，并加以反复练习。

（2）认真独立地完成作业。本课程作业量较大，基本上都是动手画图或图解的作业，完成每个作业都必须认真理解，独立思考，认真地用三角板、圆规、铅笔等工具独自完成；对于计算机绘图，要有足够的上机操作时间，多加练习。

（3）严谨、细致、遵守国家制图标准绘制图样。工程图纸是施工的依据，所绘制的图样必须投影正确无误，尺寸齐全合理，表达完善清晰，符合国家标准和施工要求，只有按国家批准、颁布的制图标准来绘制，图样才有可能成为工程界技术交流的语言。所以，从初学制图开始，就应严格要求自己按制图标准中的规定来绘制，培养自己认真负责的工作态度和严谨细致的良好学风。

第1章 工程制图基本知识

1.1 工程制图的基本规定

工程图样作为工程技术语言，是工程设计、施工建造过程中信息交流的重要技术资料。为了传承科学技术和实践经验，适应国际和国内企业间经济、技术及管理等技术交流合作，各工业行业都制定了共同遵循的标准、规范和规程。这些标准、规范和规程都是标准的一种表现形式，习惯上统称标准。

标准有许多种，由国家职能部门制定，并在全国范围实施的为国家标准。各个国家都有自己的国家标准。如代号"JIS""ANSI""DIN"分别表示日本、美国、德国的国家标准。我国国家标准通常简称为"国标"，其代号为"GB"。20 世纪 40 年代成立的国际标准化组织，代号为"ISO"，它也制定了若干国际标准。

我国制定、发布和实施的制图标准中，《技术制图》标注普遍适用于工程界各种专业技术图样。建筑制图有关国家标准共有六种，包括总纲性质的《房屋建筑制图统一标准》（GB/T 50001—2017）和专业部分的《总图制图标准》（GB/T 50003—2010）、《建筑制图标注》（GB/T 50104—2010）、《建筑结构制图标准》（GB/T 50105—2010）、《建筑给水排水制图标准》（GB/T 50106—2010）、《暖通空调制图标准》（GB/T 50114—2010）。其中，《》里是中文标准名称，（）里是标准号。标准号是由标准代号和数字组成。上面列举的标准号中字母"GB"为国标代号、"GB/T"为推荐性国标代号，后面的第一组数字表示标准被批准的顺序号，第二组数字表示标准发布的年份。某些部门，根据本行业的特点和需要，还制定了部颁的行业标准，简称"行标"，如水利部批准、颁布的《水利水电工程制图标准基础制图》（SL 73.1—2013），国家发展和改革委员会发布的电力行业标准《水电水利工程基础制图标准》（DL/T 5347—2006）。工程技术人员应熟悉，并严格遵守国家标准及行业标准的有关规定。

本章主要介绍国家标准中对图纸幅面及格式、比例、字体、图线等制图标准规定和尺寸标注法、常用绘图方法，其他相关标准将在有关章节中叙述。

1.1.1　图纸幅面及格式（GB/T 14689—2008、GB/T 50001—2017）

1. 图纸幅面

图纸幅面是指图纸的大小规格。为了便于图纸的装订、保管及合理利用，《技术制图》（GB/T 14689—2008）和《房屋建筑制图统一标准》（GBT 50001—2017）对绘制工程图样的图纸幅面和格式做了规定，其中规定了 5 种基本图幅，绘制图样时，应优先采用国标规定的基本图幅，见表 1-1。

表 1-1　图纸幅面及图框尺寸　　　　　　　　　　　　　（单位：mm）

幅面代号	A0	A1	A2	A3	A4
$B×L$	841×1189	594×841	420×594	297×420	210×297
c	10			5	
a	25				

注：图中 B 为幅面短边尺寸，L 为幅面长边尺寸，c 为图框线与图纸边线之间宽度，a 为图框线与装订边之间的宽度。

如图 1-1 所示，图中粗实线表示基本图幅，当基本幅面不能满足视图的布置时，允许使用加长幅面。加长幅面是使基本幅面的短边呈整数倍增加，如图 1-1 中虚线所示。

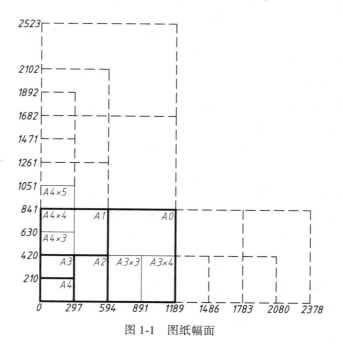

图 1-1　图纸幅面

2. 图框格式

图纸幅面可横放或竖放,在图纸上必须用粗实线绘制出图框线(用来限定绘图边界),四周留出周边,通常在左侧留出装订边,其格式如图 1-2 所示,周边尺寸 a、c 见表 1-1。

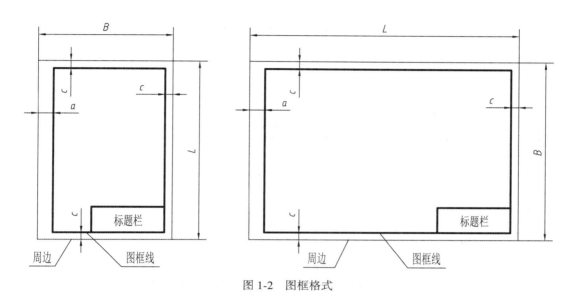

图 1-2　图框格式

3. 标题栏格式

在每张工程图纸上都需要设标题栏,配置在图框的右下角,如图 1-2 所示,并使标题栏的底边与下图框线重合,使其右边与右图框线重合。标题栏的格式由国家标准(GB/T 10609.1—2008)统一规定,标题栏内要填写图样名称、材料、数量、图样编号、绘图比例,以及设计者、审核者的姓名、日期等内容。通常,标题栏中的文字方向即为看图方向。

打印好边框与标题栏的图纸,其标题栏的内容、尺寸及基本格式,通常都是按照国家标准《技术制图》中有关规定执行。本课程的作业和练习都不是生产用图纸,所以除图幅外,标题栏格式和尺寸都可以简化,本教材提供的简化格式如图 1-3 所示,其中图名用 10 号字,校名所在栏用 7 号字,其余用 5 号字,字号详细含义见 1.1.3 小节。

1.1.2　比例(GB/T 14690—1993)

图样的比例是指图样中图形与其实物相应要素的线性尺寸之比。《技术制图比例》(GB/T 14690—1993)中规定了适用于技术制图和技术文件中绘图的比例和标注方法。

绘制图样时,应根据其用途和复杂程度从表 1-2 中选用合适的绘图比例(优先选用不带括号的比例)。

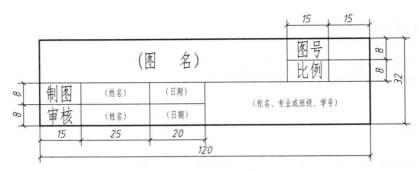

图 1-3　制图作业用标题栏

表 1-2　绘图用比例

原值比例	1 : 1				
放大比例	$2 : 1(2.5 : 1)$　$(4 : 1)$　$5 : 1$　$10^n : 1$　$2 \times 10^n : 1$　$(2.5 \times 10^n : 1)$　$(4 \times 10^n : 1)$　$5 \times 10^n : 1$				
缩小比例	$(1 : 1.5)$　$1 : 2$　$(1 : 2.5)$　$(1 : 3)$　$(1 : 4)$　$1 : 5$　$(1 : 6)$　$1 : 10^n (1 : 1.5 \times 10^n)$				
	$1 : 2 \times 10^n (1 : 2.5 \times 10^n)$　$(1 : 3 \times 10^n)$　$(1 : 4 \times 10^n)$　$1 : 5 \times 10^n (1 : 6 \times 10^n)$				

注：n 为正整数。

图样所采用的比例应填写在标题栏的"比例"栏内。必要时也可以标注在视图名称的下方或者右侧，当某一视图需采用不同比例时，必须另行标注在视图名称的下方或右侧。

1.1.3　字体(GB/T 14691—1993、GB/T 50001—2017)

《技术制图字体》(GB/T 14690—1993)中规定了技术图样中字体的结构形式及基本尺寸。图纸上所需书写的文字、数字或者符号等，均应做到：笔画清晰、字体端正、间隔均匀、排列整齐。字体高度(用 h 表示)的公称尺寸系列为 1.8mm，2.5mm，3.5mm，5mm，7mm，14mm，20mm，字体高度代表字体的号数。

汉字应写成长仿宋体字，并应采用国家正式公布推行的简化汉字。汉字的高度 h 不应小于3.5mm，其字宽一般为 $h/\sqrt{2}$。长仿宋体，其特点是：笔画坚挺、粗细均匀、起落带锋、整齐秀丽。汉字示例如图 1-4(a)所示。

字母和数字可写成斜体或直体。斜体字字头向右倾斜，与水平线成75°，通常不应小于 2.5 号。与汉字写在一起时宜写成直体。手工书写字例如图 1-4(b)所示。

1.1.4　图线(GB/T 17450—1998、GB/T 50001—2017)

1. 图线的型式及应用

《技术制图图线》(GB/T 14690—1993)中规定了 15 种基本线型及其变形，供各工程专业选用。《房屋建筑制图统一标准》(GBT 50001—2017)中规定了 6 种线型，供房屋建筑各专业选用，如表 1-3 所示。

横平竖直 排列均匀 注意起落 填满方格
笔画坚挺 粗细均匀 起落带锋 整齐秀丽
土木工程制图比例图号图线字体
尺寸标注建筑水利施工

(a)汉字长仿宋体字例

(b)字母、数字字例

图 1-4 常用字体示例

图线的基本线宽(b)，应按照图纸比例及图纸性质从 0.5mm、0.7mm、1.0mm、1.4mm 线宽系列中选取。各图线组中的粗、中粗、中、细线宽分别为 b、$0.7b$、$0.5b$、$0.25b$。每个图样，应根据复杂程度与绘图比例大小，先选定基本线宽(b)，再按照表 1-3 中的比例关系确定其他图线宽度（其他线宽值为：0.13mm、0.18mm、0.25mm、0.35mm）。图线的应用举例见图 1-5。

表 1-3 常用图线型式及主要用途

名称		图线型式	图线宽度	一般用途
实线	粗	——————————	b	主要可见轮廓线
	中粗	——————————	$0.7b$	可见轮廓线、变更云线
	中	——————————	$0.5b$	可见轮廓线、尺寸线
	细	——————————	$0.25b$	图例填充线、家具线

名称		图线型式	图线宽度	一般用途
虚线	粗	━ ━ ━ ━ ━ ━ ━	b	见各有关专业制图标准
	中粗	─ ─ ─ ─ ─ ─ ─	$0.7b$	不可见轮廓线
	中	─ ─ ─ ─ ─ ─ ─	$0.5b$	不可见轮廓线、图例线
	细	‐ ‐ ‐ ‐ ‐ ‐ ‐	$0.25b$	图例填充线。家具线
单点长画线	粗	━ ▪ ━ ▪ ━ ▪ ━	b	见各有关专业制图标准
	中	─ ▪ ─ ▪ ─ ▪ ─	$0.5b$	见各有关专业制图标准
	细	─ · ─ · ─ · ─	$0.25b$	中心线、对称线、轴线,
双点长画线	粗	━ ▪▪ ━ ▪▪ ━	b	
	中	─ ·· ─ ·· ─	$0.5b$	
	细	─ ·· ─ ·· ─	$0.25b$	假想投影轮廓线，成形前原始轮廓线
双折线	细	∿ ∿	$0.25b$	断开界线
波浪线	细	～～～	$0.25b$	断开界线

图纸的图框线、标题栏外框线和标题栏内分隔线之间的线宽比例如表 1-4 所示。

表 1-4　图框线和标题栏线的宽度

幅面代号	图框线	标题栏外框线对中标志	标题栏分格线幅面线
A0、A1	b	$0.5b$	$0.25b$
A2、A3、A4	b	$0.7b$	$0.35b$

2. 图线的画法

（1）同一图样中，同类图线的宽度应一致，各种线条要做到清晰整齐、均匀一致、粗细分明、交接正确。两条线相交应是线段相交，而不应该交在点或间隔处；当虚线位于粗实线的延长线上时，粗实线应画到分界点，虚线应留有空隙。

虚线、点画线及双点画线线段长度和间隔应各自保持基本一致。

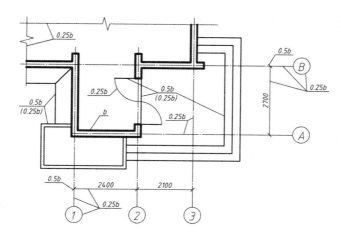

图 1-5　图线应用举例

（2）虚线画长 3～6mm，间隔 0.5～1mm。单点长画线、双点长画线的首尾应是长画，而不是点，且"点"应画成长约 1mm 的短画，长画线每一段的长度应为 15～20mm。

（3）绘制轴线、对称中心线、双折线和作为中断线的双点长画线时，应超出轮廓线 2～5mm。

（4）在较小的图形上绘制单点长画线和双点长画线有困难时，可用实线代替。

（5）当各种线型重合时，应按粗实线、虚线、点画线的优先顺序画出。

（6）两条平行线（包括剖面线）之间的距离应不小于粗实线线宽的两倍，且最小距离不得小于 0.7mm。

图线画法示例如图 1-6 所示。

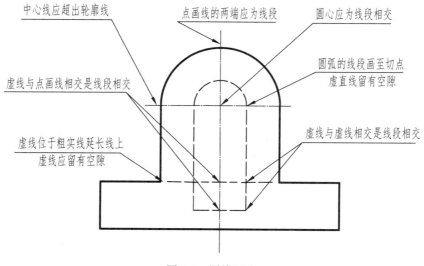

图 1-6　图线画法

1. 2　图样中尺寸标注的基本方法

图样中的图形只能表达形体的结构和形状，而形体的大小则由图样上标注的尺寸来确定。工程形体的施工、制造、装配、检验等都要根据尺寸来进行，因此尺寸标注是一项极为重要、细致的工作，必须认真细致、一丝不苟。如果尺寸有遗漏或错误，都会给施工和生产带来困难和损失。

国家制图标准对尺寸标注的基本要求是：正确、完整、清晰、合理。

正确——尺寸标注要符合国家标准的有关规定。

完整——要标注工程形体施工或制造过程中所需要的全部尺寸，不遗漏。

清晰——标注在图形最明显处，布局整齐，便于看图。

合理——符合设计要求和施工、加工、测量、装配等生产实践工艺要求。

下面介绍尺寸标注的一些基本方法，有些内容将在后面的有关章节中讲述，其他相关内容可查阅国标（GB/T 16675. 2—2002、GBT 50001—2017）。

1.2.1　基本规定

（1）形体的真实大小应以图样上所标注的尺寸数值为依据，与图形的大小、绘图比例及绘图准确度无关。

（2）图样中所标注的尺寸，为该图样所示形体的最后完工尺寸，否则应另加说明。

（3）图样中（包括技术要求和其他说明）的尺寸以 mm 为单位时，不标注计量单位的名称或代号，若采用其他单位，则必须注明相应的计量单位的名称或代号。

1.2.2　尺寸要素

一个完整的尺寸，一般应包含尺寸界线、尺寸线、尺寸起止符号和尺寸数字四个要素，如图 1-7 所示。

1. 尺寸界线

尺寸界线用细实线绘制，用以表示所标注尺寸的界限，应从图形的轮廓线、轴线或对称中心线处引出，一般应与尺寸线垂直，起始段需离开被标注部位不小于 2mm，另一端超出尺寸线的终端 2mm 左右。尺寸界线有时候也可以用轮廓线、轴线或对称中心线作为尺寸界线代替，如图 1-7 所示。

2. 尺寸线

尺寸线用细实线绘制，不能用其他的图线代替，一般也不得与其他图线重合或画在其他图线的延长线上。线性尺寸的尺寸线必须与所标注的线段平行。尺寸线与最近的图样轮

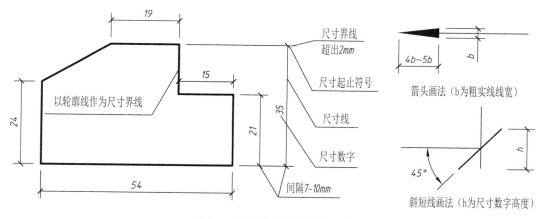

图 1-7　尺寸的组成及标注示例

廓线间距不宜小于 5mm，互相平行的尺寸线间距宜为 7~10mm，不宜小于 5mm，且大尺寸要标注在小尺寸外面，以避免尺寸线与尺寸界线相交。在圆或圆弧上标注直径或半径尺寸时，尺寸线一般应通过圆心或其延长线通过圆心。

3. 尺寸起止符号

尺寸起止符号有两种形式：箭头和斜短线，如图 1-7 所示。

箭头适用于各种类型的图样。箭头的宽度 b 是图样中粗实线的线宽，箭头的长为宽度的 4~5 倍。箭头的尖端应指到尺寸界线，但不能超出，同一张图中所有尺寸箭头大小应基本相同。斜短线的倾斜方向应与尺寸界线成顺时针 45°角，长度为 2~3mm。

斜短线用中粗线绘制，图中的 h 为字体高度。当尺寸终端采用斜线形式时，尺寸线与尺寸界线必须互相垂直，并且在同一图样中除标注直径、半径、角度可用箭头外，其余尺寸只能采用这一种起止符号形式。

4. 尺寸数字

尺寸数字一律用阿拉伯数字书写，一般注写在尺寸线的中部，水平方向的尺寸，尺寸数字写在尺寸线的上方，字头朝上；竖直方向的尺寸，尺寸数字写在尺寸线的左侧，字头朝左，从下往上书写，如图 1-7 所示。倾斜方向的尺寸，尺寸数字的书写形式如图 1-8(a)所示，并尽可能避免在图示 30°范围内标注尺寸，当无法避免时应按图 1-8(b)或者(c)所示的形式进行引出标注。如果尺寸界线较密，注写尺寸的间隙不够，可按照图 1-8(d)所示的方式注写。

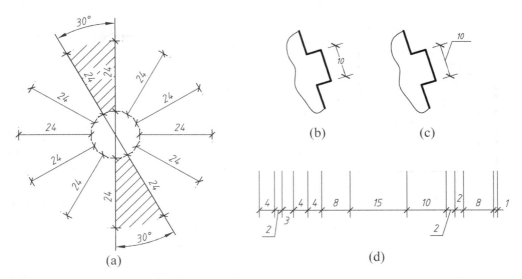

图 1-8　线性尺寸的尺寸数字书写方向

1.2.3　常用尺寸标注法示例

1. 直径、半径尺寸标注

标注圆和大于半圆的圆弧尺寸要标注直径。标注直径尺寸时，在尺寸数字前加注直径符号"ϕ"，直径标注法如图 1-9 所示。

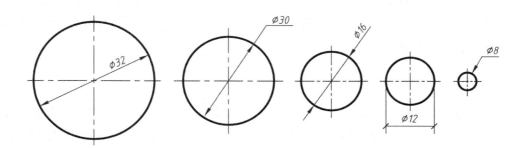

图 1-9　直径尺寸注法

标注半圆和小于半圆的圆弧尺寸时要标注半径。标注半径尺寸时，在尺寸数字前加注半径符号"R"。半径尺寸线一端位于圆心处，另一端画成箭头，指至圆弧，半径标注法如图 1-10 所示。

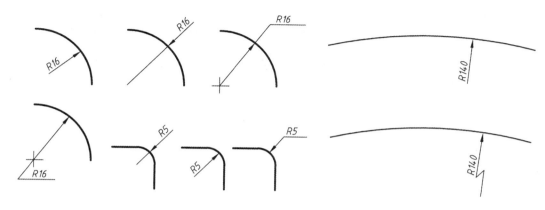

图 1-10　半径尺寸标注法

2. 球的尺寸标注

标注球面的尺寸，须在球的半径或直径尺寸数字前加注"SR""$S\Phi$"。如图 1-11 所示。

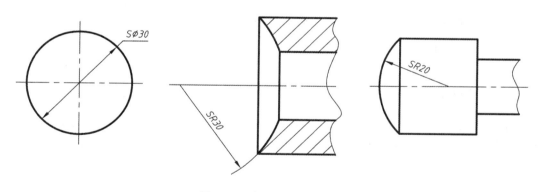

图 1-11　球面的尺寸标注法

3. 角度、弦、弧长的标注

角度尺寸的尺寸界线应沿径向指出，尺寸线是以角的顶点为圆心的圆弧线，起止符号用箭头，尺寸数字一律水平书写。如图 1-12（a）（b）所示。标注弦的长度或圆弧的长度时，尺寸界线应平行于弦或弧的垂直平分线；标注圆弧时，尺寸数字左方应加注符号"⌒"，如图 1-12（c）（d）所示。

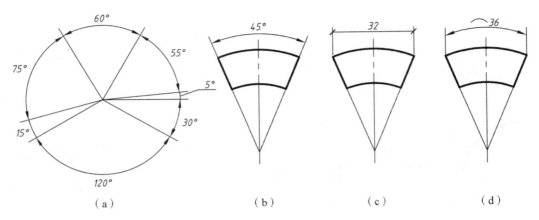

图 1-12 角度、弦长、弧长的尺寸标注

1.3 几何作图与平面图形构形设计

机械图样中的图形虽然各有不同，但它们基本上是由直线、圆弧和其他一些曲线段所组成的几何图形。因此，我们应当掌握一些常用的几何图形的作图方法。几何作图是绘制各种平面图形的基础，也是绘制工程图样的基础。

1.3.1 正多边形

1. 正五边形

图 1-13 表示了正五边形的作法。作水平半径 OF 的中点 G，以 G 为圆心、AG 为半径作弧，交水平中心线于 H，AH 即为圆的内接正五边形的边长，以 AH 为边，即可作出圆的内接正五边形。

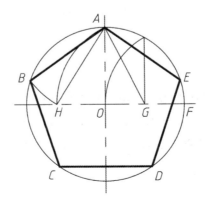

图 1-13 正五边形的作法

2. 正六边形

图 1-14 表示了正六边形的作法。根据正六边形的边长与外接圆半径相等的特点，用外接圆半径等分圆周得六个等分点，连接各等分点即得正六边形。

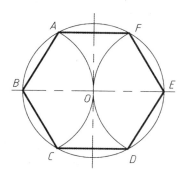

图 1-14　正六边形的作法

3. 正 *n* 边形

这里以 *n*=7 为例，介绍正七边形的作法，如图 1-15 所示。将铅垂直径 *AM* 七等分；以点 *A* 为圆心、*AM* 为半径作弧，交 *AM* 的水平中垂线于点 *N*；延长连线 *N2*、*N4*、*N6*，与圆周相交得点 *B*、*C*、*D*；作出 *B*、*C*、*D* 的对称点 *G*、*F*、*E*，七边形 *ABCDEFG* 即为所求。

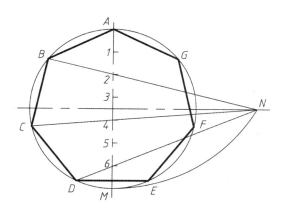

图 1-15　正多边形的作法

1.3.2　斜度与锥度

1. 斜度

斜度是指一直线（或平面）对另一直线（或平面）的倾斜程度。如图 1-16（a）所示，

Rt△ABC中，∠α 的正切值称为 AC 对 AB 的斜度，并把比值化为 1：n 的形式，即

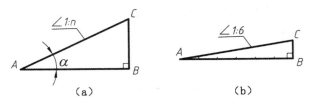

图 1-16 斜度及其画法

斜度 ＝ tanα＝BC ： AB ＝1：n

标注时，斜度符号的斜线方向应与图形中的斜线方向一致。

对直线 AB 作一条 1：6 斜度的倾斜线，其作图方法如图 1-16(b)所示：作一直线 AB，取 AB 为 6 个单位长度；过点 B 作 BC 垂直于 AB，使 BC 等于一个单位长度；连接 AC，即得斜度为 1：6 的直线。

2. 锥度

锥度是指正圆锥体的底圆直径 D 与圆锥高度 H 之比，即锥度＝D：H(图 1-17(a))，在图中常以 1：n 的形式标注。标注时，锥度符号的尖顶方向应与圆锥锥顶方向一致。

已知圆锥体的锥度为 1：4，其作图方法如图 1-17(b)所示：作一直线 AB，取 AB 为 4 个单位长度；过点 B 作 MN 垂直于 AB，使 BM＝BN 等于 1/2 个单位长度；连接 AM、AN，即得斜度为 1：4 的正圆锥。

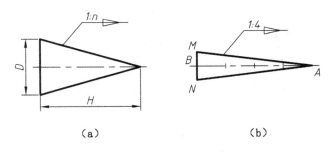

图 1-17 锥度及其画法

1.3.3 圆弧连接

绘图时，经常需要用圆弧来光滑连接已知直线或圆弧，这种作图称为圆弧连接。光滑连接也就是相切连接，为了保证相切，必须准确地作出连接圆弧的圆心和切点。常见的圆弧连接作图见表 1-5，其中连接圆弧的半径为 R。

表 1-5　常见的圆弧连接作图

连接要求	作 图 方 法 和 步 骤		
	第 1 步	第 2 步	第 3 步
连接垂直相交的两直线	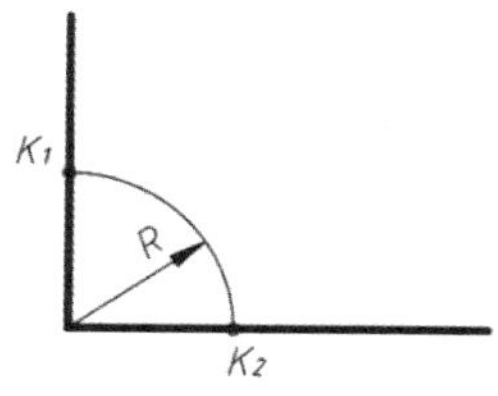 求切点 K_1、K_2	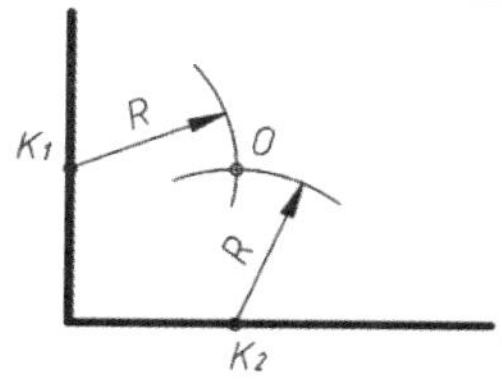 求圆心 O	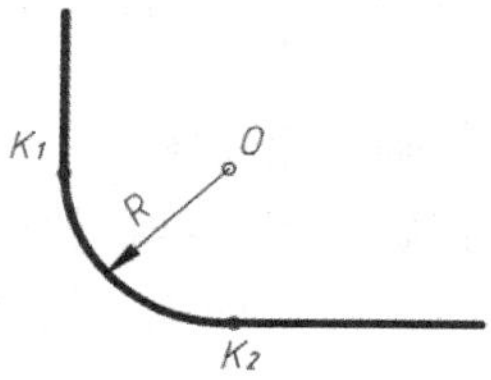 画连接圆弧
连接相交的两直线	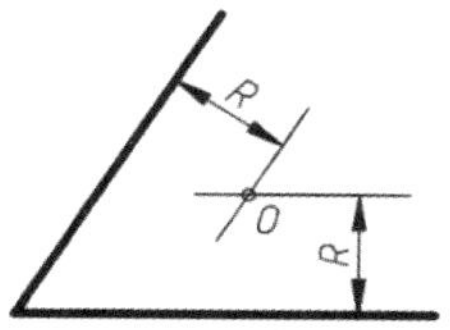 求圆心 O	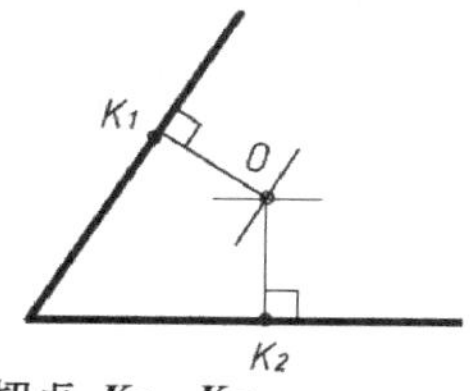 求切点 K_1、K_2	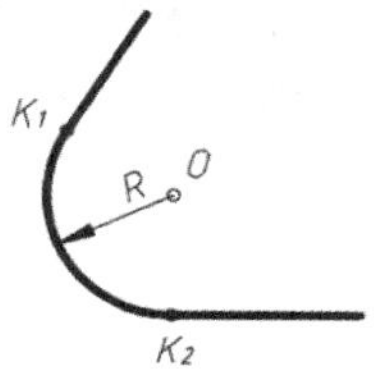 画连接圆弧
连接直线和圆弧	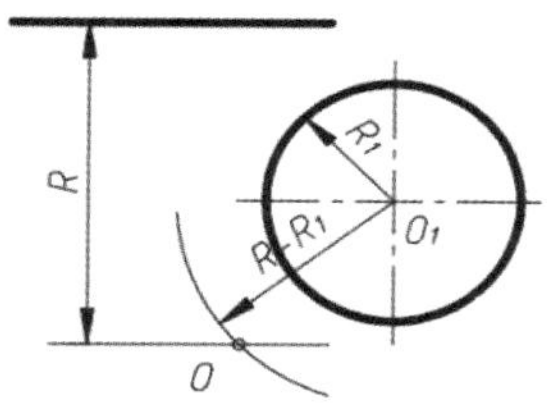 求圆心 O	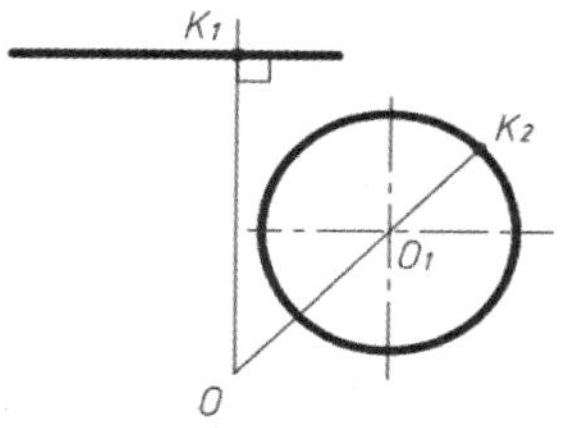 求切点 K_1、K_2	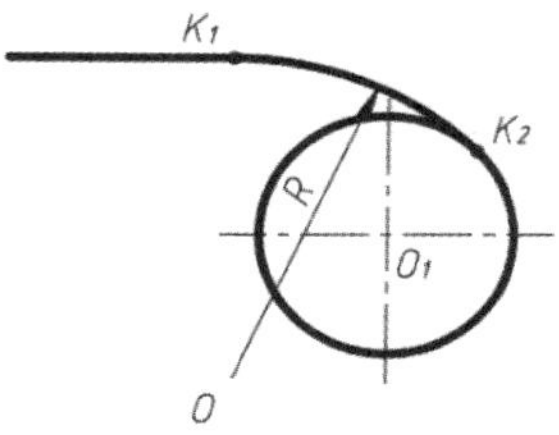 画连接圆弧
外切两圆弧	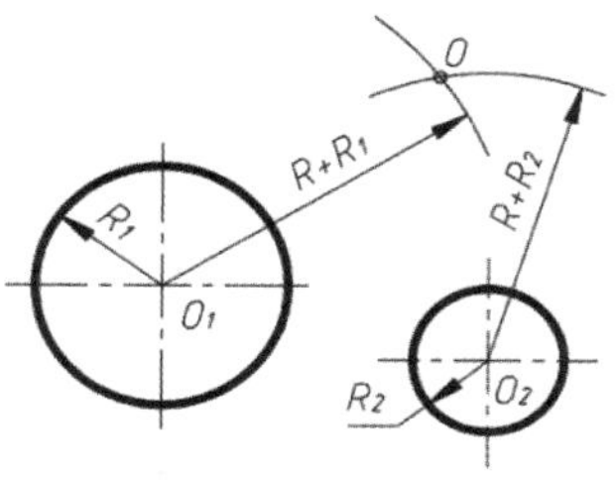 求圆心 O	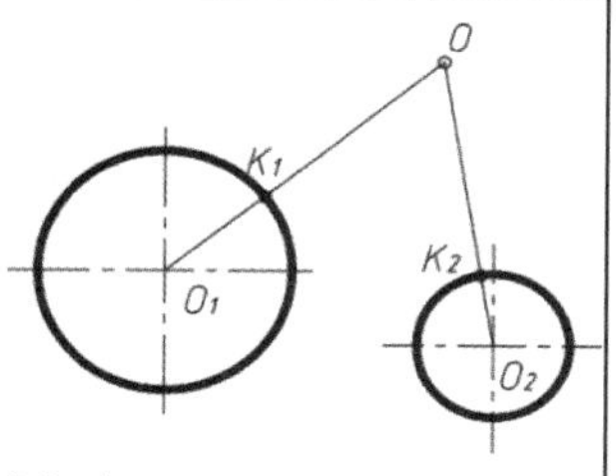 求切点 K_1、K_2	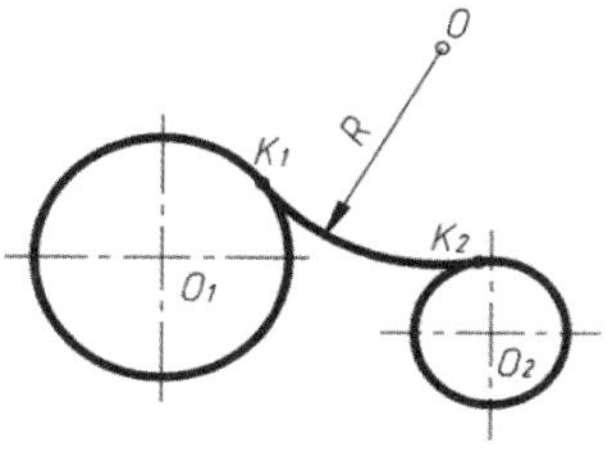 画连接圆弧
外切圆弧和内切圆弧	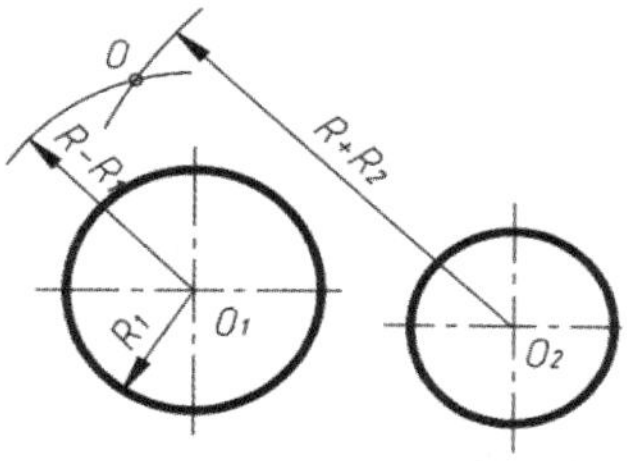 求圆心 O	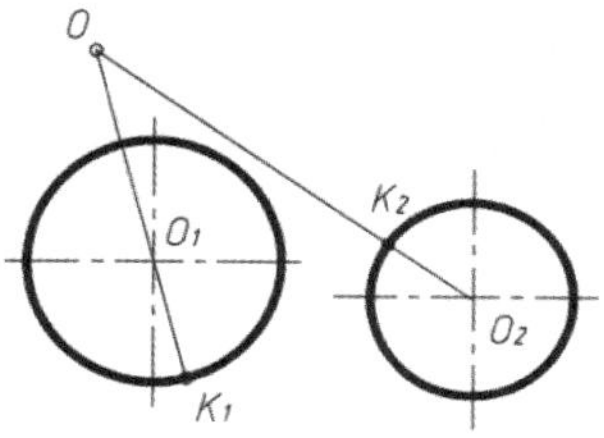 求切点 K_1、K_2	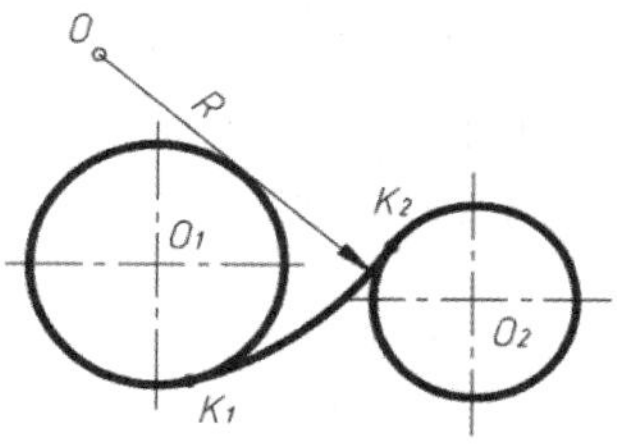 画连接圆弧

17

1.4　手工绘图的方法和步骤

1.4.1　绘图工具和仪器的使用方法

正确使用绘图工具和仪器，是保证绘图质量和加快绘图速度的重要因素，因此，必须养成正确使用、维护绘图工具和仪器的良好习惯。常用的绘图工具和仪器有图板、丁字尺、三角板、分规、圆规、铅笔等。

1. 图板

绘图时，图纸要水平地固定在图板上，所以图板的表面应平整光洁；其左侧边为导向边，必须平直，图板按其大小有 0 号、1 号、2 号等规格，根据需要选用，如图 1-18 所示。

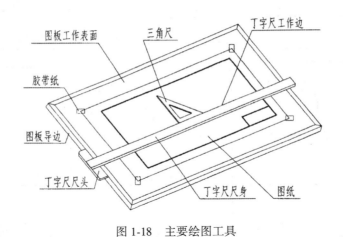

图 1-18　主要绘图工具

2. 丁字尺、三角板

丁字尺由尺头和尺身组成，尺头的内侧边和尺身的上边沿为工作边。使用时必须使尺头内侧紧贴图板左侧导向边，上下移动丁字尺，沿尺身工作边自左至右画出不同位置的水平线，如图 1-19（a）所示。三角板用于绘制竖直线和其他方向的斜线，如图 1-19（b）所示。把三角板一直角边放在丁字尺上，沿另一直角边绘制竖直线；绘制其他方向常用角度斜线如图 1-19（c）所示。

3. 圆规

圆规是用来画圆或圆弧的工具，画圆时，要注意先调整钢针在固定腿上的位置，使两脚在并拢时针尖略长于铅芯而可插入图板内，如图 1-20（a）所示；再将圆规按顺时针方向旋转，并稍向前倾斜，且要保证针尖与铅芯均垂直于纸面，如图 1-20(b)所示；画大圆时，应加接延长杆后使用，如图 1-20(c)所示。

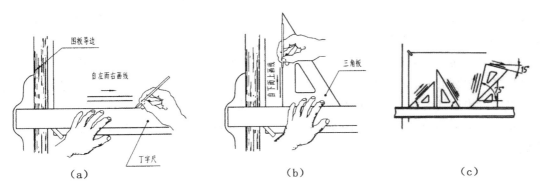

图 1-19 丁字尺、三角板绘制直线

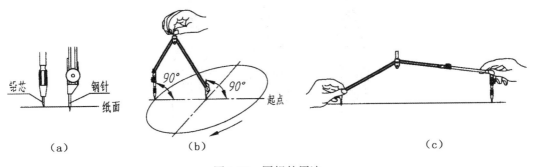

图 1-20 圆规的用法

4. 分规

分规是用来量取线段(图 1-21(a))和等分线段的工具。为了度量准确，分规两针应平齐，如图 1-21(b)所示。

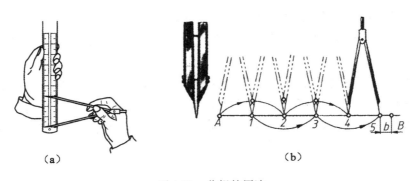

图 1-21 分规的用法

5. 铅笔

根据铅芯软硬程度不同，绘图铅笔分为 H~6H、HB 和 B~6B 共 13 种规格。H 前数字越大，表示铅芯越硬，画出的线条越淡；B 前数字越大，表示铅芯越软，画出的线条越黑；HB 表示铅芯软硬适中。

画图时，建议用 H 或 2H 铅芯笔画底稿，用 B 或 2B 铅芯笔画粗实线，用 HB 或 H 铅芯笔写字。画圆的铅芯应比相应画直线的铅芯软一号。削铅笔时，应从没有标号的一端削起，以保留铅芯硬度的标号。铅笔常用的削制形状有圆锥形和矩形（扁鸭嘴形），圆锥形用于画细线条和写字，矩形用于画粗实线，如图 1-22 所示，图中所示 b 即为粗实线的线宽。

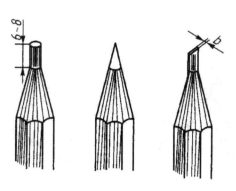

图 1-22　铅笔的削法

1.4.2　绘图的一般方法和步骤

为了提高图样质量和绘图速度，除了必须熟悉国家制图标准，掌握几何作图的方法和正确使用绘图工具外，还必须掌握正确的绘图方法和步骤。

1. 绘图前的准备工作

(1)阅读有关文件、资料，了解所画图样的内容和要求。

(2)准备好绘图用的图板、丁字尺、三角板、圆规及其他工具、用品，把铅笔按线型要求削好。

(3)根据所绘图形或物体的大小和复杂程度选定比例，确定图纸幅面，将图纸用透明胶带固定在图板上。在固定图纸时，应使图纸的上下边与丁字尺的尺身平行。当图纸较小时，应将图纸布置在图板的左下方，且使图板的下边缘至少留有一个尺深的宽度，以便放置丁字尺。

2. 画底稿

(1)按国家标准规定画图框和标题栏。

(2)布置图形的位置。根据每个图形的长、宽尺寸确定位置，同时要考虑标注尺寸或说明等其他内容所占的位置，使每一图形周围要留有适当空余，各图形间要布置得均匀整齐。

(3)先画图形的轴线或对称中心线，再画主要轮廓线，然后由主到次、由整体到局部，画出其他所有图线。

(4)画其他符号、尺寸线、尺寸界线和仿宋字的格子。

(5)仔细检查校对，擦去多余线条和污垢。

3. 加深

按规定线型加深底稿，应做到线型正确，粗细分明，连接光滑，图面整洁。同一类线型，加深后的粗细要一致。其顺序一般如下：

(1)加深点画线。

(2)加深粗实线圆和圆弧。

(3)由上至下加深水平粗实线，再由左至右加深垂直的粗实线，最后加深倾斜的粗实线。

(4)按加深粗实线的顺序依次加深所有的虚线圆及圆弧，水平的、垂直的和倾斜的虚线。

(5)加深细实线、波浪线。

(6)标注尺寸、符号和箭头，书写注释和标题栏等。

(7)全面检查，改正错误，并作必要的修正。

1.4.3 徒手绘图的方法

徒手图也称草图，是不借助绘图工具，用目测估计图形与实物的比例，按一定画法要求徒手绘制的图样。在现场测绘，讨论设计方案、技术交流、参观时，通常需要绘制草图进行记录和交流。因此，工程技术人员必须具备徒手绘图的能力。

草图虽然是目测比例、徒手绘制，但并非潦草作图，也应该遵循国家制图标准，按照投影关系和比例关系进行绘制。应基本做到：图形正确、线型分明、比例匀称、字体工整、图面整洁。

画徒手草图一般选用 HB 或 B 的铅笔，常在印有浅色方格的纸上画图。

1. 徒手绘直线

画直线时，铅笔要握得轻松自然，眼睛看着图线的终点，手腕靠着纸面沿着画线方向移动，以保证图线画得直。

画水平线时，图纸应斜放，以图 1-23（a）中所示的画线方向最为顺手；画垂直线时，自上而下运笔，如图 1-23（b）所示；画斜线时，可以转动图纸，使欲画的斜线正好处于顺手方向，如图 1-23（c）所示。画短线常以手腕运笔，画长线则以手臂运笔。当直线较长时，可以分段画。

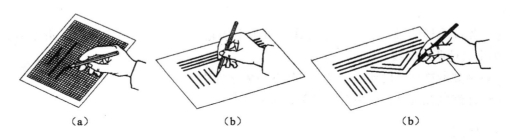

（a）　　　　　　　　　（b）　　　　　　　　　（b）

图 1-23　直线的画法

2. 徒手绘圆和圆弧

画圆时，应先定圆心的位置，再通过圆心画对称中心线，然后在对称中心线上距圆心等于半径处截取四点，过四点画圆即可，如图 1-24（a）所示。画直径较大的圆时，除对称中心线以外，可再过圆心画两条不同方向的直线，同样截取四点，过 8 点画圆，如图 1-24（b）所示。

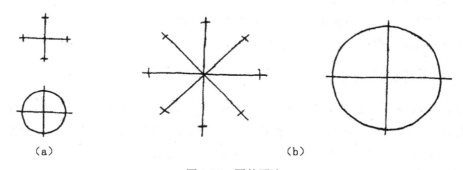

（a）　　　　　　　　　　　　　　（b）

图 1-24　圆的画法

3. 徒手绘椭圆

已知长短轴画椭圆，如图 1-25（a）所示。先根据椭圆的长短轴，目测定出端点的位置，再过四个端点画一矩形，然后连接长短轴端点与矩形相切画椭圆。也可利用外切菱形画四段圆弧构成椭圆，如图 1-25（b）所示。

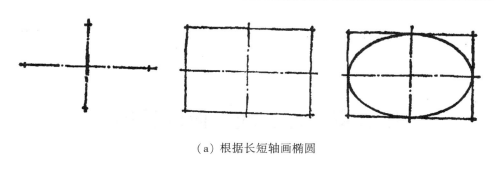

（a）根据长短轴画椭圆

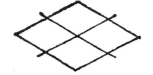

（b）利用外切菱形画椭圆

图 1-25　椭圆的画法

第 2 章　点、线、面的投影

2.1　投影法的基本知识

2.1.1　投影法的概念

当光线照射物体时，就会在地面或墙面上产生影子，这就是投影的自然现象，人们对这一自然现象加以科学的抽象，总结出了投影法。

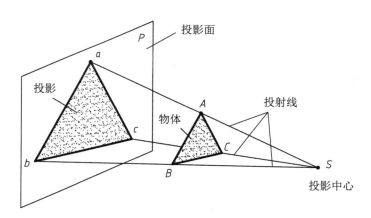

图 2-1　投影的形成

如图 2-1 所示，将光源 S 抽象为投射中心，它发出的光线抽象为投射线，地面或墙面等抽象为投影面 P，物体 △ABC 投射在 P 面上的影子 △abc 称为投影。

若经过点 A 作投射线 SA 与投影面 P 相交于点 a，点 a 称为空间点 A 在投影面 P 上的投影，这种令投射线通过点或其他形体，向选定的投影面投射，并在该面上得到投影的方法称为投影法。投影法必须由投射线、物体、投影面三要素构成。

2.1.2　投影法的分类

投影法分为中心投影法和平行投影法两大类。

1. 中心投影法

所有投射线都交于投射中心，这样得到的投影称为中心投影，这种投影方法称为中心投影法，如图 2-1 所示，SA、SB、SC 都汇交于投射中心 S。

将形体用中心投影法投射在单一投影面上所得到的图形称为透视投影图（简称透视图），它作图复杂，度量性差，但立体效果良好，主要用于绘制建筑图样，如图 2-2 所示形体的透视图。

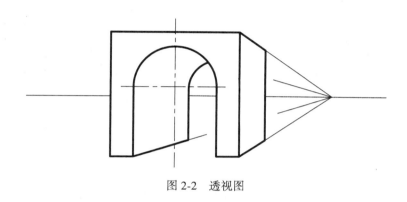

图 2-2　透视图

2. 平行投影法

若将投射中心 S 移至距投影面 P 无穷远处，这时所有的投射线都相互平行，这样得到的投影称为平行投影，这种投影方法称为平行投影法，如图 2-3 所示。

平行投影法又分为正投影法和斜投影法。投射线垂直于投影面时称为正投影法，如图 2-3(a)所示；投射线倾斜于投影面时称为斜投影法，如图 2-3(b)所示。

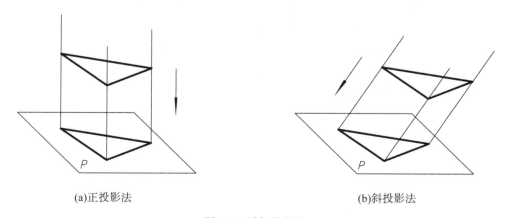

(a)正投影法　　　　　　　　　　　(b)斜投影法

图 2-3　平行投影法

平行投影法可用于绘制具有一定立体效果的轴测图（详见第 4 章），但作图较繁，度量性较差，在工程中常作为辅助图样使用，如图 2-4 所示两种轴测图，从立体效果看比透视图（图 2-2）稍差。

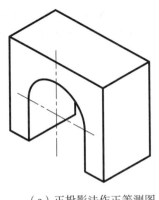
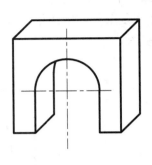

（a）正投影法作正等测图　　　　　　　　　　　（b）斜投影法作斜二测图

图 2-4　轴测图

平行投影法中的正投影法能反映形体的实际形状和大小，度量性好，作图简便，在工程上被广泛应用，绘制物体的多面正投影图（如三视图），如图 2-5 所示。

本书后面章节中所提到的投影若无特殊说明均指正投影。

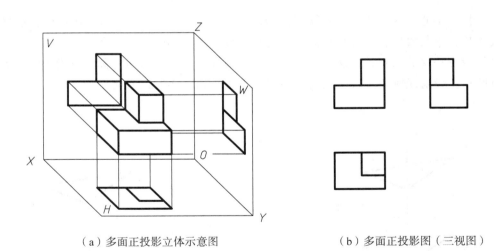

（a）多面正投影立体示意图　　　　　　　　　　　（b）多面正投影图（三视图）

图 2-5　正投影图

2.1.3　平行投影法的特性

平行投影（正投影和斜投影）具有如下特性：

1. 实形性

当直线或平面平行于投影面时，其投影反映实长或实形，这种性质称为实形性。

如图 2-6(a)所示，直线 *AB* 与平面△*CDE* 均平行于投影面 *P*，其在 *P* 面上的投影 *ab* = *AB*、△*cde* = △*CDE*。

2. 积聚性

当直线或平面垂直于投影面时其投影积聚成点或直线，这种性质称为积聚性。如图 2-6(b)所示，直线 *AB* 与平面△*CDE* 均平行于投影面 *P*，其在 *P* 面上的投影分别积聚成点 *a*(b)和直线 *cde*。

3. 类似性

当直线或平面倾斜于投影面时，直线的投影仍为不等于实长的直线；平面图形的投影与原形不相等也不相似，但基本几何特性不变(如边数相等，平行关系不变)，这种性质称为类似性。

如图 2-6(c)所示，直线 *AB* 与平面△*CDE* 均倾斜于投影面 *P*，其在 *P* 面上的投影 *ab* ≠ *AB*、△*cde* ≠ △*CDE*。

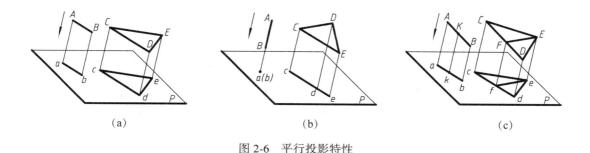

| (a) | (b) | (c) |

图 2-6　平行投影特性

4. 平行性

相互平行的两空间直线，其投影仍然相互平行，这种性质称为平行性。

如图 2-6(c)所示，直线 *AB* // *CD*，其投影 *ab* // *cd*。

5. 从属性

直线上的点其投影仍在该直线的投影上(即属于该直线的投影)，平面上的直线其投影也仍在该平面的投影上(即属于该平面)，这种性质称为从属性。

如图 2-6(c)所示，直线 *AB* 上的 *K* 点，其投影 k 在直线的投影 *ab* 上；平面△*CDE* 上的直线 *EF*，其投影 *ef* 也在平面的投影△*cde* 上。

6. 定比性

直线上点分线段之比，与其投影长度之比相等；两平行线段长度之比，与其平行投影长度之比相等，这种性质称为定比性。

如图 2-6(c)所示，直线 AB 上的 K 点分线段，必有 $AK:KB=ak:kb$；直线 $AB/\!/CD$ 则有 $AB:CD=ab:cd$。

2.2 多面正投影图的形成及投影特性

2.2.1 三投影面体系

图 2-7(a)表示两个不同形状的物体，但在同一投影面上的投影却是相同的，仅根据一个投影(单面投影)不能完整地表达物体的形状。图 2-7(b)和(c)是这两个物体向两个相互垂直的投影面上的投影(两面投影)，其投影的结果也是相同的。图 2-8 中再增加为三个相互垂直的投影面进行投影(三面投影)时，清楚表示了它们的形状。

因此，当物体与投影面形成较为特殊的投影位置关系时，必须增加由不同的投射方向，在不同的投影面上所得到的几个投影，互相补充，才能将物体表达清楚。

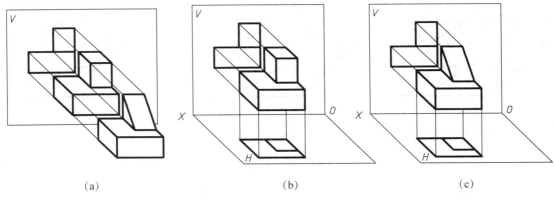

(a)　　　　　　　　　　(b)　　　　　　　　　　(c)

图 2-7　单面、两面投影

工程上通常采用三投影面体系来表达物体的形状，即在空间建立互相垂直的三个投影面：正立投影面 V、水平投影面 H、侧立投影面 W，如图 2-9 所示。投影面的交线称为投影轴，分别用 OX、OY、OZ 表示，三投影轴交于一点 O，称为原点。

V、H、W 三个面将空间分割成 8 个区域，这样的区域称为分角，按图 2-9 所示顺序编号为Ⅰ，Ⅱ，Ⅲ，…，Ⅷ，Ⅰ号区域为第一分角，Ⅲ号区域为第三分角。我国制图标准规定工程图样采用第一角画法，有些国家的工程图样采用的是第三角画法。

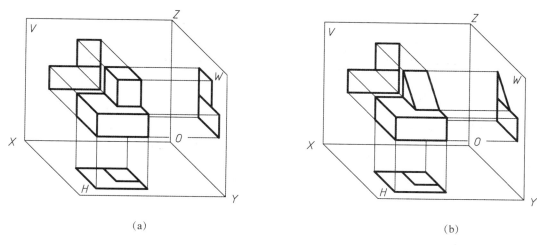

| (a) | (b) |

图 2-8 三面投影

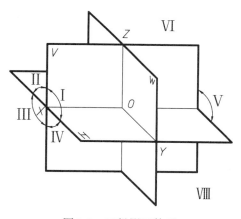

图 2-9 三投影面体系

2.2.2 三面投影的形成

将物体置于 V 面前方、H 面上方、W 面左方，即第一分角中，然后分别向 V、H、W 三个投影面作正投影，就得到三面投影图，如图 2-8 和图 2-10(a)所示。

由前向后投射在 V 面上的投影称为正面投影，由上向下投射在 H 面上的投影称为水平投影，由左向右投射在 W 面上的投影称为侧面投影。

为了便于画图和表达，必须使处于空间位置的三面投影在同一平面上表示出来，规定 V 面不动，H 面绕 OX 轴向下旋转 90°，W 面绕 OZ 轴向右旋转 90°，使它们与 V 面成为同一平面，如图 2-10(b)所示。此时，OY 轴分为两条，随 H 面旋转的一条标以 Y_H，随 W 面旋转的一条标以 Y_W。

按上述方式展开后所得即为三面投影图，如图 2-10(c)所示。画投影图时边框线一般

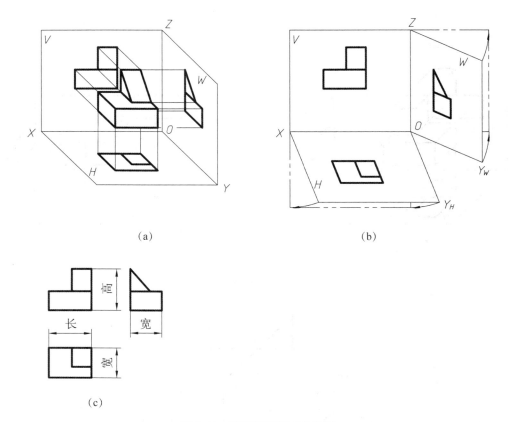

（a） （b）

（c）

图 2-10 三面投影形成及特性

不画，投影轴也可省略不画，各个投影之间只需保持一定间隔（用于标注尺寸）即可。

2.2.3 三面投影的特性

1. 投影关系

由图 2-10（c）可以看出物体在三面投影图中的投影关系：正面投影与水平投影的长度相等，左右对正；正面投影与侧面投影的高度相等，上下平齐；水平投影与侧面投影宽度相等，前后对应。这就是三面投影之间的三等关系，即"长对正，高平齐，宽相等"。这一投影关系适用于物体的整体和任一局部，是画图和读图的基本规律。

2. 位置关系

如图 2-11（a）所示，物体有左右、前后、上下六个方位，正面投影与水平投影都反映左、右方位，水平投影与侧面投影都反映前、后方位，正面投影与侧面投影都反映上、下方位。

物体在投影图中的上下和左右关系容易理解，而判断物体在投影图中的前后位置关系时容易出现错误。在三面投影展开过程中，由于水平面向下旋转，所以水平投影的下方实

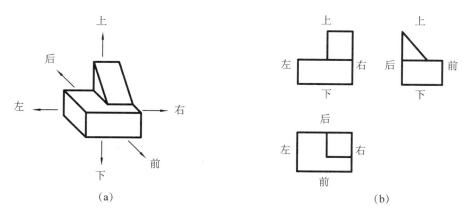

图 2-11 三面投影位置关系

际上表示物体的前方，水平投影的上方表示物体的后方。侧面向右旋转，侧面投影的右方实际上表示物体的前方，侧面投影的左方表示物体的后方。所以物体的水平投影和侧面投影不仅宽度相等，还应保持前后位置的对应关系。

3. 三视图的概念

将物体置于多投影面体系中，向投影面进行正投影所得到的图形，在机械图样表达中又称为物体的视图，正面投影称为主视图，水平投影称为俯视图，侧面投影称为左视图，统称为物体的三视图。如图 2-10(c)和 2-11(b)所示，也称为三视图。

2.3 点的投影

点是最基本的几何元素，我们首先讲述点的投影规律及作图方法。

2.3.1 点的三面投影及投影规律

1. 点的单面投影

如图 2-12(a)所示，由空间点 A 作垂直于投影面 H 的投射线，与投影面 H 有唯一的交点 a 即为点 A 在投影面 H 上的投影；反之，如果由投影 a 返回到空间来确定空间点 A 的位置，则会有多个结果，如图 2-12(b)所示 A_1、A_2 等，所以仅凭点 A 的一个投影 a 不能确定点 A 的空间位置。因此，常把空间几何元素放在相互垂直的两个或三个投影面之间，形成多面正投影，以确定空间几何元素的空间位置、形状等。

2. 点的三面投影

如图 2-13 所示，将空间点 A 置于三投影面体系的第一分角中，分别作垂直于 H 面、V 面、W 面的投射线 Aa、Aa'、Aa''，得到的三个垂足 a、a'、a''，分别称为水平投影、正面

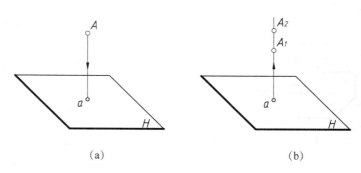

(a)   (b)

图 2-12 点的单面投影

投影、侧面投影，即点 A 在 H、V、W 三投影面体系中的三面投影。

空间点用大写字母标记，如 A、B 等，投影用小写字母标记，如 a、b 等。空间点 A 的水平投影标记为 a，正面投影记为 a'（小写字母加一撇表示），侧面投影记为 a''（小写字母加两撇表示）。

平面 $Aa'a$ 分别与 V 面、H 面垂直相交，这三个相互垂直的平面交于一点 a_x，且 $a'a_x \perp OX$、$aa_x \perp OX$、$a'a_x \perp aa_x$，四边形 $Aa'a_xa$ 为矩形；平面 $Aa'a''$ 分别与 V 面、W 面垂直相交，该三平面交于一点 a_z，且 $a'a_z \perp OZ$、$a''a_z \perp OZ$，$a'a_z \perp a''a_z$，四边形 $Aa'a_za''$ 为矩形；平面 Aaa'' 分别与 H 面、W 面垂直相交，该三平面交于一点 a_y，且 $aa_y \perp OY$、$a''a_y \perp OY$，$aa_y \perp a''a_y$，四边形 Aaa_ya'' 为矩形。

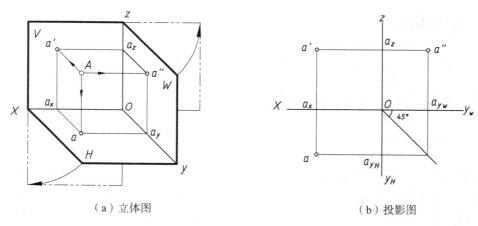

（a）立体图   （b）投影图

图 2-13 点的三面投影

3. 点的投影规律

按 2.2.2 节所述方式展开后得到点的三面投影图，如图 2-13（b）所示，其投影规律如下：

（1）点的两投影连线垂直于相应的投影轴，即有：

$$a'a \perp OX, \quad a'a'' \perp OZ, \quad aa_{YH} \perp OY_H, \quad a''a_{YW} \perp OY_W$$

（2）点的投影到投影轴的距离，反映该点到相应投影面的距离，即有

$$a'a_X = a''a_{YW} = Aa, \qquad aa_X = a''a_Z = Aa', \qquad aa_{YH} = a'a_Z = A\,a''$$

为了作图方便，一般自点 O 作 45°辅助线，以实现 $aa_x = a''a_z$ 的关系，如图 2-13（b）所示。

2.3.2 点的三面投影与直角坐标系

空间点的位置可由点到三个投影面的距离来确定，把投影轴 OX、OY、OZ 看作坐标轴，O 点是坐标原点，如图 2-14 所示，则在空间直角坐标系中，点 A 的位置可以由其 3 个坐标值 $A(x_A, y_A, z_A)$ 确定，点到投影面的距离与坐标的关系如下：

（1）点 A 到 W 面的距离等于点 A 的 X 坐标 x_A；

（2）点 A 到 V 面的距离等于点 A 的 Y 坐标 y_A；

（3）点 A 到 H 面的距离等于点 A 的 Z 坐标 z_A。

点 A 的水平投影 a 由 (x_A, y_A) 确定；正面投影 a' 由 (x_A, z_A) 确定；侧面投影 a'' 由 (y_A, z_A) 确定，图 2-14 为点与坐标的关系。由于点的任意两面投影都包含了其 X、Y、Z 坐标，因此由点的任意两投影，就一定能作出第三个投影，这一作图过程常称为"二求三"或"二补三"。

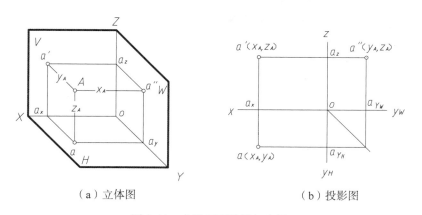

（a）立体图　　　　　　　（b）投影图

图 2-14　点的三面投影与坐标

例 2-1　如图 2-15（a）所示，已知点 A 的水平投影 a 和正面投影 a'，求作该点的侧面投影 a''。

解　在图 2-15（b）中，先作 45°辅助斜线，以保证 $aa_x = a''a_z = y_A$ 这一相等关系，然后自 a 向右作 OY_H 轴的垂线直到与 45°辅助斜线交于一点，过该交点作 OY_W 轴的垂线，再自 a' 向右作 OZ 轴的垂线，两线交于一点 a''，a'' 即为点 A 的侧面投影。

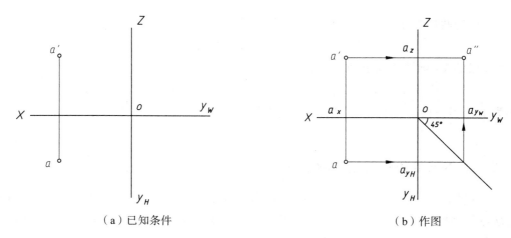

（a）已知条件　　　　　　　　（b）作图

图 2-15　求点的第三投影

2.3.3　特殊位置的点

1. 投影面上的点

如图 2-16（a）所示，点 A 在 H 面上，点 B 在 V 面上、点 C 在 W 面上，其投影规律如下：

（1）点的一个投影与空间点本身重合；

（2）点的另外两个投影在相应的投影轴上。

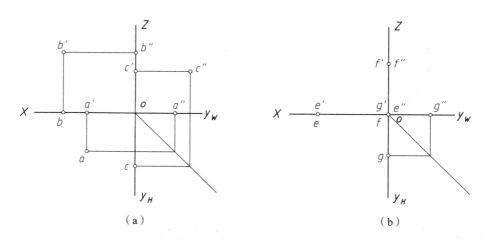

（a）　　　　　　　　　　　（b）

图 2-16　特殊位置点的投影

2. 投影轴上的点

如图 2-16（b）所示，点 E 在 OX 轴上、点 F 在 OZ 轴上、点 G 在 OY 轴上，其投影规律如下：

（1）点的两个投影与空间点本身重合；

（2）点的另一个投影在原点处。

2.3.4 两点的相对位置及重影点

两点的相对位置是指两点在空间的左右、前后、上下的位置关系。在投影图中，可根据它们的坐标差来确定。

1. 两点相对位置

比较两点 X 坐标，可判别两点的左右关系，X 值大的点在左，X 值小的点在右；比较两点的 Y 坐标，可判别两点的前后关系，Y 值大的点在前，Y 值小的点在后；比较两点的 Z 坐标，可判别两点的上下关系，Z 值大的点在上，Z 值小的点在下。

如图 2-17 所示的 A、B 两点，$X_A<X_B$，故点 A 在点 B 之右，$Y_A>Y_B$，故点 A 在点 B 之前；$Z_A>Z_B$，故点 A 在点 B 之上；因此点 A 在点 B 的右、前、上方。

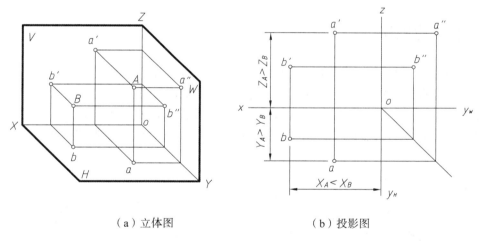

（a）立体图　　　　　　　　　（b）投影图

图 2-17　两点相对位置

2. 重影点

当空间两点处于对某投影面的同一条投射线上时，则在该投影面上的投影重合于一点，这种具有投影重合性质的点称为对该投影面的重影点。

如图 2-18 中，C、D 两点处于对 V 面的同一条投射线上，它们的 V 面投影重合为一个点，称为对 V 面的重影点。同样也存在对 H 面和对 W 面的重影点。

当两点重影时，它们有两个坐标值大小相等，一个坐标值不等，如图 2-18 中 $X_C=X_D$，$Z_C=Z_D$，点 C 在前，点 D 在后，$Y_C>Y_D$，由前向后投影时，点 C 可见、点 D 被遮挡而不可见，通常在不可见的投影上加括号，如图中 (d')。

故判别两个重影点的可见性，可以用第三个不相等的坐标值大小来判别，坐标值大者可见，坐标值小者不可见。

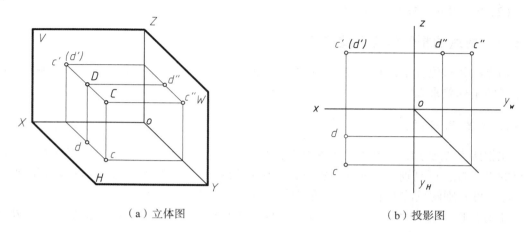

（a）立体图　　　　　　　　（b）投影图

图 2-18　重影点

2.4　直线的投影

空间两点可以确定一条直线，或者线上一点及直线的方向也可确定一条直线。直线的投影一般仍为直线，特殊情况下积聚为一点。直线一般用线段表示，连接线段两端点的同面投影（同一投影面上的投影），即得直线的三面投影。直线与投影面（H 面、V 面、W 面）之间的倾角，称为直线对该投影面的倾角，分别记为 α、β、γ，如图 2-19 所示。

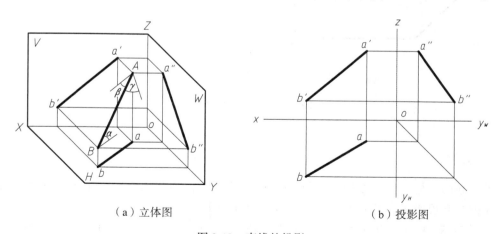

（a）立体图　　　　　　　　（b）投影图

图 2-19　直线的投影

2.4.1　各种位置直线的投影

根据与投影面的相对位置的不同直线分为一般位置直线和特殊位置直线，特殊位置直线又包括投影面平行线和投影面垂直线。

1. 一般位置直线

倾斜于(不平行也不垂直)三个投影面的直线称为一般位置直线。

由于直线与各投影面都处于倾斜位置,与各投影面都有倾角,如图 2-19 所示,因此,一般位置直线的投影特性为:三个投影均倾斜于投影轴,它们与投影轴的夹角均不反映倾角的实形,且投影长度短于实长。

2. 投影面平行线

只平行于一个投影面,且与另外两个投影面都倾斜的直线称为投影面平行线。

平行于 H 面的直线叫水平线,平行于 V 面的直线叫正平线,平行于 W 面的直线叫侧平线。表 2-1 列出了三种直线的立体图、投影图和投影特性。

表 2-1 投影面平行线

名称	立体图	投影图	投影特性
水平线	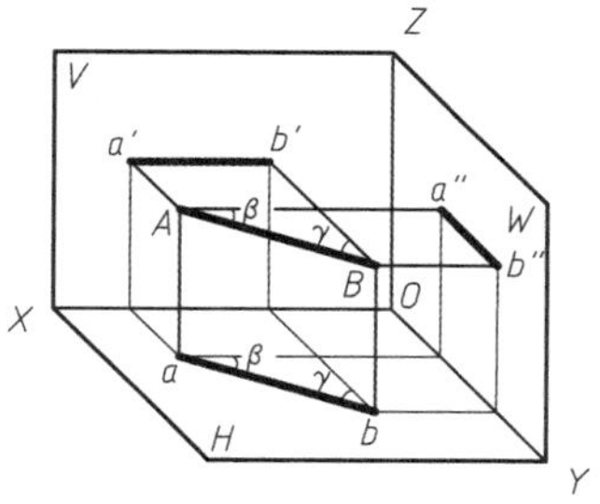	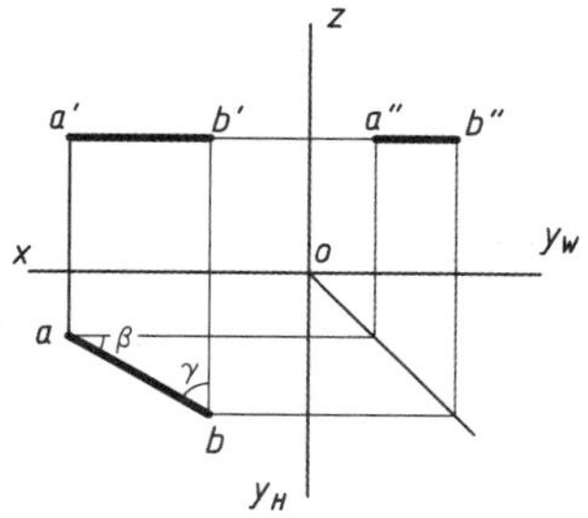	(1) $ab=AB$, ab 反映 β、γ 倾角; (2) $a'b'\ /\!/\ OX$, $a''b''\ /\!/\ OYW$
正平线	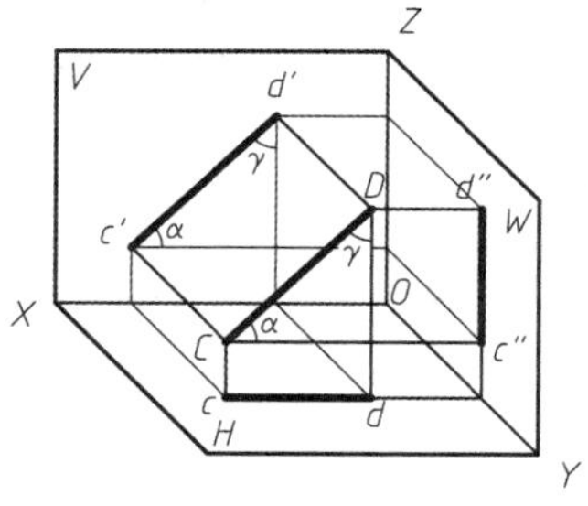	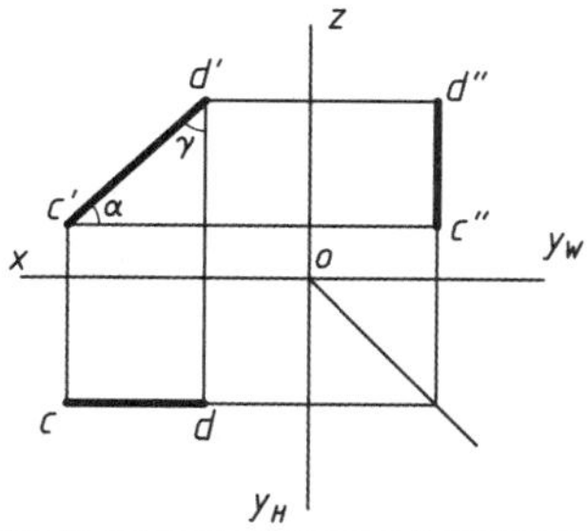	(1) $c'd'=CD$, $c'd'$ 反映 α、γ 倾角; (2) $cd\ /\!/\ OX$, $c''d''\ /\!/\ OZ$
侧平线	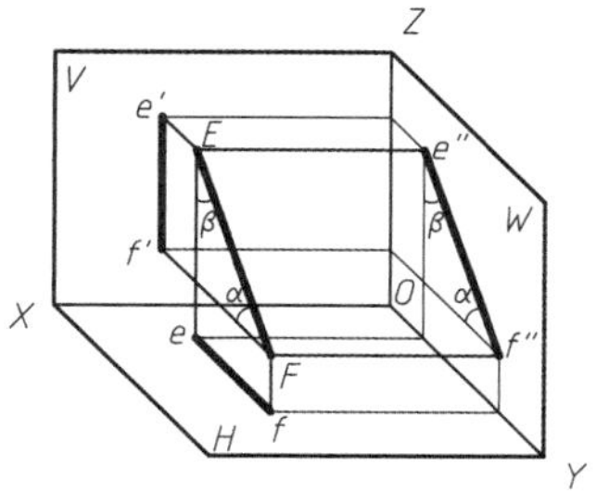	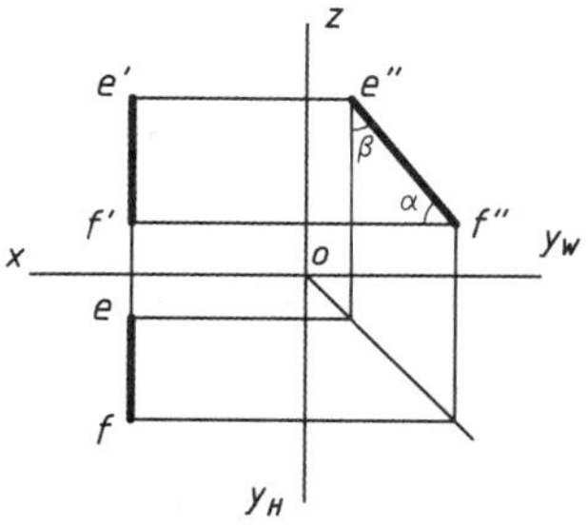	(1) $e''f''=EF$, $e''f''$ 反映 α、β 倾角; (2) $ef\ /\!/\ OYH$ $e'f'\ /\!/\ OZ$

由表 2-1 可归纳出投影面平行线的投影特性如下：

(1)在所平行的投影面上的投影反映线段实长，且与投影轴的夹角分别反映直线对另外两个投影面的真实倾角。

(2)另外两个投影面上的投影平行于相应的投影轴，且投影长度短于实长。

3. 投影面垂直线

垂直于一个投影面，且与另外两个投影面都平行的直线称为投影面垂直线。

垂直于 H 面的直线叫铅垂线，垂直于 V 面的直线叫正垂线，垂直于 W 面的直线叫侧垂线。表 2-2 列出了三种直线的立体图、投影图和投影特性。

表 2-2　投影面垂直线

名称	立 体 图	投 影 图	投 影 特 性
铅垂线			(1) a、b 积聚成一点； (2) $a'b' \perp OX$，$a''b'' \perp OYW$，且都反映实长
正垂线			(1) c'、d' 积聚成一点； (2) $cd \perp OX$，$c''d'' \perp OZ$，且都反映实长
侧垂线			(1) e''、f'' 积聚成一点； (2) $ef \perp OY_H$，$e'f' \perp OZ$，且都反映实长

由表 2-2 可归纳出投影面垂直线的投影特性如下：

(1)在所垂直的投影面上的投影积聚为点；

(2)另外两个投影面上的投影垂直于相应的投影轴，且反映线段实长。

4. 一般位置直线的实长

为求得一般位置直线的实长及对投影面倾角，常采用直角三角形法。

在图 2-20(a)中，AB 为一般位置直线，过点 B 作 $BA_0 /\!/ ab$，得一直角三角形 BA_0A，其中直角边 $BA_0 = ab$，$AA0 = Z_A - Z_B = \triangle ZAB$，斜边 AB 就是所求的实长，AB 和 BA_0 的夹角就是 AB 对 H 面的倾角 α。同理，过点 A 作 $AB_0 /\!/ a'b'$ 得另一直角三角形 AB_0B，其中直角边 $AB_0 = a'b'$，$BB0 = Y_B - Y_A = \triangle YBA$，斜边 AB 是所求实长，AB 与 AB_0 的夹角就是 AB 对 V 面的倾角 β。

在图中任何位置画出直角三角形均可求出实长和倾角，为使作图简便，可以将直角三角形画在如图 2-20(b)中所示的正面投影或水平投影的位置。

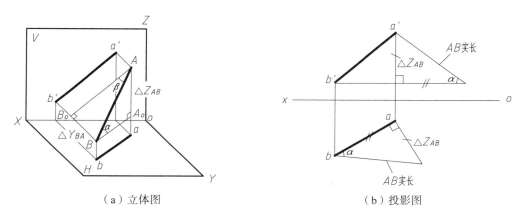

（a）立体图　　　　　　　　　（b）投影图

图 2-20　直线的实长

例 2-2　如图 2-21(a)所示，已知直线 AB 的水平投影 ab 和点 A 的正面投影 a'，且直线 AB 对 H 面的倾角 $\alpha = 30°$，求作直线 AB 的正面投影。

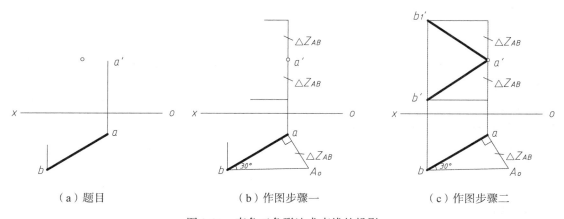

（a）题目　　　　　（b）作图步骤一　　　　　（c）作图步骤二

图 2-21　直角三角形法求直线的投影

解　由图 2-21(a)及已知条件可知，本题可采用图 2-20(b)水平投影中作直角三角形求实长的作图方法。

在图 2-21(b)中，过 b 点作与 ab 成30°角的直线，同时过 a 点作与 ab 垂直的直线，得到直角三角形 abA_0，其中 aA_0 为 A、B 两点坐标差 $\triangle ZAB$，在正面投影中过 a' 截取 $\triangle ZAB$ 长度(可有两解)。在图 2-21(c)中过 b 点作投影连线可得 b' 及 b_1' 两个解，连接 $a'b'$ 或 $a'b_1'$ 即为所求。

2.4.2　直线上的点

直线上的点，其各投影必属于该直线的同面投影，满足从属性；且点分割线段成定比，则点的投影也分割线段的同面投影并成相同的比例，满足定比性。反之也成立，从属性和定比性是点在直线上需同时都满足的性质。

如图 2-22 所示，C 点在直线 AB 上，则 c、c'、c'' 分别在 ab、$a'b'$、$a''b''$ 上，且 $AC:CB$ $=ac:cb=a'c':c'b'=a''c'':c''b''$。

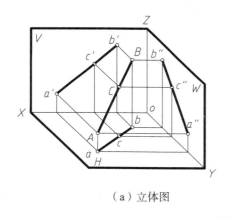

(a) 立体图　　　　　　　　　　　　(b) 投影图

图 2-22　直线上的点

例 2-3　如图 2-23(a)所示，已知直线 AB 和点 K 的投影，试判断点 K 是否在直线 AB 上。

解　由图 2-23(a)可知 AB 为侧平线，不能根据已知两投影直接判断得出结论，可用两种作图方法来判别。

方法一：作出侧面投影，因点 K 的侧面投影 k'' 不在直线 AB 的侧面投影 $a''b''$ 上，则点 K 不在直线 AB 上，如图 2-23(b)所示。

方法二：如图 2-23(c)所示，过 b 点作任意辅助线，在辅助线上量取 $bk_1=b'k'$，$k_1a_1=$ $k'a'$，连接 aa_1，并由 k 作 $kk_0//aa_1$。因为 k_1、k_0 不是同一点，所以 $\dfrac{a'k'}{k'b'}\neq\dfrac{ak}{kb}$，不满足定比性，故点 K 不在直线 AB 上。

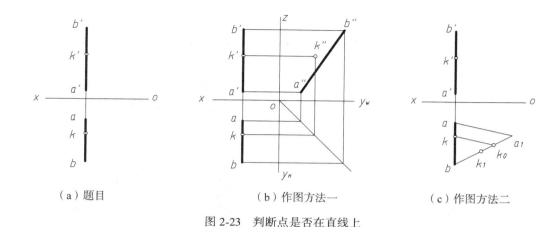

（a）题目　　　　　　　（b）作图方法一　　　　　　（c）作图方法二

图 2-23　判断点是否在直线上

2.4.3　两直线的相对位置

空间两直线的相对位置有三种情况：平行、相交、交叉（异面）。在后两种位置中还有一种特殊情况——垂直相交和垂直交叉。

1. 两直线平行

若空间两直线相互平行，则它们的各个同面投影必定相互平行（平行性），且同面投影长度之比等于它们的实长之比（定比性）。如图 2-24 所示，空间直线 *AB*、*CD* 相互，则其各面投影 $ab /\!/ cd$、$a'b' /\!/ c'd'$、$a''b'' /\!/ c''d''$，且有 $AB : CD = ab : cd = a'b' : c'd' = a''b'' : c''d''$；反之，若两直线的各个同面投影分别相互平行，则空间两直线必定相互平行。

对于两条一般位置直线，只要任意两个同面投影相互平行，即可判定这两条直线在空间相互平行。

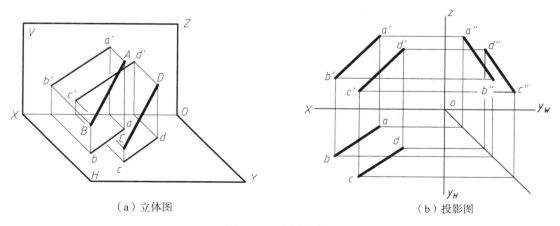

（a）立体图　　　　　　　　　　　　　　（b）投影图

图 2-24　两直线平行

2. 两直线相交

若空间两直线相交，交点为两直线的共有点，则它们的同面投影必相交，且符合点的投影规律；反之亦然。

如图 2-25 所示，直线 AB、CD 相交于点 K（两直线的共有点），其投影 ab 与 cd、$a'b'$ 与 $c'd'$、$a''b''$ 与 $c''d''$ 分别相交于 k、k'、k''，且 $kk' \perp OX$ 轴，$k'k'' \perp OZ$ 轴，既符合点的投影规律，也满足直线上点的投影特性。

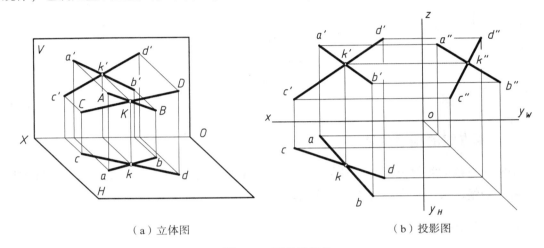

（a）立体图　　　　　　　　　　　（b）投影图

图 2-25　两直线相交

3. 两直线交叉

空间既不平行也不相交的两直线为交叉直线（异面直线）。必要时，交叉直线要进行重影点的可见性判断。

如图 2-26 所示，交叉两直线同面投影的交点实际上是一对重影点的投影。H 面上的交点是直线 AB 上的点 I 与直线 CD 上的点 II 对 H 面的重影，从 V 面投影可判断，点 I 高

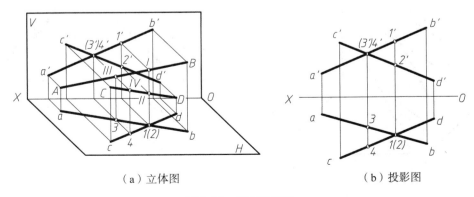

（a）立体图　　　　　　　　　　　（b）投影图

图 2-26　两直线交叉

于点 Ⅱ，故 1 可见，2 不可见。同理，V 面上的交点是点 Ⅲ 与点 Ⅳ 对 V 面的重影，点 Ⅳ 在点 Ⅲ 的前方，故 $4'$ 可见，$3'$ 不可见。

例 2-3　判断图 2-27(a)所示两直线的相对位置关系。

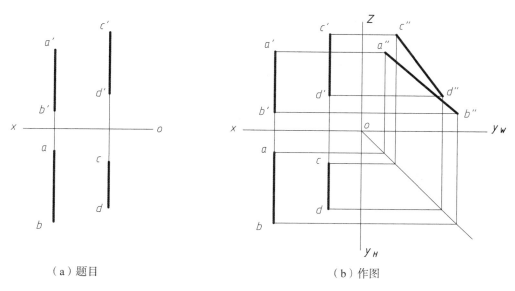

（a）题目　　　　　　　　　　　（b）作图

图 2-27　判断两直线相对位置

解　由图 2-27(a)可知，AB、CD 均为侧平线，它们的正面投影与水平投影均相互平行，但我们不能由此得出两直线平行的结论，如图 2-27(b)所示作出它们的侧面投影，$a''b''$ 与 $c''d''$ 并不平行，也不符合相交的投影规律，故 AB、CD 为交叉两直线。

4. 两直线垂直

垂直的两条直线可以是垂直相交，也可以是垂直交叉，当垂直两直线都是一般位置时投影并不垂直；当垂直两直线都平行于某投影面时，则它们在该投影面上的投影必定垂直。

若相互垂直的两直线中有一条平行于某投影面时，则两直线在该投影面上的投影也相互垂直，这种投影特性称为直角投影定理；反之，若两直线的某投影相互垂直，且其中一条直线平行于该投影面（为该投影面的平行线），则两直线在空间必定相互垂直。

如图 2-28(a)所示，AB 与 CD 垂直相交，$AB /\!/ H$ 面为水平线，CD 为一般位置直线，因为 $AB \perp CD$、$AB \perp Bb$，所以 $AB \perp$ 平面 $CDdc$；由于 $AB /\!/ ab$，所以 $ab \perp$ 平面 $CDdc$，由此得 $ab \perp cd$；反之，如图 2-28(b)所示，若已知 $ab \perp cd$，直线 AB 为水平线，则在空间 $AB \perp CD$。

上述直角投影定理，也适用于垂直交叉的两直线，如图 2-28(a)中直线 $MN /\!/ AB$，但 MN 与 CD 不相交，为垂直交叉的两直线，在水平投影中仍保持 $mn \perp cd$。

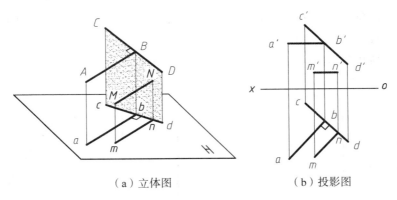

（a）立体图　　　　　　　　　　（b）投影图

图 2-28　两直线垂直

2.5　平面的投影

2.5.1　平面的表示法

平面通常可用点、直线和平面图形等几何元素来表示，也可用该平面与投影面的交线——迹线表示。

1. 平面的几何元素表示法

平面的空间位置可用下列五种形式确定：
（1）不在同一直线上的三点，如图 2-29（a）所示；
（2）一直线和直线外的一点，如图 2-29（b）所示；
（3）相交两直线，如图 2-29（c）所示；
（4）平行两直线，如图 2-29（d）所示；
（5）任意平面图形，如三角形、平行四边形、圆等，如图 2-29（e）所示为三角形标示的平面。

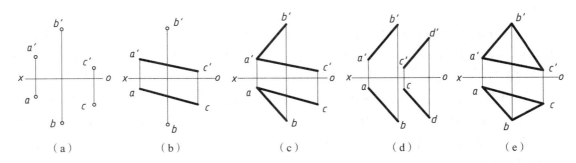

（a）　　　　　（b）　　　　　（c）　　　　　（d）　　　　　（e）

图 2-29　平面的几何元素表示

这五种确定平面的形式是可以相互转化的。

2. 平面的迹线表示法

不平行于投影面的平面与该投影面相交，交线称为平面在该投影面上的迹线。如图 2-30(a)所示，平面 P 与 H 面的交线称为水平迹线，用 P_H 表示；与 V 面的交线称为正面迹线，用 P_V 表示；与 W 面的交线称为侧面迹线，用 P_W 表示。

迹线的投影特征是：某投影面上的迹线在该投影面上的投影，与其自身实际位置重合；另外两个投影面上的投影在投影轴上。绘制迹线的投影图时，只画出与其自身实际位置重合的投影，另外两个在投影轴上的投影省略不画，如图 2-30(b)所示。

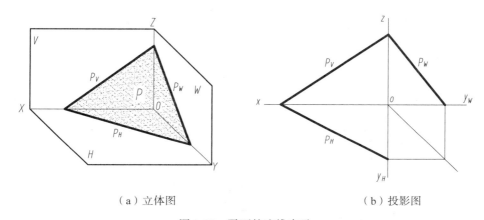

（a）立体图 　　　　　　　　　（b）投影图

图 2-30　平面的迹线表示

迹线表示法主要用于特殊位置平面，详见表 2-3 和表 2-4。

2.5.2　各种位置平面的投影

平面根据它对投影面的相对位置不同分为一般位置平面和特殊位置平面，特殊位置平面又包括投影面垂直面和投影面平行面。

1. 一般位置平面

与三个投影面都倾斜的平面称为一般位置平面。平面与投影面(H 面、V 面、W 面)之间的夹角，称为平面对该投影面的倾角，分别记为水平倾角 α、正面倾角 β、侧面倾角 γ。

如图 2-31 所示，一般位置平面的投影特性为：三个投影均为平面图形的类似形，且面积缩小；也不反映平面对投影面的倾角 α、β、γ 的大小。

2. 投影面垂直面

只垂直于一个投影面而与另外两个投影面倾斜的平面称为投影面垂直面。垂直于 H 面而倾斜于 V、W 面的平面称为铅垂面，垂直于 V 面而倾斜于 H、W 面的平面称为正垂面，垂直于 W 面而倾斜于 H、V 面的平面称为侧垂面。表 2-3 列出了投影面垂直面的立体图、投影图和投影特性。

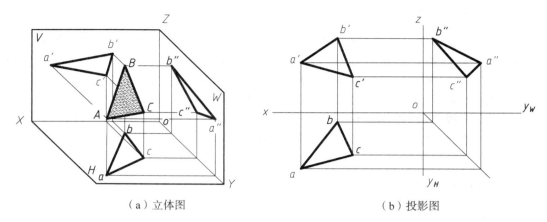

（a）立体图　　　　　　　　　　　　　（b）投影图

图 2-31　一般位置平面

表 2-3　投影面垂直面

名称	立体图	投影图	投影特性
铅垂面			（1）水平投影积聚成与投影轴倾斜的直线，且反映 β、γ 角实形； （2）正面投影、侧面投影为类似形； （3）P_H 为其迹线表示
正垂面			（1）正面投影积聚成与投影轴倾斜的直线，且反映 α、γ 角实形； （2）水平投影、侧面投影为类似形； （3）P_V 为其迹线表示
侧垂面			（1）侧面投影积聚成与投影轴倾斜的直线，且反映 α、β 角实形； （2）水平投影、正面投影为类似形； （3）P_W 为其迹线表示

由表 2-3 可归纳出投影面垂直面的投影特性如下：

（1）在平面所垂直的投影面上，投影积聚为一直线；该直线与相邻投影轴的夹角反映该平面对另两个投影面的倾角。

（2）在另外两个投影面上的投影均为类似形。

用迹线表示投影面垂直面时，只需画出与其积聚投影重合的迹线即可。

3. 投影面平行面

平行于一个投影面必定垂直于另外两个投影面的平面称为投影面平行面。平行于 H 面的平面称为水平面，平行于 V 面的平面称为正平面，平行于 W 面的平面称为侧平面。表 2-4 列出了投影面平行面的立体图、投影图和投影特性。

表 2-4　投影面平行面

名称	立体图	投影图	投影特性
水平面	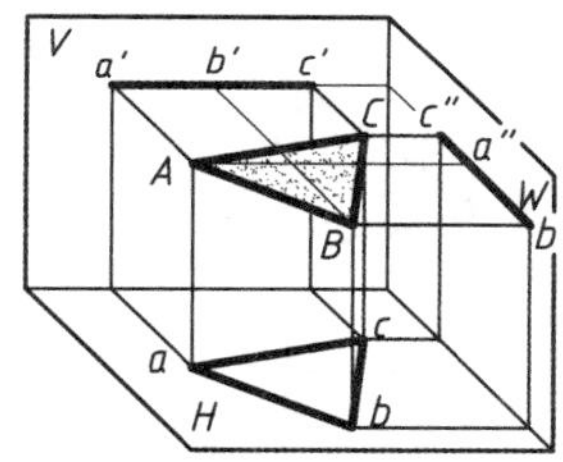	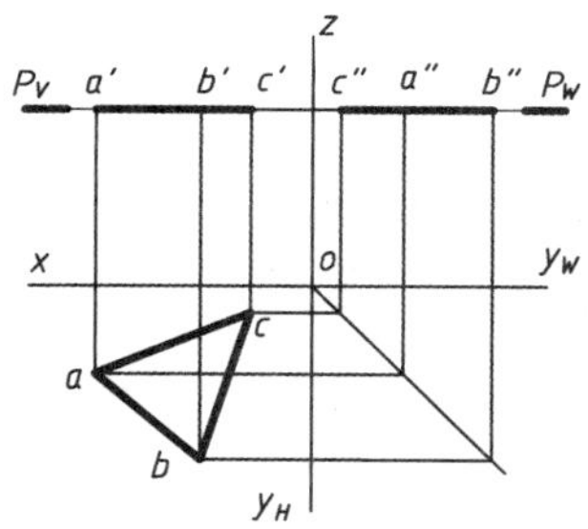	（1）水平投影反映实形； （2）正面投影、侧面投影积聚成直线，且分别平行于 OX 轴、OY 轴； （3）P_V、P_W 为其迹线表示
正平面	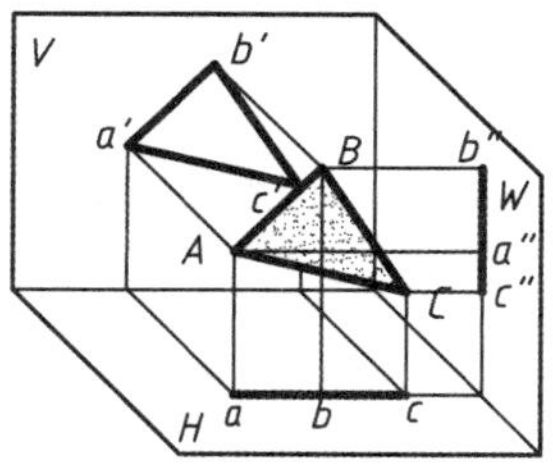	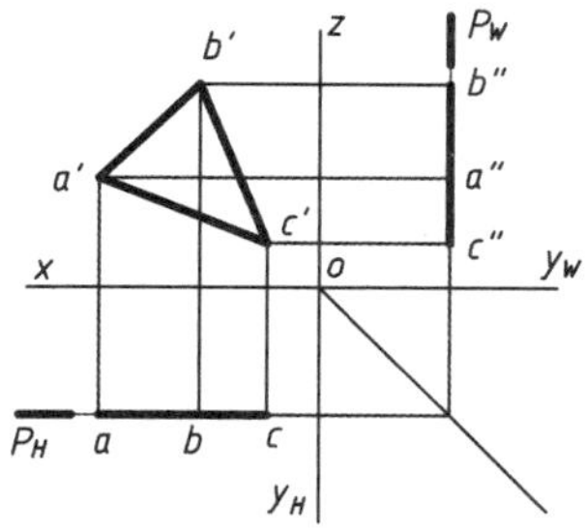	（1）正面投影反映实形； （2）水平投影、侧面投影积聚成直线，且分别平行于 OX 轴、OZ 轴； （3）P_H、P_W 为其迹线表示
侧平面	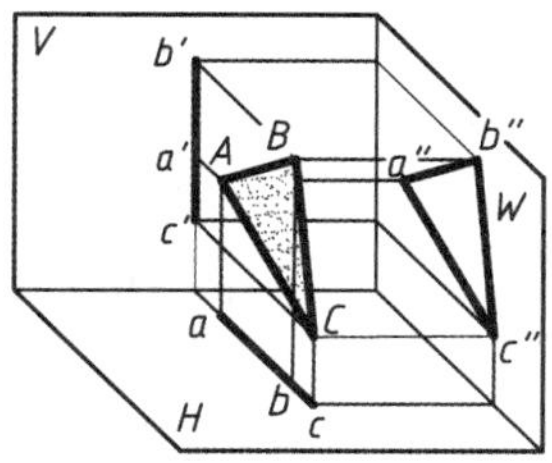	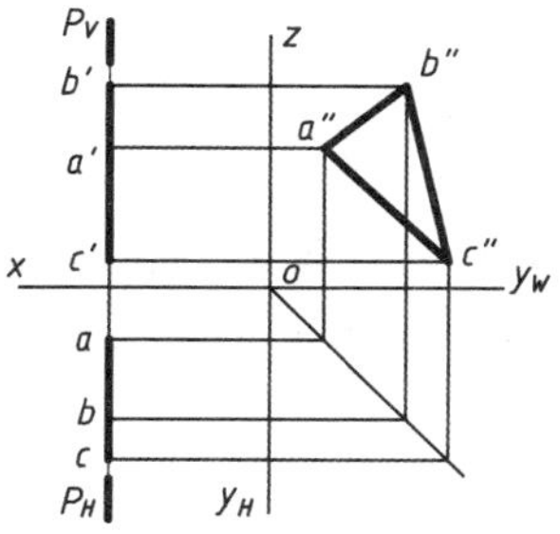	（1）侧面投影反映实形； （2）正面投影、水平投影积聚成直线，且分别平行于 OZ 轴、OY 轴； （3）P_V、P_H 为其迹线表示

由表 2-4 可归纳出投影面平行面的投影特性如下：

（1）在平面所平行的投影面上，其投影反映平面图形的实形；

（2）在另外两个投影面上的投影积聚为直线，且分别平行于相应的投影轴。

用迹线表示投影面平行面时，只需画出任意一条与其积聚投影重合的迹线即可。

2.5.3　平面内的点和直线

1. 平面内的点

由初等几何可知，点在平面内的充分和必要条件是：若点在平面内，则该点必定在这个平面的一条直线上。如图 2-32(a)所示，点 F 在平面 ABC 的直线 AD 上，则点 F 在平面 ABC 内；点 E 不在平面 ABC 的直线 AD 上，故点 E 不在平面 ABC 内。

当平面为特殊位置时，点的投影在该平面的积聚投影上，是点在该平面内的充分和必要条件。如图 2-32(b)所示，点 F 的投影在平面 ABC 的积聚投影 abc 上，则点 F 在平面 ABC 内；点 E 的投影不在平面 ABC 的积聚投影 abc 上，故点 E 不在平面 ABC 内。

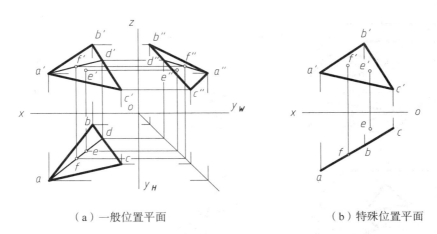

（a）一般位置平面　　　　　　　　　　　　（b）特殊位置平面

图 2-32　平面内的点

2. 平面内的直线

直线在平面内的充分和必要条件是：若直线在平面内，则该直线必定通过这个平面内的两个点；或者通过这个平面内的一个点，且平行于这个平面内的另一条直线。如图 2-33(a)所示，直线 EF 通过平面 ABC 内直线 AC 上的 E 点、BC 上的 F 点，故 EF 在平面 ABC 内；另一直线 FK 的端点 K 不在平面 ABC 的直线 AC 上，故点 K 不在平面 ABC 内，则直线 FK 不在平面 ABC 内。

当平面为特殊位置时，直线的投影与该平面的积聚投影重合，是直线在该平面内的充分和必要条件。如图 2-33(b)所示，直线 EF 的投影与平面 ABC 的积聚投影 $a'b'c'$ 重合，故直线 EF 在平面 ABC 内；直线 FK 的投影与平面 ABC 的积聚投影 $a'b'c'$ 不重合，故直线 FK 不在平面 ABC 内。

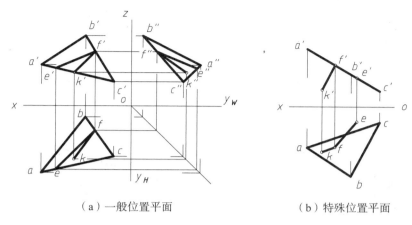

（a）一般位置平面   （b）特殊位置平面

图 2-33　平面内的直线

例 2-4　如图 2-34（a）所示，已知四边形 *ABCD* 的正面投影及 *AB*、*BC* 两边的水平投影，试完成其水平投影。

解　四边形 *ABCD* 两相交边线 *AB*、*BC* 的投影已知，连接 *AC* 即得平面 *ABC*，点 *D* 属于平面 *ABC*，作出其水平投影 *d*，再连接 *ad*、*dc* 即为所求。

在图 2-34（b）中连 $a'c'$，$b'd'$ 得交点 k'，过 k' 向下作 *OX* 轴垂线交 *ac* 于 *k*，在图 2-34（c）中连接 *bk* 再延长与过 d' 向下所作的竖直线交于 *d*，连 *ad*，*dc* 即得所求四边形水平投影。

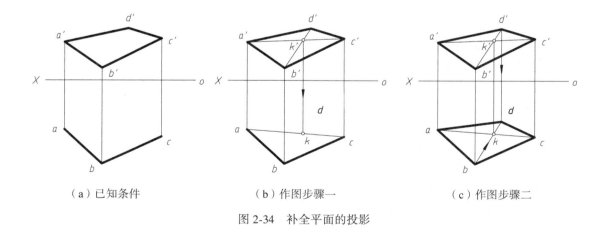

（a）已知条件   （b）作图步骤一   （c）作图步骤二

图 2-34　补全平面的投影

3. 平面内的投影面平行线

在一般位置平面内，可作出投影面的平行线（水平线、正平线、侧平线），这种直线既是平面内的直线，又是投影面的平行线，故称为平面内的投影面平行线。

例 2-5　如图 2-35(a)所示，在平面△ABC 内作水平线，使其到 H 面距离为 15mm。

解　所求水平线的正面投影应平行于 OX 轴，且到 OX 轴的距离为 15mm。又因直线在平面上，因此可在△ABC 内取两个点以确定该直线。

如图 2-35(b)所示在 V 面上作与 OX 轴平行且距 OX 轴为 15mm 的直线，该直线与 a′ c′、b′ c′ 分别交于 m′ 和 n′；过 m′、n′ 分别作 OX 轴的垂线与 ac、bc 交于 m 和 n，连接 m′ n′、mn，即为所求。

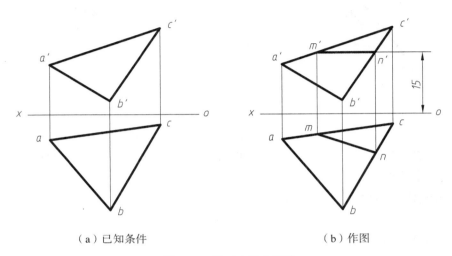

（a）已知条件　　　　　　　　　（b）作图

图 2-35　平面内的水平线

4. 平面内的最大斜度线

一般位置平面内的各个方向的直线中，必定有一个方向的直线对该投影面的倾角为最大，这样的直线称平面内对该投影面的最大斜度线。

如图 2-36(a)所示，过平面 P 内的点 A 作直线 AB 垂直于水平线 EF 和迹线 P_H，AB 对 H 面的倾角为 α，过点 A 作另一条任意直线 AC，它对 H 面的倾角为 θ，在直角△ABC 中 AC 为斜边，故 AC>AB；又在直角△ABa 和△ACa 中，Aa＝Aa，AC>AB，故有∠α>∠θ。由此可知：一般位置平面内对某个投影面的最大斜度线，必定垂直于平面内该投影面的平行线。

一般位置平面内存在对三个投影面的三种最大斜度线。属于平面且垂直于平面内水平线的直线，为对 H 面的最大斜度线；属于平面且垂直于平面内正平线的直线，为对 V 面的最大斜度线；属于平面且垂直于平面内侧平线的直线，为对 W 面的最大斜度线。

最大斜度线的几何意义是：平面对某一投影面的倾角就是平面内对该投影面的最大斜度线的倾角。

如图 2-36(b)中，要作△ABC 平面对 H 面的最大斜度线，可先在△ABC 平面内作水平线 B1，再作直线 AD 垂直于 B1，AD 即所求△ABC 平面内对 H 面的最大斜度线。利用直角三角形法可求出直线 AD 的 α 角，该角即△ABC 平面对 H 面的倾角 α。

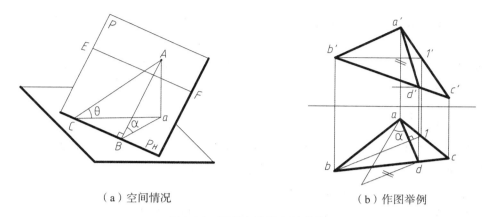

（a）空间情况　　　　　　　　　　（b）作图举例

图 2-36　平面内的最大斜度线

2.6　直线与平面、平面与平面的相对位置

直线与平面、平面与平面的相对位置有平行、相交、垂直(相交的特殊情况)三种情况。

2.6.1　平行关系

1.直线与平面平行

由初等几何可知，若空间直线平行于某平面内的一条直线，则该直线与平面平行。用于作图和判断时，通常是在已知平面内找到与平面外直线平行的直线。

当平面为特殊位置平面时，只要空间直线的一个投影与平面的具有积聚性的同面投影平行，则直线与平面平行。

例 2-6　如图 2-37(a)所示，试判断直线 MN 是否平行于平面 △ABC 及平面 △EFG。

解　如图 2-37(b)所示，过点 C 的正面投影 c′作直线 CD 的正面投影 c′d′，且 c′d′ //

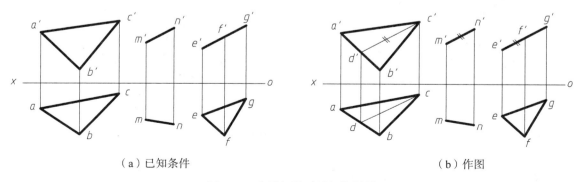

（a）已知条件　　　　　　　　　　　（b）作图

图 2-37　直线与平面平行的判断

51

$m'n'$；作出平面△ABC 上直线 CD 的水平投影 cd；因 cd 与 mn 不平行，故直线 MN 不平行平面△ABC。

直线 MN 的正面投影 $m'n'$ 与平面△EFG 有积聚性的正面投影 $e'f'g'$ 平行，因此直线 MN 平行于平面△EFG。

2. 平面与平面平行

若一平面内的两相交直线对应地平行于另一平面内的两相交直线，则这两平面互相平行。如图 2-38(a)所示，$a'b'/\!/e'f'$ 且 $ab/\!/ef$，直线 $AB/\!/EF$；$a'c'/\!/e'g'$ 且 $ac/\!/eg$，直线 $AC/\!/EG$，故平面 ABC 与平面 EFG 平行。

当两平面为同一投影面垂直面时，只要具有积聚性的投影相互平行，则两平面相互平行，如图 2-38(b)，两个正垂平面具有积聚性的投影平行，$l'm'n'/\!/d'e'f'$，故平面 LMN 与平面 DEF 平行。

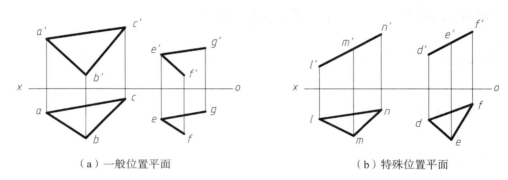

（a）一般位置平面　　　　　　　　（b）特殊位置平面

图 2-38　两平面平行

例 2-7　如图 2-39(a)所示，试判断平面 $ABCD$ 与平面 EFG 是否平行。

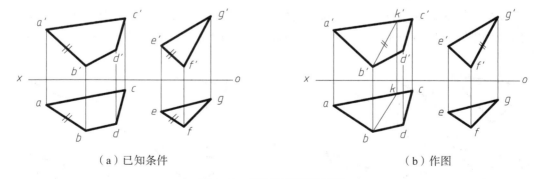

（a）已知条件　　　　　　　　（b）作图

图 2-39　两平面平行的判断

解　如图 2-39(a)所示，直线 AB 与直线 EF 平行，仅凭一条直线平行无法确定两平面平行；在图 2-39(b)中，在平面 $ABCD$ 正面投影上作 $b'k'/\!/f'g'$，再作出水平投影 bk，

可看出 bk 与 fg 不平行，说明在四边形 $ABCD$ 内不存在与 EFG 平面平行的相交二直线，所以两平面不平行。

2.6.2 相交关系

直线与平面、平面与平面若不平行，则必相交。直线与平面相交其交点是它们的共有点，它既在直线上又在平面上。两平面相交其交线是两平面的共有直线，它既属于第一个平面又属于第二个平面。

作图时约定平面图形是有边界且不透明的，当直线与平面相交时，直线的某一段可能会被平面部分遮挡，在投影图中以交点为界，直线的一侧可见另一侧则不可见。同理，两平面图形相交时在投影重叠部分可能会互相遮挡，在同一投影面上，同一平面图形在交线同一侧可见性相同，即一侧可见另一侧不可见。

1. 有积聚性投影的相交

相交的直线或平面至少有一个其投影具有积聚性时，可利用积聚投影直接确定交点或交线的一个投影；另一个投影，则可利用从属性求出。

判别可见性时，对于有积聚性的投影无须判别，另一投影面上的投影，其可见性可通过相交两元素的积聚投影的相对位置来确定。

1) 一般位置直线与具有积聚性投影的平面相交

由于平面的一个投影具有积聚性，交点的一个投影包含在该积聚性投影中，利用共有点这一条件，可直接得出交点的一个投影，再利用投影规律可作出另一投影。

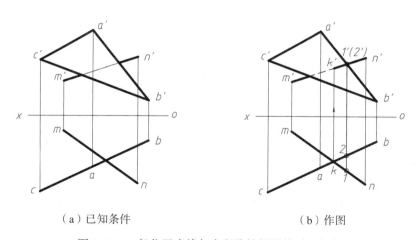

（a）已知条件 （b）作图

图 2-40 一般位置直线与有积聚性投影的平面相交

如图 2-40（a）所示的铅垂面 ABC 与一般位置直线 MN 相交，因水平投影具有积聚性，其交点的水平投影在共有点 k 处，如图 2-40（b）所示，因点 K 在直线 MN 上，故利用直线上取点的方法，可得其正面投影 k'。

在水平投影中，点 k 将 mn 分成两段，当向正面进行投影时，kn 段在平面 ABC 的右前方，其正面投影 $n'k'$ 可见，将其画成粗实线；另一侧 mk 则不可见（在平面的左后方，其正面投影 $m'k'$ 部分被遮挡）将其画为虚线。也可以利用重影点投影判别可见性，从水平投影可看出，重影点的水平投影 1 在 2 之前，正面投影中在 $m'n'$ 的 $1'$ 为可见，故 $1'k'$ 段可见。

2）一般位置平面与具有积聚性投影的直线相交

由于直线的一个投影具有积聚性，交点的一个投影在该积聚性投影中，另一投影利用平面内的点的特性作出。

如图 2-41（a）所示的铅垂线 MN 与一般位置平面 ABC 相交，因水平投影具有积聚性，其交点的水平投影 k 与 m、n 重合，如图 2-41（b）所示，因点 K 在平面 ABC 内，故利用平面内取点的方法，可得其正面投影 k'。

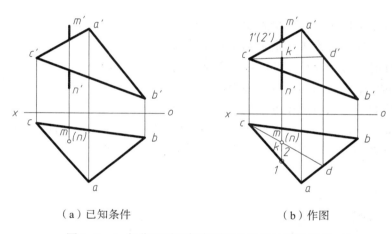

（a）已知条件　　　　　　　　（b）作图

图 2-41　一般位置平面与有积聚性投影的直线相交

直线上位于平面图形边界以外的部分总是可见的。在直线与平面图形投影的重合区域，以交点 K 为界将直线分为可见与不可见两段，如图 2-41（b）所示，由于直线 MN 具有积聚性，在水平投影中不用判断 mn 可见性，而正面投影的可见性，由于 CA 与 MN 为交叉直线，从水平投影可看出，重影点 I 在 II 之前，所以正面投影中 $c'a'$ 边上的 $1'$ 为可见，在 $m'n'$ 上的 $(2')$ 为不可见，故 $(2')k'$ 段不可见，画虚线，过分界点 k' 后，则 $k'n'$ 段可见，画粗实线。

3）一般位置平面与具有积聚性投影的平面相交

如图 2-42（a）所示铅垂面 $EFGH$ 与一般位置平面 ABC 相交，因 $EFGH$ 水平投影具有积聚性，其交线的水平投影为两平面的水平投影公共重合处 kl，因此，只要将交线 KL 上两个交点的正面投影求出，即可得两平面的交线。

因点 K 在直线 AB 上，点 L 在直线 BC 上，求出其正面投影 k'、l'，连接 $k'l'$ 即得交线的正面投影，如图 2-42(b)所示。

在水平投影中，因铅垂面 *EFGH* 积聚为直线，不须判别可见性。由于 *ak*、*cl* 在铅垂的平面 *EFGH* 之前，故正面投影 *a'k'*、*c'l'* 可见，画成实线。平面 *ABC* 在交线的另一侧部分不可见，画成虚线。如图 2-42(b)所示。

正面投影的可见性，也可用前述重影点的方法判断。

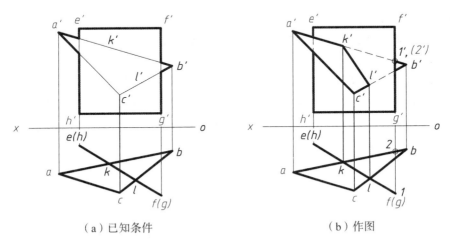

(a) 已知条件　　　　　　　　(b) 作图

图 2-42　一般位置平面与有积聚性投影的平面相交

4) 两个有积聚性投影的平面相交

如图 2-43(a)所示为两正垂面相交，它们的正面投影积聚为两条直线，交线是两平面的共有线，其积聚投影的交点即交线 *MN* 的正面投影 *m'n'*，交线 *MN* 为正垂线。

交线的水平投影 *mn* 垂直 *OX* 轴，且位于两平面图形的公共区域的边线 *ac* 和 *he* 之间，*m'n'* 与 *mn* 为交线 *MN* 的两面投影。如图 2-43(b)所示。

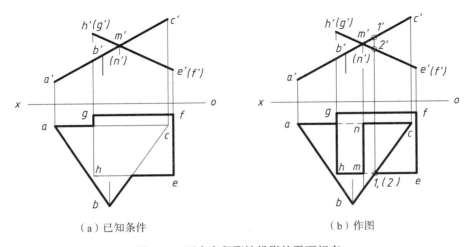

(a) 已知条件　　　　　　　　(b) 作图

图 2-43　两个有积聚性投影的平面相交

由于正面投影积聚，故正面投影可见性不须判断，水平投影的可见性，由交线的端点所在的边与另一平面的位置关系来完成，也可用前述重影点的方法判断。在交线 *MN* 左侧，平面 *EFGH* 位于平面 *ABC* 的上方，其水平投影可见；交线的右侧，平面 *ABC* 位于平面 *EFGH* 的上方，其水平投影可见，判别结果如图 2-43(b)所示。

2. 无积聚性投影的相交

当参与相交的直线与平面、平面与平面均无积聚投影时，交点或交线的投影不能直接确定，通常要用辅助平面法求作交点、交线，再借助重影点判断可见性。

1)一般位置直线与一般位置平面相交

图 2-44 是一般位置直线与一般位置平面相交时，利用辅助平面法求交点的原理示意图：包含直线 *MN* 作一特殊位置平面作为辅助平面，例如铅垂面 *P*，辅助平面 *P* 与平面 *ABC* 相交，交线为 Ⅰ Ⅱ，此交线与同属于辅助平面 *P* 的已知直线 *MN* 相交于点 *K*，点 *K* 就是所求的直线与平面的交点。

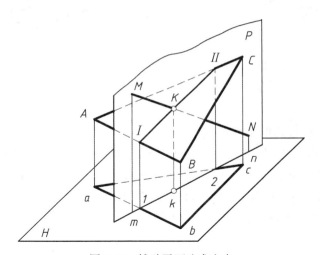

图 2-44　辅助平面法求交点

图 2-45 所示为求直线 *MN* 与平面 *ABC* 交点 *K* 的作图过程。

首先包含已知直线 *MN* 作辅助的铅垂面 *P*(也可以作辅助的正垂面)，用迹线 P_H 表示，P_H 与 *mn* 重合；该辅助平面与平面 *ABC* 交线的水平投影为 12，由 12 求得其正面投影 1'2'；1'2' 与 *m'n'* 交于 *k'*，由 *k'* 向下作垂直于 *OX* 轴的投影连线交 *mn* 于 *k* 处，*k'*、*k* 为直线 *MN* 与平面 *ABC* 的交点 *K* 的两面投影，如图 2-45(b)所示。

最后利用重影点 Ⅰ、Ⅲ 和重影点 Ⅳ、Ⅴ 判别投影图的可见性：在水平投影中，水平投影上的重影点 Ⅲ 位于点 Ⅰ 的上方，*mk* 上 3 可见，*ab* 上 1 不可见，故可判别出 3*k* 段可见，过了 *k* 的另一段不可见；用同样方法判断正面投影中的可见性，正面投影上重影点 Ⅳ 位于点 Ⅴ 之前，*b'c'* 上 4' 可见，*k'n'* 上 5' 不可见，故可判断出 *k'5'* 段不可见，过了 *k'* 的另一段可见。如图 2-45(c)所示。

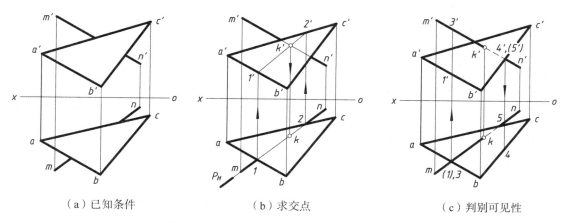

（a）已知条件　　　（b）求交点　　　（c）判别可见性

图 2-45　一般位置直线与一般位置平面相交

2）两个一般位置平面相交

两个一般位置平面相交，其交线是一条直线，因此求出交线上的两点，连线即得所求交线。因各几何元素的投影无积聚性，不能直接从投影图中得到交线，通常采用辅助平面法求出。作图时，可在一平面内取两条直线使之与另一平面相交，求交点；也可在两面内各取一条直线求其与另一平面的交点。

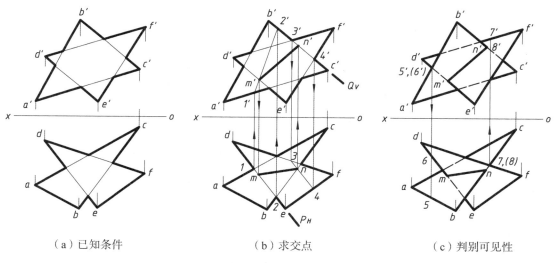

（a）已知条件　　　（b）求交点　　　（c）判别可见性

图 2-46　两个一般位置平面相交

图 2-46 是两个一般位置平面 ABC 与 DEF 相交，求交线 MN 的作图过程。

先包含平面 DEF 的边 DE 作辅助铅垂面 P，求 DE 与平面 ABC 交点 M(m，m')，再包含平面 ABC 的边 BC 作辅助正垂面 Q，求 BC 与平面 DEF 交点 N(n，n')，连接 MN(mn，

57

$m'n'$)即得所求交线，如图 2-46(b)所示。

利用一对重影点Ⅴ、Ⅵ的投影 5'、（6'），5，6 和一对重影点Ⅶ、Ⅷ的投影 7，（8），7'，8'，分别判断平面 ABC 与平面 DEF 在正面投影和水平投影面中投影重叠部分可见性，如图 2-46(c)所示。

在求两个一般位置平面交线的作图过程中，作一条直线与另一平面的交点时，交点有时可能在直线的延长线上，也有时可能在平面的扩展面上，连接交线时可取交线上分别位于两个平面图形的同面投影重合处一段。

2.6.3　垂直关系

包含有特殊位置直线或平面时，垂直关系可利用积聚投影或者投影特性来确定。

1. 直线与特殊位置平面垂直

若直线与特殊位置平面垂直，则平面的积聚投影与直线的同面投影垂直，且直线也为特殊位置直线（平行线或垂直线）。如图 2-47(a)所示，与铅垂面 ABC 垂直的直线 MN 为水平线；如图 2-47(b)所示，与正平面 DEF 垂直的直线 KL 为正垂线。

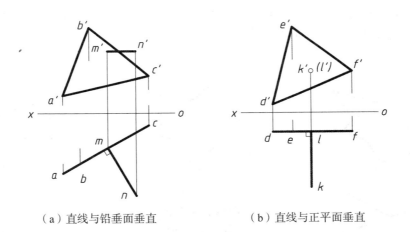

（a）直线与铅垂面垂直　　　　　　　（b）直线与正平面垂直

图 2-47　直线与特殊位置平面垂直

2. 两特殊位置平面垂直

若两投影面垂直面互相垂直，且同时垂直于同一投影面，则它们的积聚投影相互垂直，如图 2-48(a)所示，铅垂面 ABC 与 DEF 的积聚投影 abc⊥def，则该两平面相互垂直。

不同投影面的平行面相互垂直，例如水平面与正平面、侧平面垂直。投影面平行面也与该投影面的垂直面互相垂直，如图 2-48(b)所示，水平面 LMN 与铅垂面 ABC 垂直。

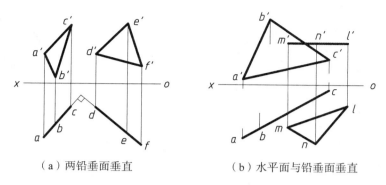

（a）两铅垂面垂直　　　　　　（b）水平面与铅垂面垂直

图 2-48　特殊位置平面垂直

2.7　常用曲线和曲面的投影

2.7.1　曲线的概念

曲线可以看作不断改变方向的点连续运动的轨迹；也可以看作曲面与曲面或曲面与平面相交的交线。

根据点的运动有无规律，曲线可以分为规则曲线和不规则曲线。规则曲线如圆、渐伸线、螺旋线等，可以列出其代数方程。

曲线又可分为平面曲线和空间曲线。所有的点都位于同一平面上的曲线，称为平面曲线，如圆、渐伸线等；连续四个点不在同一平面上的曲线，称为空间曲线，如螺旋线等。

2.7.2　曲线的投影

因为曲线可看作点的运动轨迹，所以画出曲线上一系列点的投影，并连成光滑曲线，就可以得到该曲线的投影。为了较准确地画出曲线的投影，一般应画出曲线上一些特殊点的投影，以便控制曲线的形状。

曲线的投影一般仍为曲线，在特殊情形下，当平面曲线所在的平面垂直于某投影面时，它在该投影面上的投影为直线，如图 2-49 所示圆的投影。二次曲线的投影一般仍为二次曲线，例如圆和椭圆的投影一般为椭圆。

本节主要介绍常用的平面曲线圆和空间曲线螺旋线的投影。

1. 圆的投影

圆是工程中常用的平面曲线之一，这里主要论述投影面垂直面上圆的投影。

当圆所在的平面垂直于某个投影面时，它在该投影面上的投影为直线段，在其余两个投影面上的投影为椭圆。

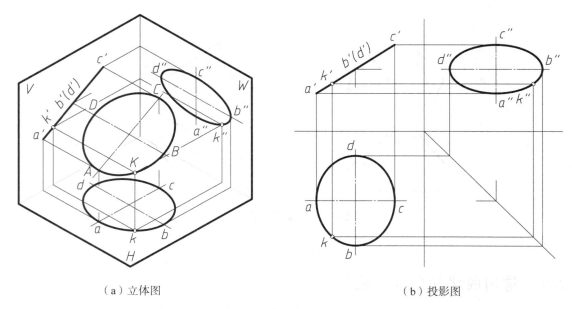

（a）立体图   （b）投影图

图 2-49　特殊位置平面垂直

如图 2-49 所示的圆，其所在的平面为正垂面，正面投影积聚为一直线 $a'b'd'c'$，$a'c'$ 为圆中正平线 AC 的正面投影，其长度等于圆的直径，$b'd'$ 为圆中正垂线 BD 的正面投影，积聚为一点；圆的水平投影和侧面投影为椭圆，其长轴 bd、$b''d''$ 为圆中正垂线 BD 的投影，短轴 ac、$a''c''$ 为圆中正平线 AC 的投影；K 为圆上任一点，其正面投影 k' 在圆的积聚投影 $a'c'$ 上，水平投影 k 和侧面投影 k'' 在相应的圆的投影椭圆上。

2. 螺旋线的投影

螺旋线是工程中常用的空间曲线之一。圆柱、圆锥、球等旋转曲面上都可以形成相应的螺旋线，这里仅讨论常用的圆柱螺旋线。

当点 P 沿圆柱面上的一条直母线按固定方向作等速运动，而该母线又绕柱轴作等速旋转运动时，点 P 的轨迹为圆柱螺旋线。圆柱的半径为螺旋半径 R，柱轴为螺旋线的轴线，点 P 绕轴旋转一周后沿轴线移动的距离称为导程，记为 H，如图 2-50（a）所示。当动点 P 沿直母线移动且其旋转符合右手法则时，所得的螺旋线为右螺旋线，符合左手法则时，则为左螺旋线。

当已知螺旋半径 R、导程 H、旋向和轴线位置后，便可作出螺旋线的投影。在图 2-50（b）中，因为已给的柱轴为铅垂线，所以圆柱螺旋线的水平投影为圆周。把圆周分为 12 等分，并在正面投影中把导程 H 也分为 12 等分。过正面投影中各等分点作水平线，根据旋向（右旋），对水平投影中各等分点编号，过水平投影中圆周上的各等分点作竖直线，与正面投影中相应的水平线交于点 $0'$，$1'$，…，$11'$，$12'$，把这些点连为光滑曲线，即为圆柱螺旋线的正面投影。如图 2-50（b）所示。

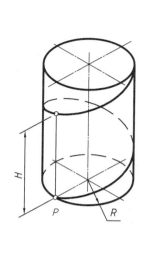
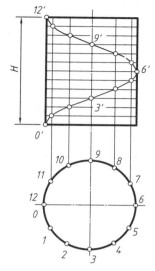

（a）立体图   （b）螺旋线的投影作图

图 2-50 螺旋线的形成和投影

2.7.3 曲面的概念

曲面可以看作动线的轨迹，动线称为母线。曲面上任一位置的母线，称为该曲面的素线。控制母线运动的线或面，分别称为导线(准线)或导面。

曲面可分为规则曲面和不规则曲面，这里主要讨论规则曲面。

根据母线是直线还是曲线，曲面可分为直纹面和曲线面。可以由直母线运动所形成的曲面称为直纹面(或直线面)，如图 2-51(a)(b)(c)所示；只能由曲母线运动所形成的曲面称为曲线面，如图 2-51(d)所示。

根据母线运动时有无回转轴，曲面还可分为回转面，如图 2-51(a)(b)所示；以及非回转面，如图 2-51(c)(d)所示。

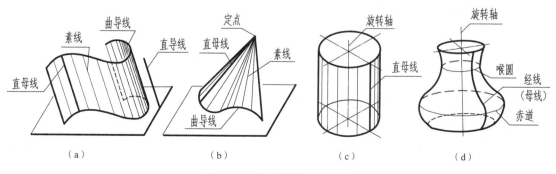

（a）   （b）   （c）   （d）

图 2-51 曲面的形成和分类

同一种曲面可以由不同的方法形成。

2.7.4　曲面的投影

平行于某个投影方向且与曲面相切的投射线形成投射平面(或投射柱面)，投射平面与曲面相切的切线称为该投射方向的曲面外形轮廓线，简称外形线，也可称为该投射方向上曲面的转向线。显然，不同的投射方向产生不同的外形线，并且，外形线(或转向线)也是该投射方向的曲面上可见与不可见部分的分界线。

曲面在某个投影面上的投影，应画出其边界轮廓线、尖点及外形线的投影。有对称线或轴线的还应画出对称线或轴线的投影。有时，还需同时画出曲面上若干条素线。

这里主要介绍在土木建筑、水利水电工程中广泛应用的双曲抛物面。

1. 双曲抛物面的形成

直母线 L 沿着两条交叉直导线运动，且始终平行于某一个导平面，这样形成的曲面称为双曲抛物面。在图 2-52(a)中，直线段 AB 和 CD 为两条交叉直导线，导平面 P 平行于两直导线端点的连线 AD 和 BC。由形成可知，双曲抛物面上的素线都平行于导平面，且彼此成交叉位置。

从图 2-52(a)可看出，对于同一个双曲抛物面，也可把它看作以 AD 和 BC 为交叉直导线，以平行于端点连线 AB 和 CD 的平面 Q 为导平面所形成的。由此可知，双曲抛物面上有两簇素线，其中每条素线与同簇素线不相交，而与另一簇的所有素线相交。

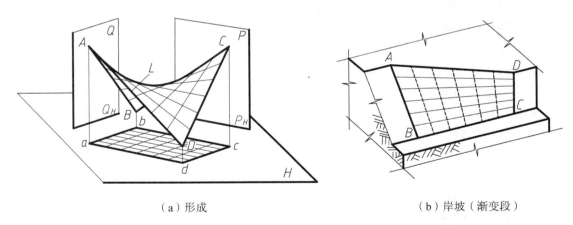

（a）形成　　　　　　　　　　（b）岸坡（渐变段）

图 2-52　双曲抛物面的形成和应用

因此，同一个双曲抛物面存在两个导平面，这两个导平面的交线为双抛物面的法线。由空间解析几何可知，过法线的平面与双曲抛物面相交，截交线为抛物线；垂直于法线的平面与双曲抛物面相交，截交线为双曲线。所以，这种曲面称为双面抛物面，在工程中也把它称为翘平面或扭面。

在土木、水利工程中双曲抛物面有着较广泛的应用，如图 2-52(b)所示为水工结构中的岸坡(渐变段)，图中画出了双曲抛物面上的两簇素线，由于两簇素线均为直线，所以常被用来作为工程中制作(施工)双曲抛物面的支撑骨架。

2. 双曲抛物面的投影

双曲抛物面的投影图中只需要表示两条直导线和若干条素线的投影。

如图 2-53 所示，导平面为铅垂面 P_H，两条直导线为 AB 和 CD，直母线沿 AB 和 CD 运动时始终平行于铅垂面 P，所以各条素线的水平投影均应平行于 P_H。

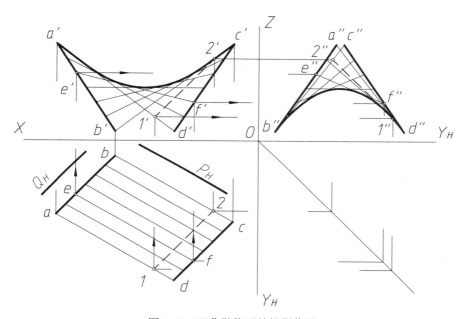

图 2-53　双曲抛物面的投影作图

作图时，首先作出交叉直导线 AB 和 CD 的三个投影 ab、cd，$a'b'$、$c'd'$ 和 $a''b''$，$c''d''$，如图 2-53 所示。然后，作出导平面(铅垂面)P 的水平投影 P_H，并作素线的水平投影平行于迹线 P_H。为了便于作图和较好地表达曲面，实际作图中常将一条导线的水平投影 ab(或 cd)若干等分，本例中为六等分，过各等分点作直线(画成细实线)平行于迹线 P_H，即为双曲抛物面上素线的水平投影。根据素线的水平投影便可作得素线的其余两投影。最后，在正面投影和侧面投影中画出各直素线的包络曲线，即为双曲抛物面的外形线。

图 2-53 中给出了其中一条素线 EF 的三个投影 ef、$e'f'$ 和 $e''f''$ 作图示意，还用虚线画出了双曲抛物面上的另一簇素线的投影，如图中 12、$1'2'$、$1''2''$ 所示。

第3章　基本体及其表面交线

大多数常见的工程形体可以看作由若干形状较简单的几何体构成，如棱柱体、棱锥体、圆柱体、圆锥体、圆球体等。它们形状简单、构成形式单一，称为基本几何体，简称基本体。根据构成立体的表面性质，立体可分为平面立体和曲面立体。表面全部由平面所围成的立体称为平面立体，简称为平面体。常见的平面体有棱柱体、棱锥体等。全部由曲面或由曲面和平面共同围成的立体称为曲面立体，简称曲面体。常见的曲面体有圆柱体、圆锥体、圆球体等。为了研究更复杂形体的投影，先要弄懂基本体及其表面交线的投影。

本章首先将介绍常见平面体和曲面体的投影，进而研究其被截切或相贯时表面交线的投影。

3.1　平面体的投影

棱柱体和棱锥体是常见的平面体，平面体的表面由多边形平面围成，绘制平面体的投影，可以归结为求出构成平面体各个平面的投影。

3.1.1　棱柱体

一般地，有两个面互相平行，其余各面都是四边形，并且相邻两个四边形的公共边都互相平行，由这些面所围成的多面体称为棱柱。在棱柱中，两个互相平行的面称为棱柱的底面，它们是全等的多边形；其余各面称为棱柱的侧面，它们都是平行四边形；相邻侧面的公共边称为棱柱的侧棱；侧面与底面的公共顶点称为棱柱的顶点。棱柱的底面可以是三角形、四边形、五边形等，我们把这样的棱柱分别称为三棱柱、四棱柱、五棱柱等。侧棱线垂直于底面的棱柱称为直棱柱，侧棱线不垂直于底面的棱柱称为斜棱柱，底面是正多边形的直棱柱称为正棱柱。

1. 棱柱的投影

图 3-1 给出一个如图所示位置放置的正五棱柱，其底面平行于 H 面，一个侧棱面平行于 V 面。

正五棱柱上下底面为水平面，其水平投影反映实形，为正五边形，但是因为上底面挡住了下底面，所以在 H 面上只需绘出一个粗实线的五边形；底面的正面和侧面投影都积聚为投影轴平行线。平行于 V 面的侧棱面，其正面投影反映实形，但其被左前、右前侧棱面遮挡，为虚线的矩形线框；水平投影积聚到正五边形的后侧底边上；侧面投影积聚为直线。其他四个侧棱面均为铅垂面，水平投影积聚到正五边形的底边上；正面投影均为类似形，左前、右前侧棱面可见，其投影为粗实线矩形线框，左后、右后侧棱面被遮挡，为细虚线矩形线框；侧面投影也为类似形，左前和左后侧棱面可见，为两个粗实线矩形线框，由于该五棱柱左右对称，右前、右后侧棱面正好被左前、左后侧棱面完全遮挡，不需要再绘制其投影。

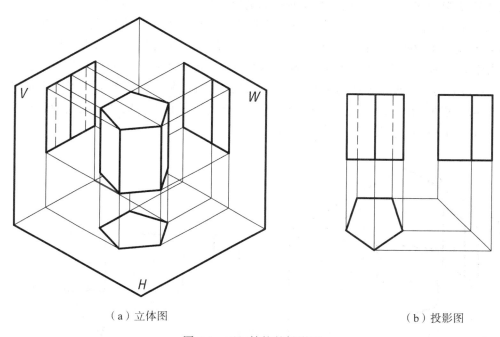

（a）立体图　　　　　　　　　　　　　　　　（b）投影图

图 3-1　正五棱柱的投影图

该正五棱柱的 5 条侧棱线与底面垂直，为铅垂线；其正面与侧面投影反映实长，在正面投影中，因前侧 3 条可见，为粗实线，后侧 2 条不可见，用细虚线表达；侧面投影中，左侧 3 条可见，右侧 2 条被遮挡，只需绘出 3 条粗实线；水平投影正好积聚在正五边形的顶点处。实际绘制时，只需绘出底面的投影，再绘出侧棱线的投影，但要注意其可见性。

棱柱投影特性总结：常见的直棱柱或正棱柱，其三面投影中一面投影为反映底面实形的平面多边形；另外两面投影的外轮廓为矩形。

棱柱投影的绘制：首先绘制反映底面实形的投影——平面多边形，然后绘制上下底面积聚性投影，最后绘制侧棱线的投影。

2. 棱柱表面上点和线的投影

例 3-1　如图 3-2(b)所示，已知直三棱柱表面上点 A 的正面投影 a'、点 B 的正面投影 b' 和点 C 的水平投影 c，求它们的另外两面投影。

解　分析：在正面投影中，a' 和 b' 可见，可知点 A 在三棱柱的左侧棱面上，点 B 在三棱柱的右前侧棱面上，可利用它们所在铅垂面的积聚性求出其水平投影，进而求出侧面投影。在水平投影中，点 C 不可见，可知点 C 在三棱柱的下底面上，可利用其积聚性直接求出点 C 的正面投影和侧面投影。求出立体表面上点的投影时，需判别其可见性。

作图步骤：

(1) 如图 3-2(c) 所示，过 a' 向下作竖直的投影连线与左侧棱面积聚性的水平投影交于 a，过 a 作水平的投影连线与 45° 辅助线相交，过交点向上作竖直的投影连线与过 a' 的水平投影连线交于 a''，由于 A 点所在左侧棱面的侧面投影可见，因此 a'' 可见；

(2) 过 b' 向下作竖直的投影连线与右前侧棱面积聚性的水平投影交于 b，过 b 作水平的投影连线与 45° 辅助线相交，过交点向上作竖直的投影连线与过 b' 的水平投影连线交于 b''，由于 B 点所在右前侧棱面的侧面投影不可见，因此 b'' 不可见，须打括号表示；

(3) 过 c 向上作投影连线与下底面积聚性的正面投影相交，得到 c'，过 c 作水平投影连线与 45° 辅助线相交，过交点向上作竖直投影连线与下底面积聚性的侧面投影相交，得到 c''，由于未被其他面遮挡，c' 和 c'' 均可见。

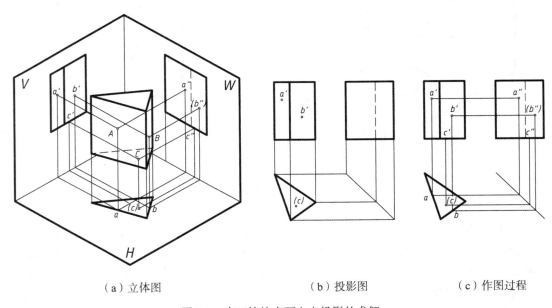

（a）立体图　　　　　　　　（b）投影图　　　　　　　　（c）作图过程

图 3-2　直三棱柱表面上点投影的求解

例 3-2　已知直五棱柱表面折线的水平投影，如图 3-3 所示，补全它们的另外两面投影。

解　分析：从折线的水平投影知，点 A 和点 B 在该棱柱的前上侧棱面上，点 D 和点 E 在后上侧棱面上，点 C 和点 F 在五棱柱最上方的侧棱线上。点 C 和点 F 的正面投影、侧面投影可直接求出。A、B、D、E 点可利用其所在平面侧面投影的积聚性，先求侧面投影，进而求出正面投影。同时根据各段直线所在平面的可见性，判断出直线的可见性，将各段直线的投影连起来，即可求出折线的投影。

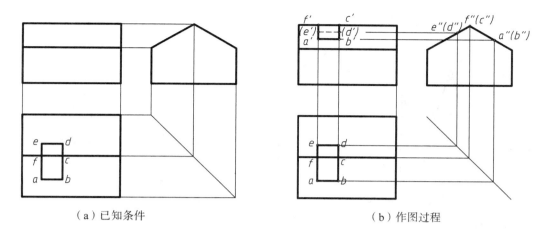

（a）已知条件　　　　　　　　　　　（b）作图过程

图 3-3　直五棱柱表面上直线投影的求解

作图步骤如下：

（1）过 *f*、*c* 向上作竖直投影连线与最上方侧棱线的正面投影相交，求出其正面投影 *f'*、*c'*，点 *F*、点 *C* 的侧面投影在最上侧棱线积聚的侧面投影上，但 *F* 点在 *C* 点的正左方，因此 *c"* 不可见；

（2）过 *a*、*b* 作水平投影连线与45°辅助线相交，过交点向上作竖直投影连线与前上侧棱面积聚的侧面投影相交，求出 *a"*(*b"*)，再根据 *A*、*B* 两点的两面投影，求出其正面投影，因其所在平面的可见性，*a'* 和 *b'* 可见；

（3）同步骤（2）求出点 *D*、*E* 的侧面投影 *e"*(*d"*)和正面投影(*e'*)(*d'*)；

（4）直线 *CD*、*DE* 和 *EF* 在后上侧棱面上，其正面投影不可见，画细虚线，直线 *AB*、*BC* 和 *FA* 在前上侧棱面上，其正面投影可见，因此画粗实线；折线的侧面投影重合在前上、后上侧棱面的积聚性投影上，无须再画线。

3.1.2　棱锥体

一般地，有一个面是多边形，其余各面都是有一个公共顶点的三角形，由这些面所围成的多面体叫棱锥。这个多边形面称为棱锥的底面；有公共顶点的各个三角形面称为棱锥的侧面；相邻侧面的公共边叫棱锥的侧棱；各侧面的公共顶点称为棱锥的顶点。棱锥的底面是三角形、四边形、五边形……，这样的棱锥分别称为三棱锥、四棱锥、五棱锥……底面是正多边形，并且顶点与底面中心的连线垂直于底面的棱锥称为正棱锥。

1. 棱锥的投影

如图 3-4 所示给出一个正四棱锥，底面 *ABCD* 为水平面，水平投影 *abcd* 反映实形，正面和侧面投影积聚为直线；左侧棱面 *SAD*、右侧棱面 *SBC* 为正垂面，正面投影积聚，水平投影和侧面投影为类似形；前侧棱面 *SAB*、后侧棱面 *SCD* 为侧垂面，侧面投影积聚，正面投影和水平投影为类似形，其投影图如图 3-4(b)所示。

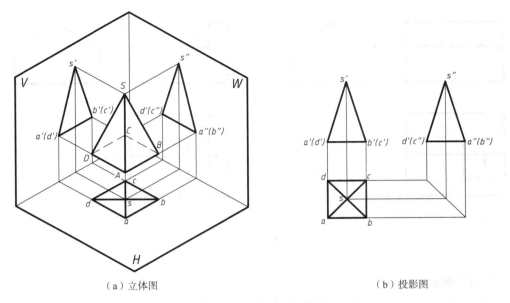

（a）立体图　　　　　　　　　　　　　　　（b）投影图

图 3-4　正四棱锥的投影图

棱锥投影的绘制：只需绘出底面多边形的投影和锥顶的投影，然后连接锥顶与底面多边形各顶点的同面投影即侧棱线的投影，并判别其可见性，就可求出棱锥的投影。

2. 棱台的投影

用一个平行于棱锥底面的平面去截棱锥，把底面和截面之间那部分立体称为棱锥台，简称棱台。原棱锥的底面和截面分别称为棱台的下底面和上底面。

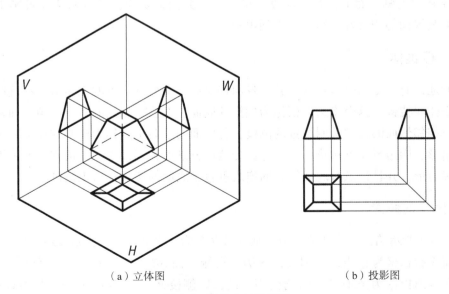

（a）立体图　　　　　　　　　　　　　　　（b）投影图

图 3-5　四棱台的投影图

如图 3-5 所示，给出一个四棱台，其上、下底面为水平面，水平投影反映实形，正面投影和侧面投影积聚为直线；左、右侧棱面为正垂面，正面投影积聚，水平投影和侧面投影为类似形；前、后侧棱面为侧垂面，侧面投影积聚，正面投影和水平投影为类似形，其投影图如图 3-5(b) 所示。

棱台投影的绘制：绘出上底面和下底面多边形的投影，然后连接各条侧棱线的投影，并判别其可见性，即可求出棱台的投影。

3. 棱锥表面上点和线的投影

例 3-3   如图 3-6(a) 所示，已知三棱锥 SABC 表面上点 M 和点 N 的正面投影，试求出两点的水平投影和侧面投影。

解   分析：如图所示的三棱锥，其底面 ABC 为水平面，左侧棱面 SAB 和右侧棱面 SBC 为一般位置平面，后侧棱面 SAC 为侧垂面。从两点的正面投影可知，点 M 在三棱锥的后侧棱面 SAC 上，点 N 在三棱锥右侧棱面 SBC 上。点 M 的投影可利用侧棱面 SAC 的积聚性，先求出侧面投影，再求水平投影。点 N 在一般位置平面上，其投影可采用上一章的方法来求：①取平面内一已知点和该点连接并延长，求出直线的投影，进而求点的投影；②过该点作平面内一条已知直线的平行线，求直线的投影，再求该点的投影。同时判别点的可见性，即可求出两点的投影。

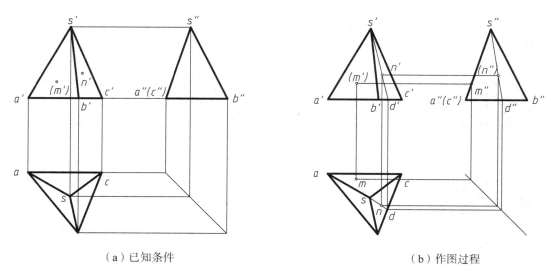

（a）已知条件　　　　　　　　　　　　　（b）作图过程

图 3-6　三棱锥表面上点投影的求解

作图步骤：

(1) 过 m' 向右作水平投影连线与 s"a" 相交，交点即为 M 点的侧面投影 m"，再作辅助线求出 m，因 M 点所在的侧棱面 SAC 的水平投影可见，故 m 可见。

(2) 点 N 的投影，本例采用第一种方法进行求解。通常将锥顶 S 与点 N 连接并延长，与底边 BC 交于 D 点，求解直线 SD 的投影。先求出 D 点的正面投影 d′，根据 D 点在底边 BC 上，求出 d 和 d″，即可求出直线 SD 的投影。再根据直线上点的投影特性，过 n′作水平投影连线与 s″d″相交，求出 N 点侧面投影位置，由于侧棱面 SBC 的侧面投影不可见，故表示为(n″)；过 n′作竖直投影连线与 sd 相交，求出 N 点水平投影的位置，侧棱面 SBC 的水平投影可见，因此 n 可见。

例 3-4　如图 3-7(a)所示，已知四棱台表面上折线 ABCDE 的正面投影 a′b′c′d′e′，试求出折线的水平投影和侧面投影。

解　分析：图示的四棱台，其上、下底面为水平面，四个侧棱面为一般位置平面。点 A、点 E 在下底面的底边上，点 B 在左前侧棱面上，点 C 在前侧棱线上，点 D 在右前侧棱面上。A、C、E 点的投影可利用直线上点的投影规律求得，B、D 点的投影可采用上述第二种方法求得。判别可见性，即可求出折线的投影。

作图步骤：

(1)过 a′、e′向右作水平投影连线与底边侧面投影相交，求得 a″、(e″)，向下作竖直投影连线与底边水平投影相交，可得 a、e；

(2)过 c′向右作水平投影连线与前侧棱线的侧面投影相交，可得 c″，再根据点的两面投影求出其水平投影；

(3)过 B、D 点作两点所在侧棱面底边的平行线，与前侧棱线交于 F 点，可求出 F 点的三面投影；

(4)过 f 作左前侧棱面底边水平投影的平行线，作右前侧棱面底边水平投影的平行线，再过 b′、d′向下作竖直投影连线，即可求出 b、d；

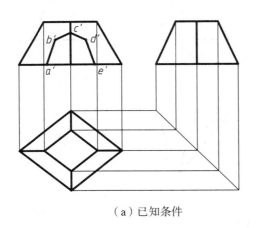 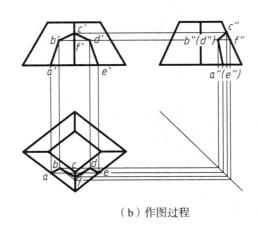

（a）已知条件　　　　　　　　　　　（b）作图过程

图 3-7　四棱台表面上线投影的求解

(5)左前、右前侧棱面的水平投影可见，用粗实线将 a、b，b、c，c、d，d、e 连起来，可求出折线的水平投影；左前侧棱面的侧面投影可见，用粗实线将 a″、b″，b″、c″连起来，B、D 和 A、E 为侧面重影点，c″f″、f″e″与 b″c″、a″b″重合，无须绘出，即可求出折线的侧面投影。

3.2 曲面体的投影

全部由曲面或由曲面和平面共同围成的立体称为曲面体。圆柱体、圆锥体和圆球体是常见的曲面体。上一章 2.7.3 节介绍了曲面的形成，本节将研究这些常见曲面体的投影。

3.2.1 圆柱体

圆柱体是由圆柱面和两个底面共同围成的立体。

圆柱面可看作直母线绕与之平行的直线（轴线）旋转一周形成。圆柱面上的素线相互平行，且平行于轴线。圆柱面上的点一定在某一条素线，或某一个纬圆上。

底面与圆柱面的轴线相垂直。

1. 圆柱的投影

如图 3-8 所示，给出一个圆柱体，其上、下底面为水平面，圆柱面的轴线为铅垂线。上底面的正面投影和侧面投影积聚为水平的直线，水平投影为反映实形的圆形；下底面的正面投影和侧面投影也积聚为水平的直线，水平投影被上底面完全遮挡。圆柱面上的素线均为铅垂线，其水平投影积聚为点，因此圆柱面的水平投影积聚为圆。圆柱面的正面投影为矩形，矩形的左、右两边反映的是圆柱面的最左素线 AB、最右素线 CD 的正面投影。素线 AB、CD 将圆柱面分为前半个圆柱面和后半个圆柱面，在正面投影中，前半个圆柱面

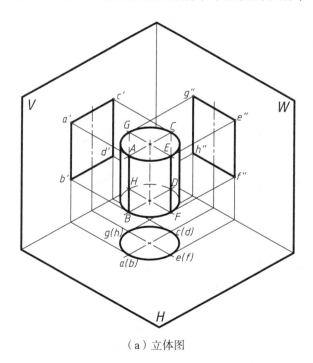

（a）立体图

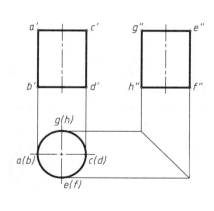

（b）投影图

图 3-8　圆柱的投影图

可见，而后半个圆柱面不可见，因此这两条素线 *AB*、*CD* 是可见圆柱面与不可见圆柱面的分界线，称为正面转向轮廓线，它们的侧面投影重合在轴线处。同理可知，反映圆柱面的侧面投影的矩形左、右两边，是圆柱面最后素线 *GH* 和最前素线 *EF* 的侧面投影，这两条素线称为该圆柱面的侧面转向轮廓线，它们把圆柱面分为左半个圆柱和右半个圆柱面，其正面投影重合在轴线处。

　　圆柱投影特性总结：其一面投影为圆，另外两面投影为形状大小相同的矩形。

　　圆柱投影的绘制：一般先绘出圆，同时画出圆的对称中心线；再绘出两个底面的积聚性投影；最后画出转向轮廓线的投影。

2. 圆柱表面上点和线的投影

　　例 3-5　　如图 3-9(a)所示，已知圆柱的表面上曲线 *ABC* 的侧面投影 *a″b″c″*，试求出该曲线的其他两面投影。

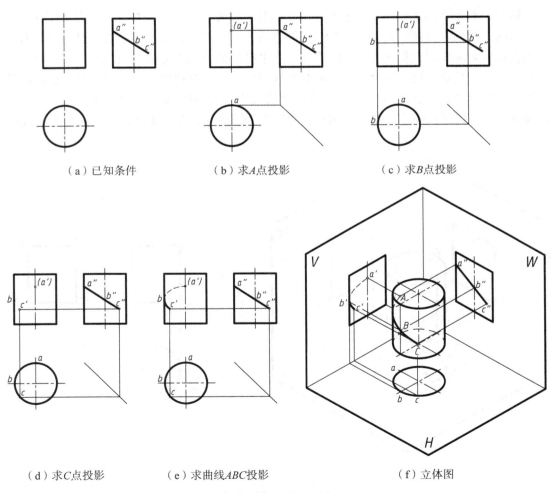

（a）已知条件　　　　　　　（b）求*A*点投影　　　　　　　（c）求*B*点投影

（d）求*C*点投影　　　　　（e）求曲线*ABC*投影　　　　　（f）立体图

图 3-9　圆柱表面曲线投影的求解

解 分析：根据已知条件，知 A 点在圆柱面的侧面转向轮廓线上，B 点在圆柱面的正面转向轮廓线上，该两点的投影可用直线上的点直接求出；C 点不在转向轮廓线上，可利用圆柱面的积聚性求出其水平投影，再求出正面投影。

作图步骤：

(1)过 a'' 向左作水平投影连线与点画线相交，求得 (a')，再求出 a，如图 3-9(b) 所示。

(2)过 b'' 向左作水平投影连线与正面转向轮廓线的正面投影相交，可求得 b'，再向下作竖直投影连线，求得 b，如图 3-9(c) 所示。

(3)过 c'' 向下作竖直线与 45°辅助线相交，过交点作水平线与圆柱面的水平投影相交，会产生两个交点，因为 c'' 可见，取左侧交点，可求 c，再求出 c'，如图 3-9(d) 所示。

(4)判断可见性并连线：曲线 ABC 水平投影积聚在圆上，无须再绘图线；曲线 AB 段在后半个圆柱面上，其正面投影不可见，画为细虚线，曲线 BC 段在前半个圆柱面上，其正面投影可见，画为粗实线，如图 3-9(e) 所示。

3.2.2 圆锥体

圆锥体是由圆锥面与底面围成的立体。

圆锥面可以看作由直母线绕与之相交于一点的直线(轴线)旋转一周而成。该交点称为锥顶。圆锥面上的素线均相交，且交于同一点(锥顶)。圆锥面上的点一定在某一条素线上，或某一个纬圆上。

底面与圆锥面轴线相垂直。

1. 圆锥的投影

如图 3-10 所示放置的圆锥体，其底面为水平面，圆锥面的轴线为铅垂线。底面的正面投影、侧面投影积聚为水平的直线，水平投影为反映实形的圆形，且被圆锥面完全遮挡。圆锥面上的素线中有两条正平线、两条侧平线，其余均为一般位置直线，圆锥面的水平投影没有积聚性，为圆形。圆锥面的正面投影为等腰三角形，左、右两边反映的是圆锥面的最左素线 SA、最右素线 SB 的正面投影；圆锥面的最左、最右素线将圆锥面分为前半个圆锥面和后半个圆锥面，在正面投影中，前半个圆锥面可见，而后半个圆锥面不可见，这两条素线称为圆锥面的正面转向轮廓线，它们的侧面投影重合在轴线处。同理可知，反映圆锥面的侧面投影的等腰三角形左、右两边，是圆锥面最后素线 SD 和最前素线 SC 的侧面投影，这两条素线称为该圆锥面的侧面转向轮廓线，它们把圆锥面分为左半个圆锥和右半个圆锥面，其正面投影重合在轴线处。

圆锥投影特性总结：其一面投影为圆，另外两面投影为形状大小相同的等腰三角形。

圆锥投影的绘制：一般先绘出圆，同时画出圆的对称中心线；然后绘制轴线的投影，底面的积聚性投影；最后画出转向轮廓线的投影。

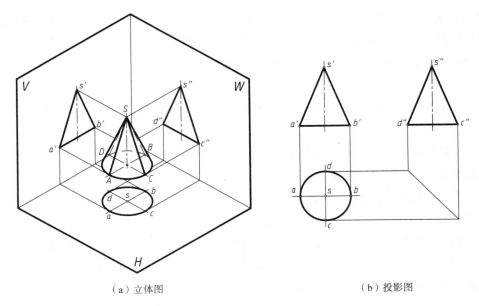

（a）立体图　　　　　　　　　　（b）投影图

图 3-10　圆锥的投影图

2. 圆台的投影

与棱台类似，用平行于底面的平面去截圆锥，底面与截面之间的部分叫圆台。

如图 3-11 所示位置放置的圆台，其上、下底面为水平面，圆锥面的轴线为铅垂线，与底面垂直。上、下底面的正面投影和侧面投影均为积聚的水平直线，它们水平投影为反

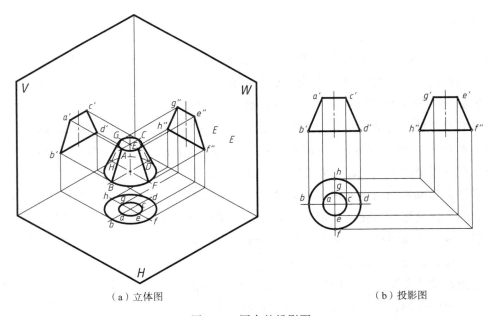

（a）立体图　　　　　　　　　　（b）投影图

图 3-11　圆台的投影图

映实形的两个同心圆,且下底面被圆锥面和上底面完全遮挡。圆台的正面投影为等腰梯形,梯形左、右两边反映的是圆锥面最左素线 AB 和最右素线 CD 的正面投影;同理,圆台的侧面投影也是一个等腰梯形,其左、右两边是圆锥面最后素线 GH 和最前素线 EF 的侧面投影。

圆台投影特性总结:一面投影为两个同心圆,另外两面投影为形状大小相同的等腰梯形。

圆台投影的绘制:一般先绘出同心圆,同时画出圆的对称中心线;然后绘制轴线的投影,底面的积聚性投影;最后画出转向轮廓线的投影。

3. 圆锥表面上点和线的投影

例 3-6　如图 3-12(a)所示,已知圆锥面上点 A 的正面投影 a′,试求出该点另外两面投影。

解　分析:圆锥面上的点一定在某一条素线上,或者在某一个纬圆上。为求出圆锥面上点的投影,可求出经过该点素线的投影,进而求出该点的投影,这种方法称为素线法;也可通过求出经过该点纬圆的投影,再求该点的投影,这种方法称为纬圆法。

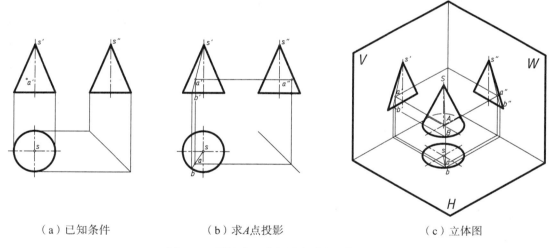

(a)已知条件　　　　　(b)求A点投影　　　　　(c)立体图

图 3-12　圆锥表面点投影的求解(素线法)

方法一:采用素线法。作图步骤如下:

(1)求素线 SB 的正面投影:将 s′ 和 a′ 连接并延长,与底圆交于 b′。

(2)求 A 点的水平投影:过 b′ 向下作竖直投影连线与圆相交,产生两个交点。因 a 可见,可知 A 点在前半个圆锥面上,素线也在前半个圆锥面上,B 点在前半个底圆上,所以取前侧的交点,可求得 b。将 s 和 b 连起来,可得素线 SB 的水平投影 sb。过 a′ 向下作竖直投影连线与 sb 相交,交点即为 a。锥顶向上放置的圆锥,圆锥面的水平投影可见,因此 a 可见。

(3)求 A 点的侧面投影：根据 a'、a，可求得 a''。因 a' 在轴线的左侧，知其在左半个圆锥面上，所以 a'' 可见。

方法二：采用纬圆法。作图步骤如下：

(1)求纬圆的正面投影：过 a' 作水平直线与圆锥正面投影相交，该线段即为经过 A 点纬圆的正面投影，同时可知该线段长度表示纬圆直径大小。

(2)求纬圆和 A 点的水平投影：过线段一个端点向下作竖直投影连线与水平点画线相交，再以此交点与圆心距离为半径画出一个同心圆，即为此纬圆的水平投影。接着从 a' 向下作竖直投影连线与纬圆水平投影相交，因 a' 可见，A 在前半个圆锥面上，取前侧交点 a，且 a 可见；

(3)求 A 点的侧面投影：根据 a'、a，可求得 a''。因 a' 在轴线的左侧，知其在左半个圆锥面上，所以 a'' 可见。

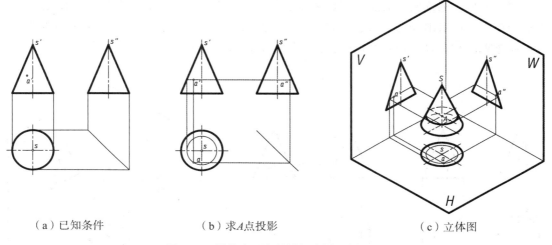

（a）已知条件　　　　　　（b）求A点投影　　　　　　（c）立体图

图 3-13　圆锥表面点投影的求解(纬圆法)

例 3-7　如图 3-14(a)所示，已知圆台的表面上曲线 ABC 的正面投影 $a'b'c'$，试求出该曲线的其他两面投影。

解　分析：从曲线的正面投影可知，A 点在左前圆锥面上，可用素线法或纬圆法求其投影，B 点在圆锥面的前侧面转向轮廓线上，可先求其侧面投影，再求水平投影；C 点在底面的底圆上，可先求水平投影，再求侧面投影。

作图步骤：

(1)由于未给出锥顶，可采用纬圆法来求 A 点的投影。求出过 A 点纬圆的水平投影，然后过 a' 向下作竖直投影连线与纬圆水平投影相交，因 a' 可见，在前半个圆锥面上，取前侧交点，求得 a，再求出 a''；

(2)过 b'' 向右作水平投影连线与侧面转向轮廓线的侧面投影相交，得 b''，据此求出 b；

(3)过 c' 向下作竖直投影连线与下底面圆的水平投影相交，取前侧交点 c。根据 c' 和 c

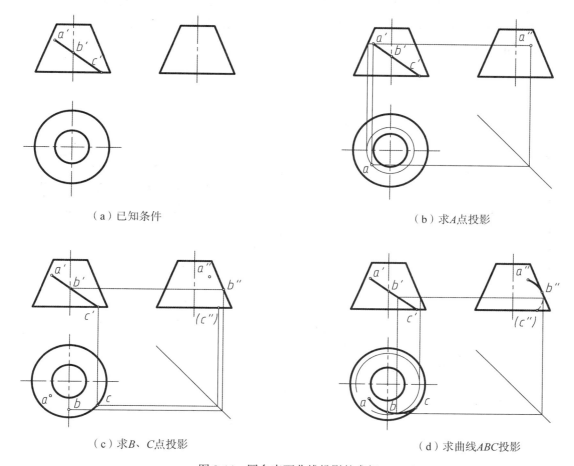

（a）已知条件

（b）求A点投影

（c）求B、C点投影

（d）求曲线ABC投影

图 3-14　圆台表面曲线投影的求解

可求得 c''，因 C 点在右半个圆锥面上，侧面投影不可见，所以 C 点的侧面投影不可见，表示为 (c'')；

（4）判断可见性并连线：按 A、B、C 的顺序，将其同面投影相连。圆锥面水平投影可见，因此 abc 可见；曲线 AB 段在左半个圆锥面上，其侧面投影可见，画为粗实线，而曲线 BC 段在右半个圆锥面上，其侧面投影不可见，画为细虚线。

3.2.3　圆球体

圆以它的直径所在直线为旋转轴，旋转形成的曲面叫作圆球面，圆球面所围成的旋转体叫作圆球体，简称球。

1. 圆球的投影

如图 3-15 所示的圆球体，在任意方向观察其正投影均为圆形，它的三面投影均为大小完全相同的圆，圆的直径等于圆球体的直径。正面投影的圆可看作圆球面正面转向轮廓线的正面投影，它将圆球面分为前半个和后半个圆球面，其侧面投影在竖直的点画线上，水平投影也在竖直的点画线上。水平投影的圆可看作圆球面水平转向轮廓线的水平投影，侧面投影的圆可看作圆球面侧面转向轮廓线的侧面投影。

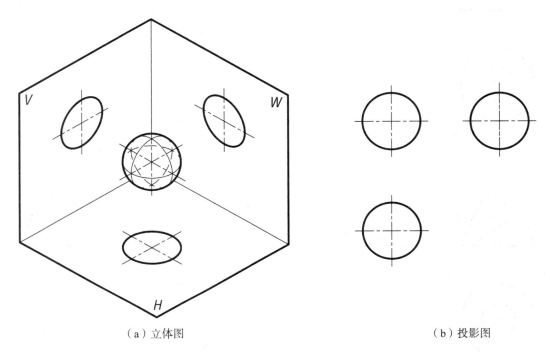

（a）立体图　　　　　　　　　　　　　　　（b）投影图

图 3-15　圆球的投影图

圆球投影的绘制：先绘出圆的对称中心线，再绘出圆。

2. 圆球面上点和线的投影

例 3-8　如图 3-16（a）所示，已知圆球面上点 A 的水平投影 a' 和曲线 $BCDE$ 的水平投影 $bcde$，试求出它们的另外两面投影。

解　分析：圆球面的转向轮廓线为圆，该圆与某一个投影面平行，在该投影面上的投影反映实形；圆的另外两个投影与相应投影轴平行，重合在点画线上。圆球面上的点如果在转向轮廓线上，可直接用转向轮廓线的投影特性求出。如果圆球面上的点不在转向轮廓线上，它一定在某一个纬圆上，可用纬圆法求出该点的投影。

作图步骤：

（1）求 A 点的投影：采用纬圆法求解，过 a 作经过该点的正平纬圆的水平投影，与水平转向轮廓线的水平投影相交，可得纬圆的直径，据此求出纬圆的正面投影。过 a 向上作竖直投影连线与纬圆正面投影相交，因 a 可见，知 A 点在上半个圆球面上，取上侧交点；a 在轴线上方，知 A 点在后半个圆球面上，其正面投影不可见（a'）。由 a、a' 可求 a''，因 a 在轴线左侧，知 A 点在左半个圆球面上，其侧面投影可见 a''，如图 3-16（b）所示。A 点

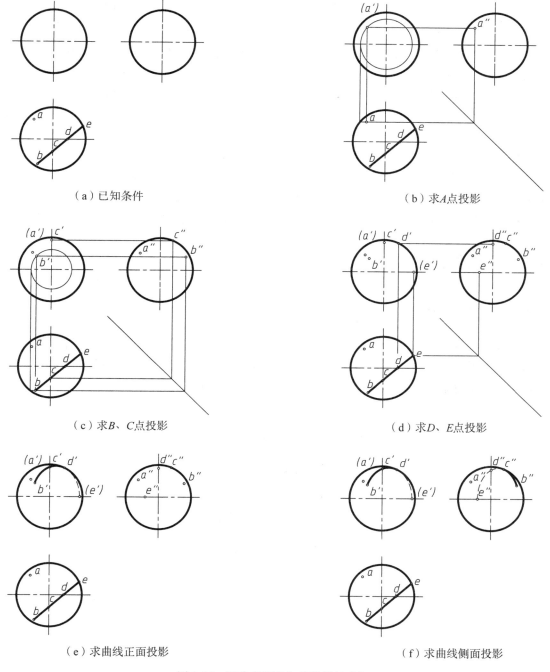

（a）已知条件

（b）求A点投影

（c）求B、C点投影

（d）求D、E点投影

（e）求曲线正面投影

（f）求曲线侧面投影

图 3-16 圆球表面点和线投影的求解

投影也可用纬圆法，求过 A 点的水平纬圆或侧平纬圆的投影，进而求出 A 点的投影，请读者自行求解。

（2）求 B 点的投影：B 点不在圆球面转向轮廓线上，可用步骤（1）的纬圆法来求 b'、

b''。根据 B 点的水平投影，知 B 点在左、前、上半个圆球面上，b'、b''均可见。

（3）求 C 点的投影：从 c 可知，C 点在圆球面侧面转向轮廓线上，且在前、上半个圆球面上。过 c 向右作水平投影连线与45°辅助线相交，过交点作竖直辅助线与圆相交，取上侧交点，可得 c''，过 c''向左作投影连线与点画线相交，可求出 c'，如图 3-16(c)所示。

（4）求 D 点的投影：从 d 可知，D 点在圆球面正面转向轮廓线上，且在右、上半个圆球面上。同上一步的求法，先求 d'，再求 d''，如图 3-16(d)所示。

（5）求 E 点的投影：E 点在圆球面水平转向轮廓线上，可直接求出正面投影和侧面投影。E 点在右、后半个圆球面上，正面和侧面投影均不可见。

（6）判别可见性并连线：曲线 BCD 在前半个圆球面上，正面投影可见，画粗实线，曲线 DE 在后半个圆球面上，正面投影不可见，画细虚线。曲线 BC 在左半个圆球面上，其侧面投影可见，画粗实线，曲线 CDE 在右半个圆球面上，侧面投影不可见，画成细虚线。

3.3　平面体的截交线

3.3.1　截切的概念

平面与立体相交，称为截切。相交的平面叫截平面，截平面与立体表面产生的交线称为截交线，截交线围成的平面图形称为断面，被截切的立体称为截切体。截交线既在截平面内，又在立体表面，是截平面与立体表面的共有线，可利用该性质求出截交线的投影。

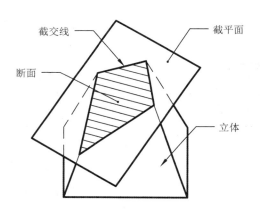

图 3-17　截交线的基本概念

为求出截切体的投影，一般求解步骤如下：

（1）空间分析。通过对截平面与立体之间位置关系分析，确定截交线的空间形状。根据其空间形状，预知截交线的投影形状。

（2）投影分析。根据截平面或者平面体表面的积聚性，找到截交线已知的投影。

（3）求截交线的投影。当截交线的投影为直线或圆时，直接绘出；当其投影为非圆曲线时，用取点法求出截交线上所有特殊点和若干一般点的投影，判别可见性后将它们顺序连接。

（4）截切体轮廓整理。如果产生了实际截切，需要将被切掉部分的投影擦除。

3.3.2 单一平面截切平面体

用一个截平面截切平面体，得到的截交线是一个平面多边形。平面多边形的边是平面体的侧棱面或底面与截平面的交线，多边形的顶点是平面体的侧棱线或底边与截平面的交点。平面多边形的边数取决于截平面与平面体的几个表面相交。

例 3-9 如图 3-18（a）所示，三棱锥与侧垂面 P_W 相交，求截交线的三面投影。

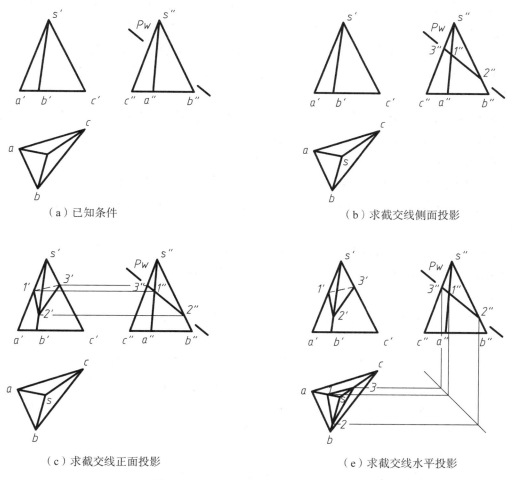

（a）已知条件　　　　　　　　　　　　（b）求截交线侧面投影

（c）求截交线正面投影　　　　　　　（e）求截交线水平投影

图 3-18　三棱锥表面截交线投影的求解

解 空间分析：从侧面投影知截平面与三棱锥 3 个侧棱面都相交，与底面不交，知其截交线为三角形，3 个顶点分别是 3 条侧棱线与截平面相交产生的。截交线的正面投影和侧面投影为类似形，是三角形。

投影分析：截平面为侧垂面，侧面投影为一条积聚的直线。截交线为截平面与立体表面的共有线，因此截交线的侧面投影也在这条积聚的直线上，同时它还在三棱锥的表面，因此截交线的侧面投影可求。

作图步骤如下：

（1）求截交线的侧面投影：截交线侧面投影在截平面的积聚直线上，绘出如图 3-18（b）所示的粗实线即为截交线侧面投影。

（2）求截交线正面投影：三角形三个顶点为 P 平面与 SA、SB、SC 三条侧棱线相交产生，在侧面投影中分别找到交点的侧面投影 $1''$、$2''$、$3''$；利用直线上点的投影特性，求出交点的正面投影 $1'$、$2'$、$3'$。在正面投影中，SAB、SBC 侧棱面可见，因此 12 段和 23 段可见，画粗实线；SAC 侧棱面不可见，13 段直线不可见，画细虚线。

（3）求截交线水平投影：根据三个顶点的侧面投影和正面投影，可求出它们的水平投影。在水平投影面上，三个侧棱面均可见，据此截交线的水平投影可见，用粗实线将各点顺序连接。

例 3-10　　如图 3-19（a）所示，已知正五棱柱被铅垂面切掉左前角的完整水平投影和部分侧面投影，试求出正面投影并补全侧面投影。

解　空间分析：从水平投影分析，截平面与正五棱柱的左底面相交，与前上、前下、后上、后下四个侧棱面相交，可知截交线为平面五边形，预知其正面投影和侧面投影为类似形，也是五边形。五边形的五个顶点分别是截平面与三个侧棱线和左底面两条底边相交产生。

投影分析：截平面为铅垂面，截交线的水平投影在铅垂面积聚的投影上。正五棱柱的侧棱面在 W 面上具有积聚性，因此截交线的侧面投影部分已知。

作图步骤如下：

（1）作出正五棱柱的正面投影：根据前面绘制棱柱投影的方法，求出其正面投影，如图 3-19（b）所示。

（2）求截交线各顶点的投影：根据已知截交线的水平投影，找到平面五边形各顶点的水平投影，a、b、(e) 为三条侧棱线与截平面交点的水平投影，c、(d) 为左侧底面后上和后下底边与截平面的交点的水平投影。A、B、E 三点利用直线上点的投影求法可直接求出另外两面投影，C、D 两点先利用所在平面积聚性求出侧面投影，再求出正面投影，如图 3-19（c）所示。

（3）求截交线的投影并整理轮廓：在 H 面上，各段直线均未被平面遮挡，用粗实线顺序连接 a'、b'、c'、d'、e'、a'，求出截交线正面投影；同理，用粗实线顺序连接 a''、b''、c''、d''、e''、a'' 可得其侧面投影。左侧底面被截切，其正面投影积聚在 $c'd'$，截平面截切三条侧棱线分别于 A、B、E 点，它们的左侧部分被截切，因此在 H 面上相应的轮廓线要擦除。侧面投影无须整理，请读者自行思考。被截切正五棱柱的投影如图 3-19（d）所示。

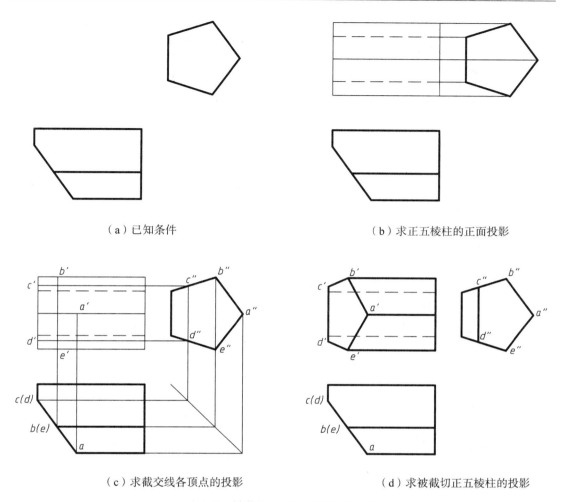

（a）已知条件　　　　　　　　　　　　（b）求正五棱柱的正面投影

（c）求截交线各顶点的投影　　　　　　（d）求被截切正五棱柱的投影

图 3-19　被截切正五棱柱投影的求解

3.3.3　多个平面截切平面体

用多个平面截切立体，每个截平面在立体表面会产生截交线，相交的截平面之间会产生交线，要求出截切体的投影，就需要求出各段截交线和截平面交线的投影。

例 3-11　如图 3-20（a）所示，已知五棱柱被切掉左上角的正面投影和部分水平投影，试求出侧面投影，并补全水平投影。

解　空间分析：从正面投影分析，缺口是由一个正垂面和一个侧平面截切五棱柱产生的。正垂面如果从左至右完整地截切五棱柱，因与五个侧棱面均相交，得到平面五边形，根据它的实际截切范围知，该正垂面产生的截交线由五段直线（直线 *AB*、*BC*、*DE*、*EF*、*FA*）构成。侧平面如果从上向下完整截切五棱柱，因与上下底面、右前侧棱面和右后侧棱面相交，截交线为矩形，但根据它的实际截切范围知，该截交线为三段直线（铅垂线 *CG*、正垂线 *GH*、铅垂线 *HD*）构成。同时两个截平面相交于正垂线 *CD*。所以一共得到九

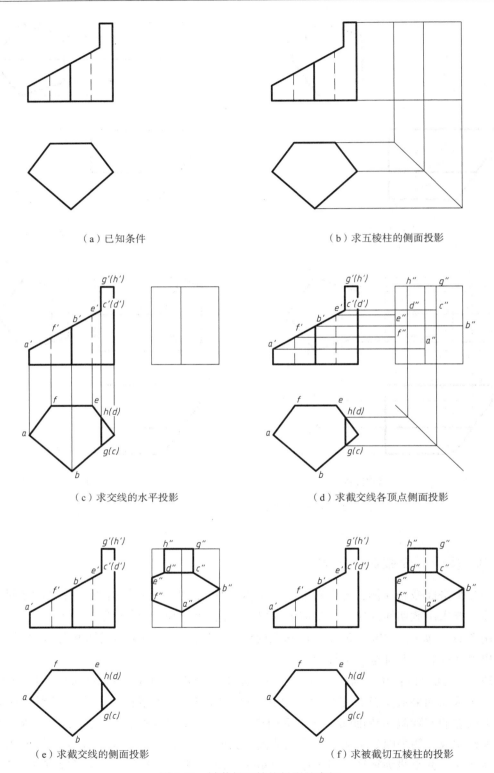

（a）已知条件

（b）求五棱柱的侧面投影

（c）求交线的水平投影

（d）求截交线各顶点侧面投影

（e）求截交线的侧面投影

（f）求被截切五棱柱的投影

图 3-20　被截切五棱柱投影的求解

段直线。将这些直线的投影求出，即可求出被截切五棱柱表面交线的投影。

　　投影分析：两个截平面的正面投影都具有积聚性，可知截交线的正面投影。五个侧棱面的水平投影也具有积聚性，因此侧棱面上直线的水平投影也不用求。

　　作图步骤如下：

　　（1）作出五棱柱的侧面投影：根据棱柱投影的绘图方法，可求出其侧面投影，如图3-20（b）所示。

　　（2）求交线的水平投影：四条侧棱线与正垂截平面分别交于 A、B、E、F 点，它们水平投影可直接求出。上底面的两条底边与侧平截平面相交于 G、H 点，它们的水平投影也可直接求出。两截平面在五棱柱表面的交点 C、D，它们的水平投影可利用所在侧棱面的积聚性直接求出。正垂截平面产生的各段截交线 AB、BC、DE、EF、FA 的水平投影均在 H 面的五边形上，无须再求；侧平截平面产生的各段截交线中，铅垂线 GC 和 HD 水平投影积聚为点，正垂线 GH 的水平投影反映实长。最后求截平面交线的水平投影 cd。求得水平投影如图3-20（c）所示。

　　（3）求交线的侧面投影：根据截交线上各点的正面、水平投影，可求出它们的侧面投影，如图3-20（d）所示。由于截平面将五棱柱左上角切掉，所以截交线的侧面投影均可见，用粗实线顺序连接得 $a''b''c''$ 和 $d''e''f''a''$，用粗实线连接 $c''g''h''d''$，再求截平面交线的侧面投影 $c''d''$，如图3-20（e）所示。

　　（4）整理轮廓：水平投影无须整理。侧面投影中，上底面被截切，其侧面投影积聚为 $g''h''$；四条侧棱线分别切到 A、B、E、F 点，上方部分被切除，下方未切到，因此仍需绘出下部的轮廓线；未被截切的右侧棱线，被遮挡，需绘出细虚线。整理轮廓后如图3-20（f）所示。

3.4　曲面体的截交线

　　平面截切曲面体，一般情况下截交线是平面曲线，或者是平面曲线和直线共同围成，特殊情况下也可能是平面多边形。各段截交线的投影如果为直线或圆，应直接画出；若截交线的投影为非圆曲线，则用取点法求解，即找到截平面与曲面体表面的共有点，包括所有限制截交线形状、范围的特殊点（极限位置点、转向轮廓线上点、曲线特征点）和若干一般位置点，求出其投影，判别可见性后将各点的投影顺序连接，从而得到截交线的投影。

3.4.1　圆柱的截交线

　　圆柱体是由两个底面和圆柱面围成的立体。若截平面与底面相交，则交线为直线；若截平面与圆柱面相交，根据截平面与圆柱面轴线位置关系，截交线空间形状可细分为三种情况：圆、椭圆、两条平行直线，如表3-1所示。

　　若圆柱面轴线为投影面垂直线，当截交线与圆柱面轴线夹角为45°时，截交线的空间形状仍为椭圆，但其三面投影较为特殊，分别为两个大小相同的圆和一条倾角为45°的斜线。

表 3-1　圆柱面的截交线

截平面位置	与轴线垂直	与轴线倾斜	与轴线平行
截交线形状	圆	椭圆	两条平行直线
立体图	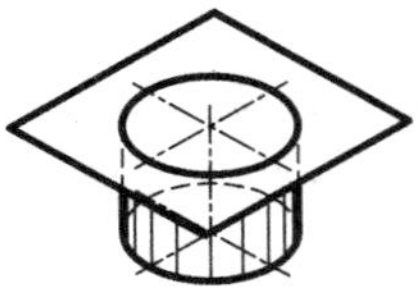	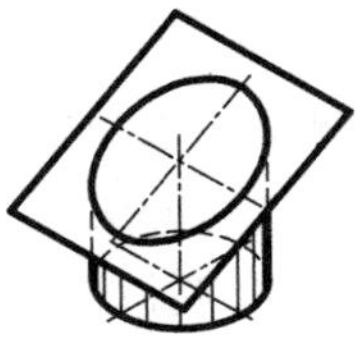	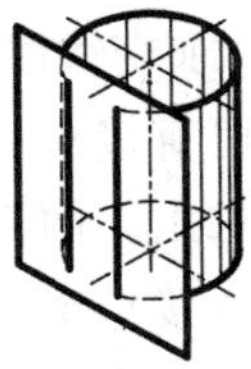
投影图	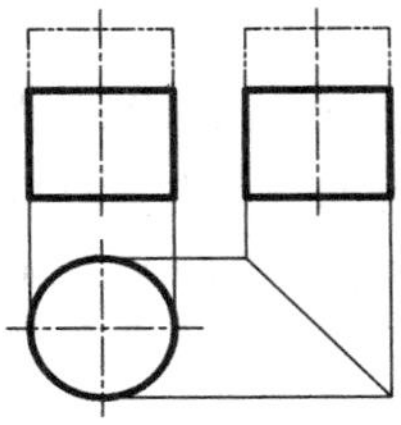	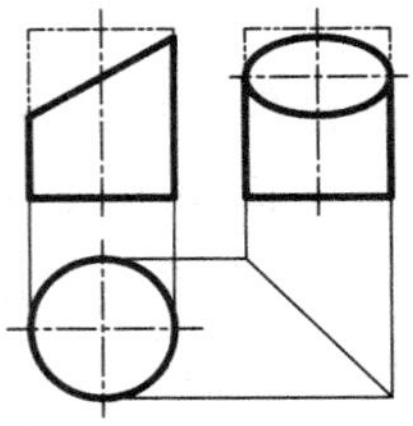	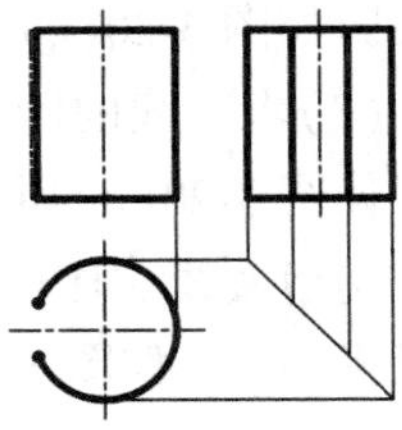

例 3-12　如图 3-21(a)所示，已知被截切圆柱的侧面投影和水平投影，试求出其正面投影。

解　空间分析：从侧面投影可见，缺口是由一个侧垂面截切圆柱体产生的。该侧垂面与圆柱面轴线倾斜，因此截交线在空间上是椭圆。椭圆的长轴端点在侧面转向轮廓线上，短轴端点在正面转向轮廓线上。

投影分析：截平面的侧面投影具有积聚性，如截交线的侧面投影。圆柱面的水平投影也具有积聚性，因此截交线的水平投影在积聚的圆上。

作图步骤如下：

(1)作圆柱的正面投影：根据圆柱投影的求法，可绘出其正面投影，如图 3-21(b)所示。

(2)求截交线上特殊点的投影：从截交线已知的侧面投影知，A 点为最前、最下点，B 点为最后、最上点，从截交线水平投影知，B 点为最左点，D 点为最右点。同时 A 点、C 点为椭圆长轴端点，B 点、D 点为椭圆短轴端点。且这四个点都在圆柱面转向轮廓线上，可直接求出它们的正面投影，如图 3-21(c)所示。

(3)求截交线上一般点的投影：本例中被截切圆柱体，左右对称，可取截交线上侧面重影点。取 E 点、F 点为一对侧面重影点，G 点、H 点为另一对侧面重影点，根据圆柱面的积聚性，先求出其水平投影，再求出正面投影。

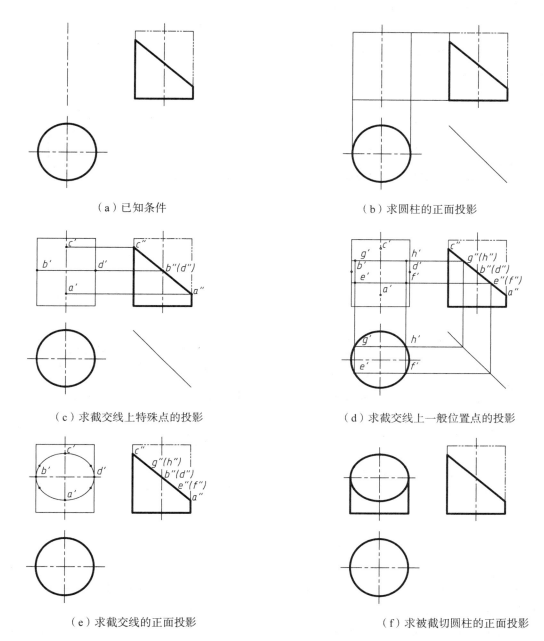

（a）已知条件

（b）求圆柱的正面投影

（c）求截交线上特殊点的投影

（d）求截交线上一般位置点的投影

（e）求截交线的正面投影

（f）求被截切圆柱的正面投影

图 3-21 被截切圆柱投影的求解

（4）求截交线的正面投影：因截交线前上侧的圆柱被截切，因此这些点的正面投影均可见。根据截交线的正面或水平投影中各点的顺序，用粗实线依次连接各点即可得截交线的正面投影，形状为椭圆。如图 3-21（e）所示。

（5）整理轮廓：水平投影无须整理。在正面投影中，圆柱上底面被切掉，擦掉该轮廓线；最左素线自 *B* 点开始上方被切掉，因此把 *b′* 上方直线擦除；最右素线自 *D* 点开始上方被切掉，因此把 *d′* 上方直线擦掉；整理后被截切圆柱投影如图 3-21(f)所示。

　　例 3-13　如图 3-22(a)所示，已知被切掉左上角水平圆筒的正面投影和部分侧平投影，试求出其水平投影，并补全侧面投影。

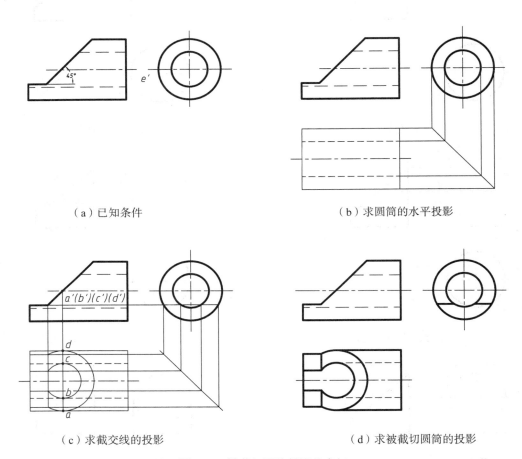

（a）已知条件　　　　　　　　　　（b）求圆筒的水平投影

（c）求截交线的投影　　　　　　　　（d）求被截切圆筒的投影

图 3-22　被截切圆柱投影的求解

　　解　空间分析：从正面投影分析，缺口是由一个水平的截平面和一个 45°倾斜的正垂面截切产生。水平截平面与圆筒左侧底面相交，交线为两段正垂线；其与圆筒内外表面相交，交线为四条侧垂线。正垂截平面与圆筒内外表面相交，因与圆筒轴线倾斜，故其截交线分别是两段椭圆弧。两个截平面的交线为两段正垂线。

　　投影分析：两个截平面的正面投影都具有积聚性，可知截交线的正面投影。圆筒内外表面的侧面投影是积聚的，因此截平面与圆柱面截交线的侧面投影也无须再求。

　　作图步骤如下：

　　(1)作出圆筒的水平投影：根据圆柱投影的绘图方法，可求出圆筒水平投影，如图 3-22(b)所示。

　　(2)求截交线的投影：水平截平面与圆筒左侧底面交线为两条正垂线，可先求其侧面投影，水平投影在左侧底面积聚的直线上且可见。水平截平面与圆柱面的截交线为四条侧垂线，可先求得其侧面投影，再求出水平投影。正垂截平面因其与圆筒轴线夹角为45°，根据其截切范围，知截交线的水平投影为两段圆弧，可直接绘出。截交线水平投影均可见，如图3-22(c)所示。

　　(3)求截平面交线的投影：两截平面交线为两段正垂线，可先求出侧面投影，再求出水平投影，如图3-22(c)所示。

　　(4)整理轮廓：圆筒左侧面和部分圆柱面被截切，交线投影已求出，故侧面投影无须整理。圆筒左侧底面被截切，其水平投影长度会变短，根据其侧面投影的实形，可知水平投影的长度；圆筒内外表面的水平转向轮廓线分别在 A、B、C、D 点处被切除左侧部分，因此保留右侧部分的水平投影，如图3-22(d)所示。

3.4.2　圆锥的截交线

　　圆锥体是由底面和圆锥面所围成的立体。若截平面与底面相交，交线为直线；若截平面与圆锥面相交，则根据其与圆锥面轴线位置关系，截交线空间形状可细分为五种情况：圆、椭圆、抛物线、双曲线和两条相交直线，如表3-2所示。

表 3-2　圆锥面的截交线

截平面位置	与轴线垂直	与所有素线均相交	与一条素线平行	与两条素线平行	与锥顶相交
截平面与轴线夹角	$\alpha = 90°$	$\alpha > \beta$	$\alpha = \beta$	$\alpha < \beta$	$\alpha < \beta$
截交线形状	圆	椭圆	抛物线	双曲线	两条相交直线
立体图				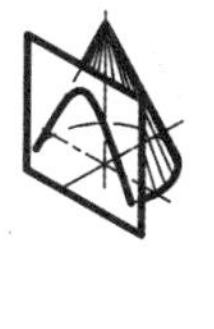	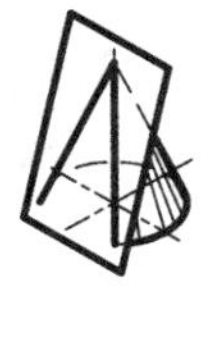
投影图	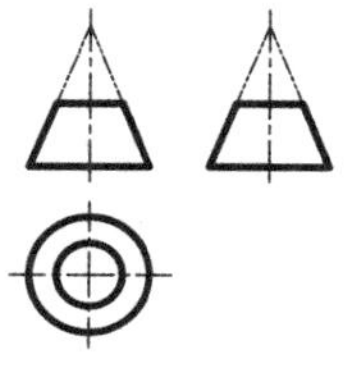	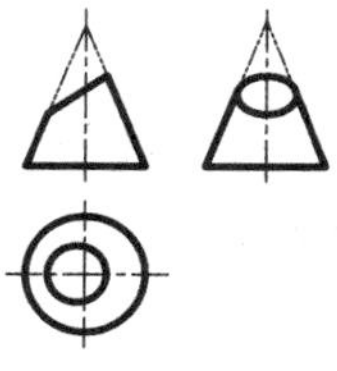	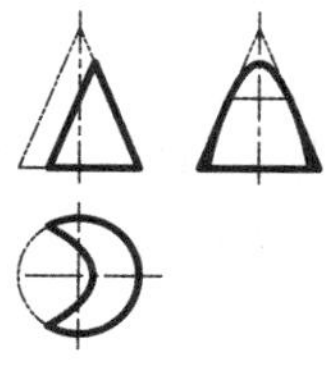	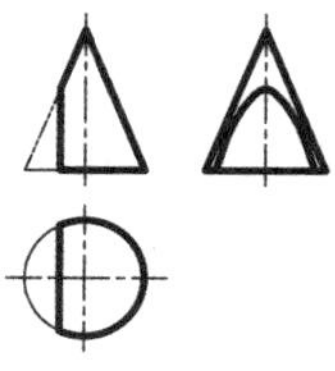	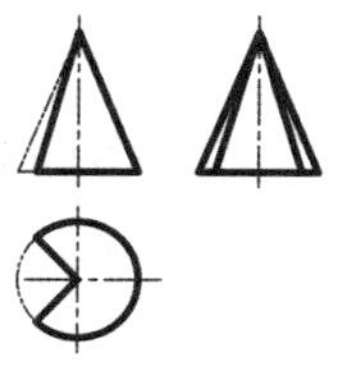

注：β = 圆锥锥角大小的一半。

89

例 3-14　如图 3-23(a)所示,已知被截切圆锥的正面投影和不完整水平投影,试补全其水平投影并求出侧面投影。

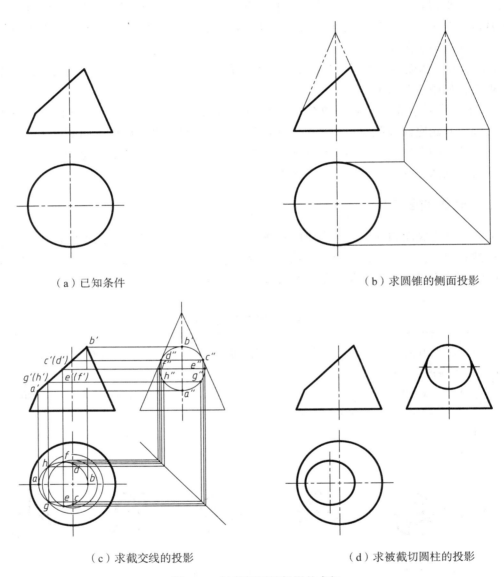

（a）已知条件　　　　　　　　　　　　　　　（b）求圆锥的侧面投影

（c）求截交线的投影　　　　　　　　　　　　（d）求被截切圆柱的投影

图 3-23　被截切圆锥投影的求解

解　空间分析:从已知正面投影知缺口是由正垂面截切产生,截平面与轴线倾斜,且夹角大于锥角的一半,可知截交线为椭圆。该椭圆在空间中前后对称,长轴端点位于圆锥面正面转向轮廓线上。

投影分析:截交线的正面投影已知,在截平面积聚的直线上;水平投影和侧面投影均为类似形。

作图步骤如下：

（1）作出圆锥的侧面投影：根据圆锥投影的绘图方法，可求出其侧面投影，如图 3-23（b）所示。

（2）求截交线上特殊点的投影：截交线的投影为非圆曲线，A 点为最左、最下点，B 点为最右、最下点，该两点同时为椭圆长轴端点，也在圆锥正面转向轮廓线上，其水平投影、侧面投影可直接求出。$e'(f')$ 为线段 $a'b'$ 的中点，E 点、F 点为椭圆短轴端点，可用素线法或纬圆法求出其水平投影、侧面投影。C 点、D 点为圆锥侧面转向轮廓线上的点，可先求出其侧面投影，进而求出水平投影，如图 3-23（c）所示。

（3）求截交线上一般点的投影：截交线前后对称，可取截交线上一对正面重影点 G 点和 H 点；根据其正面投影，采用素线法或纬圆法求出其水平投影和侧面投影，如图 3-23（c）所示。

（4）轮廓整理：圆锥的底面没有被截切；圆锥面部分被截切，侧面转向轮廓线以 C 点和 D 点为界，上方被截切，因此保留下方侧面转向轮廓线的投影。因将截交线左上方圆锥切除，所以截交线水平投影和侧面投影均可见，整理后投影如图 3-23（d）所示。

例 3-15　如图 3-24（a）所示，已知圆锥被切掉前上角的侧面投影和不完整水平投影，试求出正面投影并补全水平投影。

解　空间分析：从侧面投影分析，缺口是由一个水平面和一个侧垂面截切产生。水平面与圆锥轴线垂直，据其截切范围知截交线为一段超过半圆的圆弧；侧垂面经过锥顶，可知其截交线为经过锥顶的两条相交直线。两截平面的交线为一条侧垂线。

投影分析：两个截平面的侧面投影都具有积聚性，可知截交线的侧面投影。圆弧在水平面内，其正面投影在水平面积聚的正面投影上；水平投影反映圆弧的实形。

作图步骤如下：

（1）求截交线的投影：圆弧的正面投影位于水平面在圆锥面积聚的直线上，水平投影为从 1 点到 2 点的圆弧。侧垂面产生的截交线为两条相交直线，直线一端为锥顶，另外一端的顶点分别为 1 点和 2 点，可直接求出两点的水平投影和正面投影，从而求出截交线 $S1$ 和 $S2$ 的投影。由于圆锥前上方被切除，因此截交线正面投影和水平投影均可见，如图 3-24（b）所示。

（2）求截平面交线的投影：截平面交线为直线 12，该直线被圆锥面遮挡，所以其水平投影不可见，用细虚线表达，如图 3-24（c）所示。

（3）整理轮廓：水平投影无须整理。正面投影中，表达轮廓的圆锥面正面转向轮廓线部分被切除，整理轮廓后投影如图 3-24（d）所示。

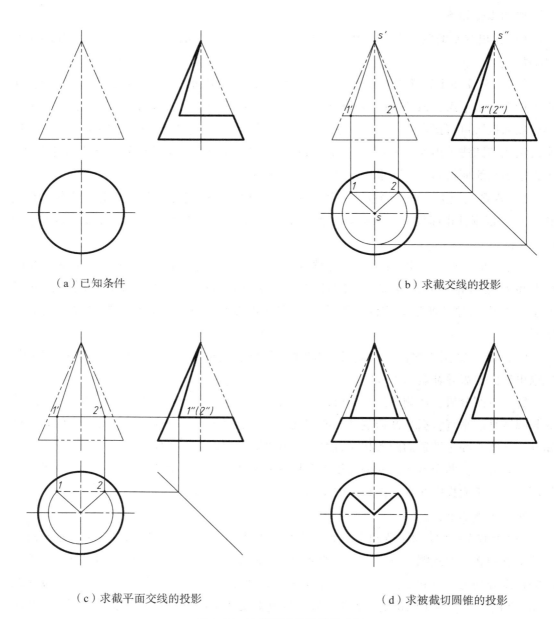

（a）已知条件　　　　　　　　　　　（b）求截交线的投影

（c）求截平面交线的投影　　　　　　　（d）求被截切圆锥的投影

图 3-24　被截切圆锥投影的求解

3.4.3　圆球的截交线

圆球体是完全由圆球面围成的立体。用任意截平面与圆球面相交，其截交线在空间中均为圆，如图 3-25 所示。

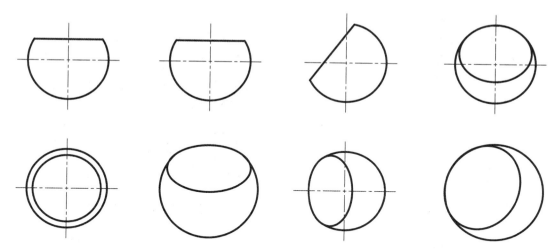

图 3-25 圆球面的截交线

例 3-16 如图 3-26（a）所示，已知正垂面 Pv 与圆球相交，试求出截交线的三面投影。

解 空间分析：已知正垂截平面与圆球面相交，其截交线为圆。该圆在空间上前后对称。

投影分析：截交线在正垂面上，其正面投影位于正垂面积聚的直线上；水平投影和侧面投影均为类似形——椭圆。

作图步骤如下：

（1）求截交线的正面投影：在圆球正面投影的圆中绘出如图 3-26（b）所示的斜线即为其正面投影。

（2）求截交线上特殊点的投影：点 A、点 B 为椭圆轴端点且在正面转向轮廓线上，它们的水平投影和侧面投影可直接求出。点 C、点 D 也为椭圆轴端点，其正面投影在直线 $a'b'$ 中点处，它们的水平投影和侧面投影可用纬圆法求出。点 E、点 F 为侧面转向轮廓线上点，先求侧面投影，再求水平投影。点 G、点 H 为水平转向轮廓线上点，先求水平投影，再求侧面投影，如图 3-26（b）所示。

（3）求截交线上一般点的投影：截交线在空间前后对称，在 $a'b'$ 上取一对正面重影点（1 点和 2 点）的正面投影，用纬圆法求出它们的水平投影和侧面投影，如图 3-26（c）所示。

（4）求截交线的投影：截交线的水平投影在点 G、点 H 上方部分可见，画粗实线，下方的椭圆弧画细虚线。截交线的侧面投影在点 E、点 F 左侧部分可见，画粗实线，右侧椭圆弧可见，画细虚线。截交线投影如图 3-26（d）所示。

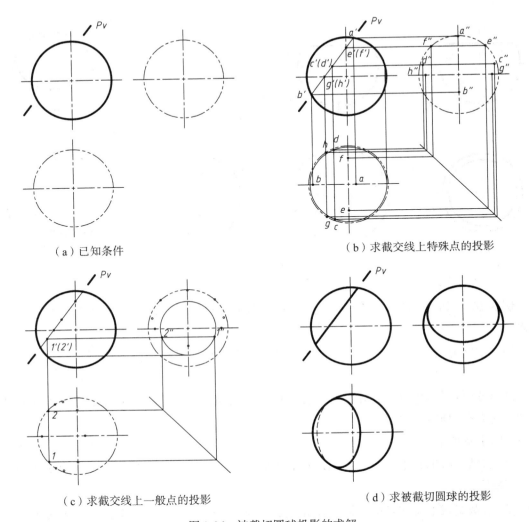

（a）已知条件　　　　　　　　　　　（b）求截交线上特殊点的投影

（c）求截交线上一般点的投影　　　　　（d）求被截切圆球的投影

图 3-26　被截切圆球投影的求解

例 3-17　如图 3-27（a）所示，已知半圆球体上方挖了一个凹槽，试求出其另外两面投影。

解　空间分析：已知圆球面被两个侧平截平面和一个水平截平面截切。其截交线均为圆弧，且截交线前后对称。

投影分析：截交线的正面投影已知；侧平截平面产生的截交线侧面投影反映实形，水平投影为直线；水平截平面截交线水平投影反映实形，侧面投影为直线。截平面交线为两条正垂线。

作图步骤如下：

（1）求截交线的投影：水平截平面产生的截交线，其水平投影反映实形，可根据正面

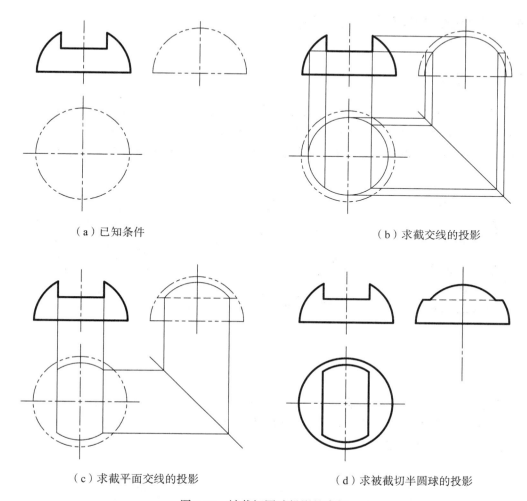

（a）已知条件

（b）求截交线的投影

（c）求截平面交线的投影

（d）求被截切半圆球的投影

图 3-27　被截切圆球投影的求解

投影知实形圆的半径大小，进而求出水平投影；根据水平投影，可求出侧面投影。侧平截平面产生的截交线可直接求出水平投影和侧面投影，如图 3-27(b)所示。

（2）求截平面交线的投影：截平面交线为两条正垂线，其水平投影和侧平截平面产生的截交线水平投影相重合；截平面交线的侧面投影反映实长，但被左侧圆球面遮挡，所以不可见，用细虚线表达。

（3）整理轮廓：圆球面水平转向轮廓线没有被截切，故水平投影无须整理。在侧面投影中，圆球面侧面转向轮廓线被切掉一部分，需要擦掉。整理轮廓后如图 3-27(d)所示。

3.5　平面体与平面体的相贯线

3.5.1　相贯的概念

立体与立体相交，叫作相贯。相交的两个立体在它们表面产生交线，称为相贯线。相贯线既在第一个立体的表面，又在第二个立体的表面，是两个立体表面的共有线。

两个立体相交，如果只有一条相贯线，称为互贯；如果有两条相贯线，称为全贯。

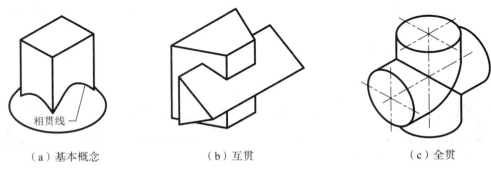

（a）基本概念　　　　　　　　（b）互贯　　　　　　　　（c）全贯

图 3-28　相贯线的基本概念

相交的两个立体，可以是实体，也可以是虚体。若两个实体相交，在它们表面上产生相贯线；两个虚体相交，在内表面上产生相贯线；实体与虚体相交（可看作实体被切挖），在实体表面上产生相贯线。

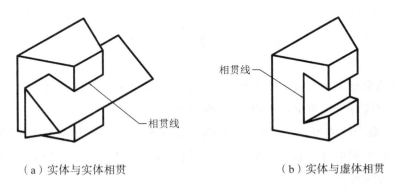

（a）实体与实体相贯　　　　　　　　　　（b）实体与虚体相贯

图 3-29　立体表面产生的相贯线

为求出相贯体的投影，一般求解步骤如下：

(1)空间分析：通过对两立体之间位置关系分析，确定相贯线的空间形状和特征。

(2)投影分析：利用立体表面的积聚性，找到相贯线已知的投影。

(3)求相贯线的投影：当相贯线的投影为直线或圆时，直接绘出；当其投影为非圆曲线时，用取点法求出相贯线上所有特殊点和若干一般点的投影，判别可见性后将它们顺序连接。

(4)相贯体轮廓整理：对于交入立体内部的部分，需要将其投影擦除。两立体有遮挡的部分，判断其可见性后用正确的线型来表达轮廓。

3.5.2 平面体与平面体的相贯线

两个平面体相交，参与相交两平面之间的交线为直线，这些直线共同围成了相贯线。相贯线一般是封闭的空间折线。构成相贯线的每一段折线都是直线，直线的端点是一个平面体的棱线与另一个平面体表面的交点，求出这些交点的投影就可求得相贯线的投影。

例 3-18 如图 3-30(a)所示，已知三棱柱和四棱柱相贯的水平投影和侧面投影，试求其正面投影。

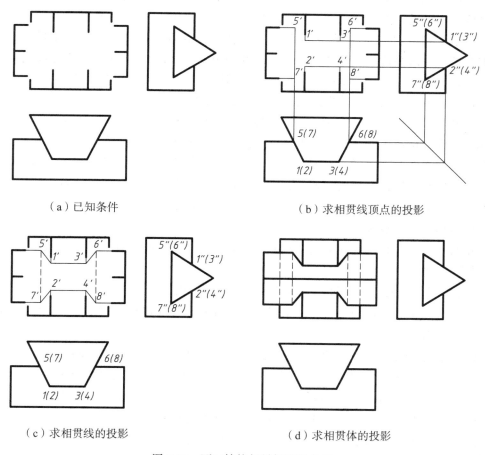

（a）已知条件　　　　（b）求相贯线顶点的投影

（c）求相贯线的投影　　　　（d）求相贯体的投影

图 3-30 两三棱柱相贯投影的求解

解 空间分析：已知三棱柱的后侧和四棱柱的前侧相交，为互贯，只产生一条封闭的空间折线。折线的顶点由棱柱的侧棱线与另一个立体表面相交产生。由于两立体上下、左右对称，故相贯线也为上下、左右对称。

投影分析：三棱柱参与相交的侧棱面在 W 面上具有积聚性，可知相贯线的侧面投影；四棱柱参与相交的侧棱面在 H 面上是积聚的，可知相贯线水平投影。

作图步骤如下：

（1）求折线顶点的正面投影：四棱柱的左前侧棱线与三棱柱交于 1 点、2 点，根据其水平投影和侧面投影，可求正面投影 1′ 和 2′；四棱柱右前侧棱线与三棱柱交于 3 点和 4 点，同理可求其正面投影 3′ 和 4′。三棱柱的上侧棱线与四棱柱交于 5 点和 6 点，据其侧面投影和水平投影，可求出正面投影 5′ 和 6′；三棱柱下侧棱线与四棱柱的交点 7 点和 8 点，同理求出其正面投影 7′ 和 8′，如图 3-30(b) 所示。

（2）求相贯线的正面投影：相贯线左右、上下对称，可按顺序依次连接 1 点、5 点、7 点、2 点、4 点、8 点、6 点、3 点和 1 点。交线的可见性，要根据"同时位于两立体可见表面上才可见"的原则来判断。在 V 面上，参与相交四棱柱的三个侧棱面均可见，而三棱柱后侧棱面不可见，因此交线 5′7′ 和 6′8′ 用虚线表示，如图 3-30(c) 所示。

（3）轮廓整理：参与相交的侧棱线补画到折线的各顶点，交入立体内部的部分不画线。如四棱柱左前侧棱线上部补画到 1′，下部补画到 2′，1′ 和 2′ 之间无线。再将未参与相交的侧棱线补全，三棱柱前侧棱线完整绘出，四棱柱左后侧棱面和右后侧棱线被前侧的三棱柱遮挡，将不可见的部分用虚线表示，如图 3-30(d) 所示。

例 3-19　　如图 3-31(a) 所示，已知三棱柱与三棱锥相交，试求出相贯线的投影。

解　空间分析：由图 3-31(a) 可知，三棱锥完全穿过三棱柱，为全贯，得到两条相贯线。左侧的相贯线为三角形，右侧相贯线为一条封闭的空间折线。三棱锥三条侧棱线均参与相交，分别与三棱柱左侧棱面相交，得到 1 点、2 点和 3 点；与三棱柱右前侧棱面和后侧棱面相交，得到 4 点、5 点和 6 点。三棱柱只有右侧棱线参与相交，分别与三棱锥前上和前下侧棱面交于 7 点和 8 点。

投影分析：三棱柱的侧棱面均为铅垂面，相贯线的水平投影在三棱柱的水平投影上。

作图步骤如下：

（1）求三棱锥侧棱线上相贯线顶点的投影：从已知的 1 点、2 点和 3 点的水平投影，可直接求出其正面投影和侧面投影。同理可求出 4 点、5 点和 6 点的正面与侧面投影。注意其可见性，如图 3-31(b) 所示。

（2）求三棱柱侧棱线上相贯线顶点的投影：7 点和 8 点在三棱柱右侧棱线上，同时也在三棱锥前上和前下侧棱面上，可根据本章 3.1 节介绍的方法求出其他投影。本题采用作平行线的方法作辅助线求出其侧面投影，进而求出正面投影，如图 3-31(c) 所示。

（3）求相贯线的投影：交线 12 和 13 在三棱柱左侧棱面和三棱锥前上、前下侧棱面上，其正面投影和侧面投影均可见；23 在三棱锥后侧棱面上，其正面投影不可见，用细虚线表示，侧面投影可见。同理可知在 V 面上，47 和 48 可见，57、68、56 不可见；在 W 面上，47、75、56、68、84 段均不可见。相贯线的投影如图 3-31(d) 所示。

（4）轮廓整理：参与相交的侧棱线补画到折线的各顶点，交入立体内部的部分不画线。如三棱锥前侧棱线左侧补画到 1 点，右侧补画到 4 点，1 点和 4 点间无线。再将未参

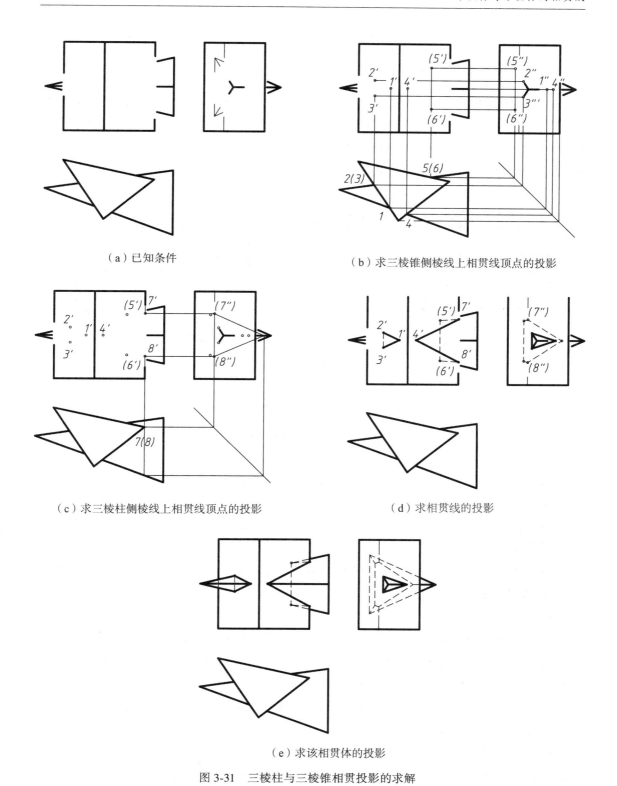

（a）已知条件

（b）求三棱锥侧棱线上相贯线顶点的投影

（c）求三棱柱侧棱线上相贯线顶点的投影

（d）求相贯线的投影

（e）求该相贯体的投影

图 3-31　三棱柱与三棱锥相贯投影的求解

与相交的侧棱线以及相交立体底面根据其可见性用正确的线型表达，如图 3-31（e）所示。

3.5.3　同坡屋面的投影

　　在房屋建筑中，坡屋顶是常见的一种屋顶形式。坡屋顶的屋面由一些坡度相同的倾斜面相互交接而成。通常情况下，屋顶檐口的高度位于同一个水平面内，且各个坡面的水平倾角相同，称为同坡屋面。同坡屋面的交线为水平线时称为正脊；当斜面相交为凹角时，所构成的倾斜交线称为斜天沟；斜面相交为凸角时的交线称为斜脊，如图 3-32 所示。

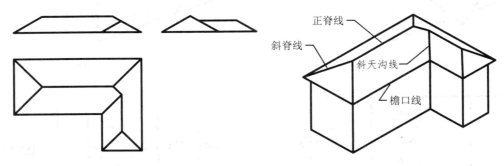

图 3-32　同坡屋面

　　同坡屋面的交线具有如下特点：

　　(1)檐口线平行的两坡面交线为水平线即正脊，其水平投影与该檐口线的水平投影平行且等距；

　　(2)檐口线相交的两坡面交线为斜脊或斜天沟，其水平投影为两檐口线水平投影夹角的平分线；

　　(3)若屋面上有两斜脊相交、两斜天沟相交或一斜脊和一斜天沟相交，在交点处必有一条正脊通过。

　　例 3-20　如图 3-33（a）所示，已知同坡屋面檐口线的水平投影，坡面水平倾角为 30°，试求出屋顶的三面投影。

　　解　作图步骤如下：

　　(1)求屋顶的水平投影：过相邻檐口线交点的水平投影作角平分线，由 a 点和 b 点所作 45°斜线交于 1 点，得到两条斜脊的水平投影；过 1 点作与檐口线水平投影 bc 平行的直线与过 c 点所作 45°斜线交于 2 点，得到正脊的水平投影 12；过 2 点作 45°斜线与过 f 点所作 45°斜线交于 3 点，得斜脊的水平投影 23 和斜天沟水平投影 $f3$；同理可求出两条斜脊的水平投影 $d4$ 和 $e4$，正脊的水平投影 34。

　　(2)求屋顶的正面投影：根据给定的同坡屋面水平倾角 30°和已求的屋顶平面图，可作出屋顶的正面投影，如图 3-33（c）所示；可作屋顶的侧面投影，如图 3-33（d）所示。

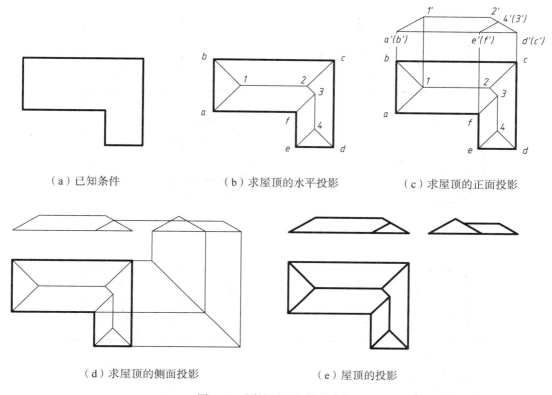

（a）已知条件　　　　　（b）求屋顶的水平投影　　　　　（c）求屋顶的正面投影

（d）求屋顶的侧面投影　　　　　（e）屋顶的投影

图 3-33　同坡屋面投影的求解

3.6　平面体与曲面体的相贯线

平面体与曲面体相交，其相贯线可看作平面体的表面与曲面体表面相交产生的交线构成，其本质是求平面与曲面体的截交线。其相贯线一般情况下由多段平面曲线构成，或由平面曲线与直线共同构成。各段相邻截交线的交点是平面体参与相交的棱线与曲面体表面的交点，称为相贯点。因此平面体与曲面体相贯线的求解，可归结为求曲面体的截交线和相贯点的问题。

例 3-21　已知四棱柱和圆锥相贯的水平投影，试求另外两面投影。

解　空间分析：如图 3-34（a）所示，四棱柱与圆锥相交，为互贯，只产生一条封闭的相贯线。四棱柱的四条侧棱线与圆锥面相交，得到四个贯穿点。四棱柱的 4 个侧棱面与圆锥面轴线平行，故 4 条截交线均为双曲线。由于两立体前后、左右对称，故相贯线也具有此对称关系。

投影分析：四棱柱参与相交的侧棱面在 H 面上具有积聚性，可知相贯线的水平投影；四棱柱左右侧棱面在 V 面上积聚，可知相贯线部分正面投影；四棱柱前后侧棱面在 W 面上积聚，可知相贯线部分侧面投影。

101

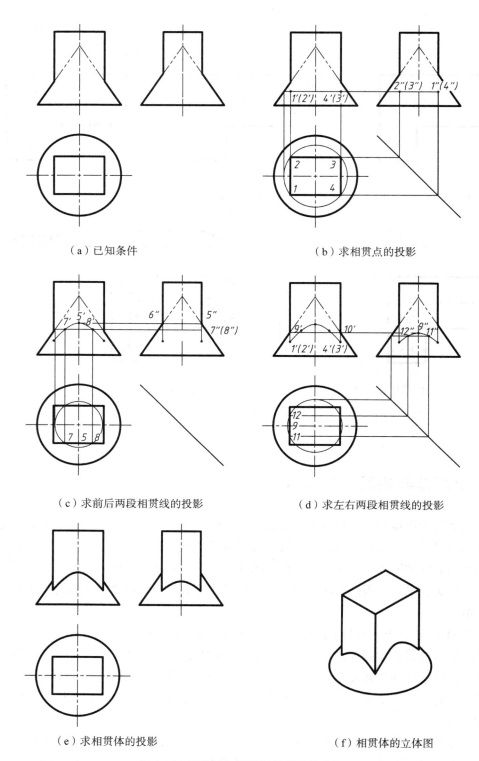

（a）已知条件　　　　　　　　（b）求相贯点的投影

（c）求前后两段相贯线的投影　　　　　　（d）求左右两段相贯线的投影

（e）求相贯体的投影　　　　　　　　（f）相贯体的立体图

图 3-34　四棱柱与圆锥相贯投影的求解

作图步骤如下：

（1）求相贯点的投影：相贯点为四棱柱四条侧棱线与圆锥面的交点，其水平投影 1、2、3、4 已知。因两立体前后、左右对称放置，四个相贯点位于圆锥面同一纬圆上，可用纬圆法求出其正面投影 1′(2′)、4′(3′)，进而求出侧面投影 1″(4″) 和 2″(3″)。

（2）求前后两段相贯线的投影：四棱柱前、后侧棱面与圆锥面的交线为双曲线，在正平面内，其侧面投影可直接求出，为 5″1″ 和 6″2″ 两段直线。此两段相贯线前后对称，故其正面投影只需求出前面一段相贯线的正面投影即可。5 点为最高点，且在圆锥面侧面转向轮廓线上，正面投影可直接求出。1 点、4 点为最低的，其正面投影已求。再取两个一般点 7 点和 8 点，先确定它们的水平投影，用纬圆法求出其正面投影。接下来判别可见性后，按照 1、7、5、8、4 的顺序将这些点的正面投影依次相连，可求出此相贯线的正面投影，如图 3-34(c) 所示。

（3）求左右两段相贯线的投影：四棱柱左、右侧棱面与圆锥面的交线亦为双曲线，在侧平面内，其正面投影可直接求出，为 9′1′ 和 10′4′ 两段直线。两段相贯线左右对称，故其侧面投影只需求出左侧一段相贯线的侧面投影即可。9 点为最高点，且在圆锥面正面转向轮廓线上，侧面投影可直接求出。1 点、2 点为最低的，其侧面投影已求出。再取两个一般点 11 点和 12 点，先确定它们的水平投影，再用纬圆法求出其侧面投影。接下来判别可见性后，按照 1、11、9、12、2 的顺序将这些点的侧面投影依次相连，可求出此相贯线的侧面投影，如图 3-34(d) 所示。

（4）轮廓整理：四棱柱的四条侧棱线以四个相贯点为界交入圆锥内部，因此下方不画线，上方根据其可见性正确绘出。圆锥面的正面转向轮廓线以 9 点、10 点为界，上方交入四棱柱内部，不画线，下方据可见性完整绘出；圆锥面侧面转向轮廓线以 5 点、6 点为界，上方交入四棱柱，不画线，下方仍然绘出，如图 3-34(e) 所示。

3.7　曲面体与曲面体的相贯线

两个曲面体相交，其相贯线一般为封闭的空间曲线，特殊情况下可能为平面曲线或直线，如图 3-35 所示。相贯线是两曲面体表面的共有线，相贯线上的点为两曲面体表面的

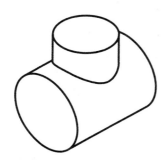

（a）相贯线为空间曲线

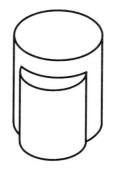

（b）相贯线为平面曲线或直线

图 3-35　曲面体相贯

共有点。因此，求相贯线的本质就是求两曲面体表面共有点的集合。

3.7.1　表面取点法

若两个曲面体相交，至少有一个参与相交的曲面体表面具有积聚性，则可求出相贯线在该投影面上的投影，此时可将相贯线看作另一个曲面体表面的曲线，用在该曲面体表面取点的方法求出一系列点的投影，从而求出相贯线的投影，此方法称为表面取点法。

例 3-22　如图 3-36(a)所示，已知两圆柱轴线正交，试求其相贯线的投影。

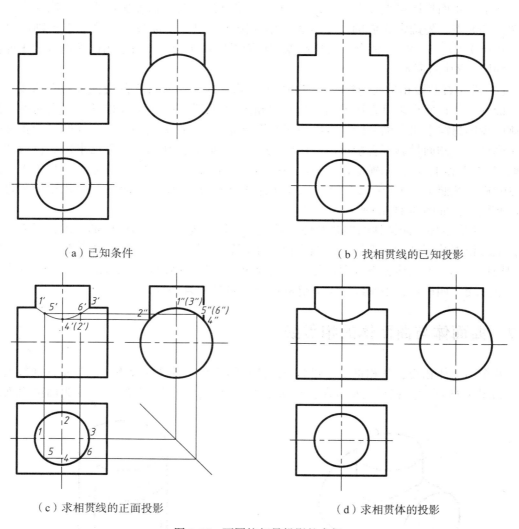

（a）已知条件　　　　　　　　　　　　（b）找相贯线的已知投影

（c）求相贯线的正面投影　　　　　　　　（d）求相贯体的投影

图 3-36　两圆柱相贯投影的求解

解　空间分析：已知两圆柱轴线正交(即轴线垂直相交)，为互贯。两圆柱在空间里前后、左右对称，知相贯线也是前后、左右对称。

投影分析：相贯线的水平投影重合到铅垂圆柱面积聚的水平投影上，相贯线侧面投影重合在水平圆柱面部分积聚投影上，如图3-36(b)所示。

作图步骤如下：

（1）求相贯线上特殊点的投影：从找到相贯线的已知投影分析，知1点、3点为最高点，且为两圆柱面正面转向轮廓线的交点，可直接找到其正面投影1′和3′。2点和4点为最低点，且在小圆柱面侧面转向轮廓线上，可直接求出其正面投影。

（2）求相贯线上一般点的投影：因相贯线水平投影已知，在其水平投影上取两一般点的水平投影5和6，据其所在大圆柱面侧面投影的积聚性，求出它们的侧面投影5″和6″，再根据点的投影规律求出其正面投影5′和6′，如图3-36(c)所示。

（3）求相贯线的投影：因相贯线前后对称，其正面投影只需求出前侧相贯线的投影即可。根据相贯线已知水平投影，按1、5、4、6和3的顺序依次相连。同时该五点均在两个圆柱面前半个圆柱面上，其正面投影可见。按刚才的顺序用粗实线将它们连起来就是相贯线的正面投影。

（4）轮廓整理：铅垂圆柱面的正面转向轮廓线以1点、3点为界，下方交入水平圆柱内，不画线。水平圆柱面的正面转向轮廓线自1点右侧、3点左侧交入铅垂圆柱内，也不画线。

在建筑工程中，常见的是两正交或斜交（轴线相交不垂直）的圆柱相贯。当两正交圆柱直径不等时，相贯线为空间曲线，在投影图中其非圆投影总是向大直径圆柱的内侧弯曲。其投影可用简化画法绘制——用圆弧代替非圆曲线，如图3-37所示。取大圆柱的半径为圆弧的半径（$R=D/2$），在小圆柱轴线上找到圆弧的圆心，即可作出相贯线的投影。

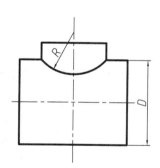

图3-37 两正交圆柱相贯线的简化画法

3.7.2 辅助平面法

用与两个曲面体均相交的辅助平面切割相贯体，得到两条截交线，再求出两截交线的交点，该交点在两个曲面体表面，即相贯线上的点，同时也在辅助平面上，可根据三面共点原理求出其投影，此方法称为辅助平面法。

如图3-38所示，水平放置的圆柱与竖直的圆锥相贯，以水平面P为辅助平面去截切两曲面体，其与圆柱面的截交线为两条平行的侧垂线，与圆锥面的截交线为圆弧，直线与圆弧的交点均为相贯线上的点。用一系列的辅助平面去截切立体，利用此方法可求出相贯线上若干共有点，进而求出相贯线的投影。

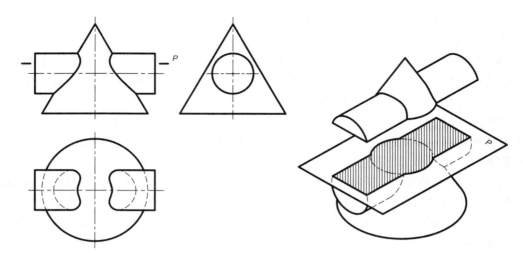

图 3-38　辅助平面法概念

　　辅助平面的选择：通常让辅助平面与两曲面体表面产生的截交线投影简单易求，例如直线或圆。

3.7.3　相贯线的特殊情况

　　一般情况下，两曲面体相交的相贯线为封闭的空间曲线。但在某些特殊情况下，相贯线可以为平面曲线或直线。

　　1. 相贯线为平面曲线——椭圆

　　两个曲面体如果同时外切于一个圆球体，相贯线的形状为椭圆，且椭圆与两个曲面体轴线所在平面垂直。

　　最常见的是两个直径相等的圆柱正交或斜交。由于它们必定同时外切于一个圆球体，所以其相贯线为椭圆。两圆柱轴线正交时，相贯线的投影为圆和直线，如图 3-39(a) 所示；两圆柱轴线斜交时，相贯线的投影分别为圆、椭圆和直线，如图 3-39(b) 所示。

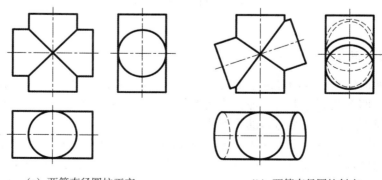

(a) 两等直径圆柱正交　　　　　　　　　(b) 两等直径圆柱斜交

图 3-39　两等直径圆柱相交

2. 相贯线为平面曲线——圆

两曲面体轴线共线，它们的相贯线为垂直于轴线的圆，如图 3-40 所示。

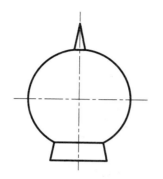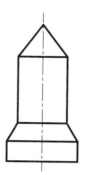

图 3-40　轴线共线曲面体相交

3. 相贯线为直线

两圆柱面轴线平行或者两圆锥面共同一锥顶时，其相贯线为直线（素线），分别如图 3-41（a）和（b）所示。

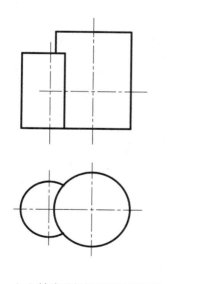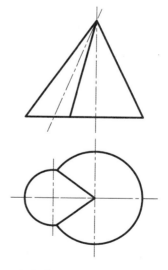

（a）轴线平行的两圆柱面相交　　　　　（b）共锥顶的两圆锥面相交

图 3-41　轴线共线曲面体相交

在实际工程中，有时会碰到多个立体相交的情况，其相贯线投影的求解作图方法同两个立体之间相贯线的求法。作图前，首先分析各相交立体的形状和它们的位置关系，确定

107

两个立体之间相贯线的形状；再分别求出各部分之间相贯线的投影，从而求出该立体的投影。

例 **3-23**　如图 3-42（a）所示，已知多个立体相交的水平和侧面投影，试求其正面投影。

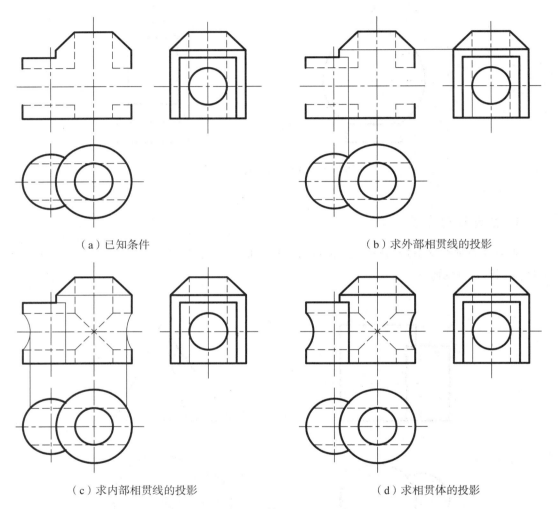

（a）已知条件　　　　　　　　　　　　　（b）求外部相贯线的投影

（c）求内部相贯线的投影　　　　　　　　　（d）求相贯体的投影

图 3-42　多立体相交投影的求解

解　空间分析：从已有投影图分析，该立体左侧为圆柱体，右侧上部为圆台，右侧下部为圆柱体；且在立体的内部有一个水平方向的通孔和一个垂直方向的通孔。左侧圆柱与右侧下部圆柱相贯，其相贯线为两条铅垂线和一段水平圆弧。右侧上部圆台和下部圆柱轴线共线，其相贯线为与轴线垂直的圆。水平方向的通孔和左右两侧的圆柱面相交，产生两条相贯线；垂直方向的通孔与圆台的圆锥面的相贯线也为圆。

投影分析：相贯线的水平投影和侧面投影已知，只需求出其正面投影。

作图步骤如下：

（1）求外部相贯线的投影：左侧圆柱与右侧圆柱其相贯线为两条铅垂线和一段水平的圆弧。铅垂线的正面投影可根据其积聚的水平投影求出，圆弧的正面投影为直线，可根据其水平投影求出。右侧圆台与圆柱的相贯，因轴线共线，其相贯线为一个水平的圆，可直接求出正面投影，如图3-42（b）所示。

（2）求内部相贯线的投影：水平方向的通孔与左右两圆柱面相交，可用表面定点法求出其正面投影，垂直方向的通孔与右侧圆台和圆柱底面相交，相贯线均为水平的圆。两个通孔相交，因两圆柱面轴线正交，直径相等，其相贯线为两个椭圆，且在正垂面上，可直接求出，如图3-42（c）所示。

（3）轮廓整理：根据各相贯线的可见性，用正确的线型来表示，该立体的投影图如图3-42（d）所示。

第4章 轴测投影

4.1 轴测图的基本知识

前面章节所述多面正投影图，如图 4-1（a）所示，优点是度量性好、作图简便，缺点是无立体感，需有一定投影知识才能看懂。

如果把它画成图 4-1（b）的形式，就容易看懂，这种图是用轴测投影的方法画出来的，称为轴测投影图（简称轴测图）。轴测图的优点是立体感强，但有变形、表达形体不够全面，常作为辅助图样弥补正投影图的不足。

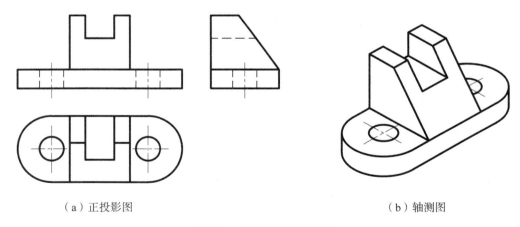

（a）正投影图 （b）轴测图

图 4-1 正投影图与轴测图

4.1.1 轴测图的形成

轴测投影是将物体连同其直角坐标系，沿不平行于任一坐标平面的方向，用平行投影法投射到一个平面 P（该平面称为轴测投影面）上所得到的图形，它同时反映出空间形体的长、宽、高三个方向，这种图称为轴测投影图，简称轴测图。当投射线垂直于轴测投影面 P 时得到的图形称为正轴测图；当投射线倾斜于轴测投影面 P 时得到的图形则称为斜轴测图。如图 4-2 所示。S 为投射方向，P 为轴测投影面，O_1X_1、O_1Y_1、O_1Z_1 为轴测投影轴（简称轴测轴），它是三条坐标轴 OX、OY、OZ 在轴测投影面上的投影。

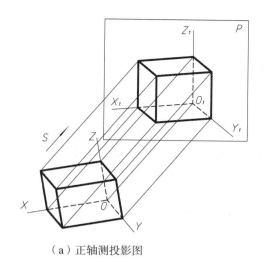
（a）正轴测投影图

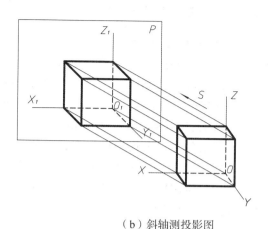
（b）斜轴测投影图

图 4-2　轴测图的形成

4.1.2　轴测图的轴间角和轴向伸缩系数

　　轴测图中，轴测轴之间的夹角称为轴间角，如图 4-2 所示 $\angle X_1 O_1 Y_1$、$\angle Y_1 O_1 Z_1$、$\angle X_1 O_1 Z_1$。轴测轴上某段长度与相应坐标轴上某段长度的比值称为轴向伸缩系数，分别用 p、q、r 表示，即 $p = \dfrac{O_1 X_1}{OX}$、$q = \dfrac{O_1 Y_1}{OY}$、$r = \dfrac{O_1 Z_1}{OZ}$。

　　轴间角和轴向伸缩系数是绘制轴测图时必须具备的要素，不同类型的轴测图有其不同的轴间角和轴向伸缩系数。在绘制轴测图时，只要知道轴间角和轴向伸缩系数，便可根据形体的正投影图绘出其轴测图。

4.1.3　轴测图的投影特性

　　轴测图是采用平行投影法，故平行投影的基本特性仍然适用，主要包括：

1. 平行性

　　相互平行的线段其轴测投影仍然互相平行。平行于坐标轴的线段，它的轴测投影平行于相应的轴测轴。

2. 定比性

　　互相平行的线段，其轴测投影长度与原长度之比相等。

　　在轴测投影中形体上平行于坐标轴的线段，其轴测投影与原线段实长之比，等于相应的轴向伸缩系数，故可以沿轴的方向按伸缩系数比例量取。

　　但与坐标轴不平行的直线段，未知伸缩系数比例，不能直接量度，只能按坐标作出其两端点再画出该直线。

4.1.4　轴测图的种类

按投影方向与轴测投影面是否垂直分为两大类：

（1）正轴测投影图：投射方向垂直于投影面；

（2）斜轴测投影图：投射方向倾斜于投影面。

根据三个轴向伸缩系数是否相等，把正（或斜）轴测图又可分为：

（1）若三个轴向伸缩系数都相等，称为正（或斜）等轴测图，简称正（或斜）等测；

（2）若任意两个轴向伸缩系数相等，称为正（或斜）二轴测图，简称正（或斜）二测；

（3）三个轴向伸缩系数互不相等，称为三轴测图。

土木工程图样中正轴测图一般采用正等测，斜轴测图一般采用正面斜轴测图中的斜二测和水平斜轴测图中的斜等测，下面分别介绍这几种轴测图的画法。

4.2　正等轴测图的画法

4.2.1　轴间角和轴向伸缩系数

正等测投影是使三条坐标轴与轴测投影面的倾角都相等，根据计算，这时的轴向伸缩系数 $p=q=r\approx0.82$，轴间角 $\angle X_1O_1Y_1=\angle Y_1O_1Z_1=\angle X_1O_1Z_1=120°$，如图 4-3（a）所示。

为作图简便，简化伸缩系数为 1，即取 $p=q=r=1$。采用简化伸缩系数画出的正等轴测图，三个轴向尺寸都放大了约 $1/0.82=1.22$ 倍，但这并不影响正等轴测图的立体感以及物体各部分的比例，如图 4-3（c）、（d）所示。

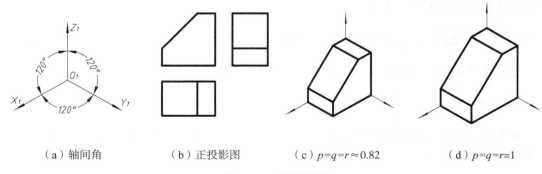

（a）轴间角　　　　　（b）正投影图　　　　（c）$p=q=r\approx0.82$　　　　（d）$p=q=r=1$

图 4-3　正等轴测图

作图时，习惯上 Z_1 轴画成垂直方向，X_1 轴和 Y_1 轴与水平线成 30°，坐标法是轴测图的最基本方法，它根据立体表面上各顶点的坐标，分别画出它们的轴测投影，然后依次连接立体表面的可见轮廓线。

除此之外，还可利用相对坐标衍生出切割法、端面法、叠砌法等作图方法。

4.2.2 平面立体的正等测

根据给出的正投影图，利用坐标法就可绘制出正等测图。

例 4-1 已知正六棱柱的两面投影图，如图 4-4(a)所示，试绘制其正等轴测图。

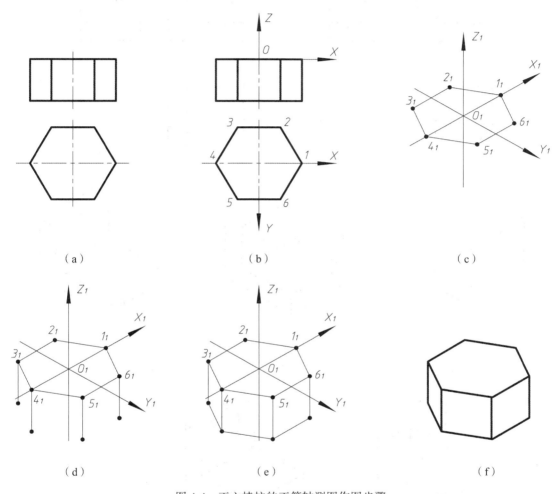

图 4-4 正六棱柱的正等轴测图作图步骤

解 根据坐标关系，画出立体表面各点的轴测投影图，然后连成立体表面的轮廓线，具体步骤如下：

(1)选定坐标原点，在水平和正面投影中设置坐标系，如图 4-4(b)所示；

(2)画出轴测轴，在 $X_1O_1Y_1$ 坐标面上定出各顶点 1、2、3、4、5、6 的位置，连接各顶点可得六棱柱的顶面，如图 4-4(c)所示；

(3)由顶面各顶点向下作 Z_1 轴的平行线，并根据六棱柱高度在平行线上截得棱线长度，同时定出底面各可见点的位置，不可见部分不须画出，如图 4-4(d)所示；

(4)根据底面各点，连接可见轮廓线，描粗，完成全图，如图 4-4(e)和(f)所示。

例 4-2　已知物体的两面投影图，如图 4-5(a)所示，试绘制其正等轴测图。

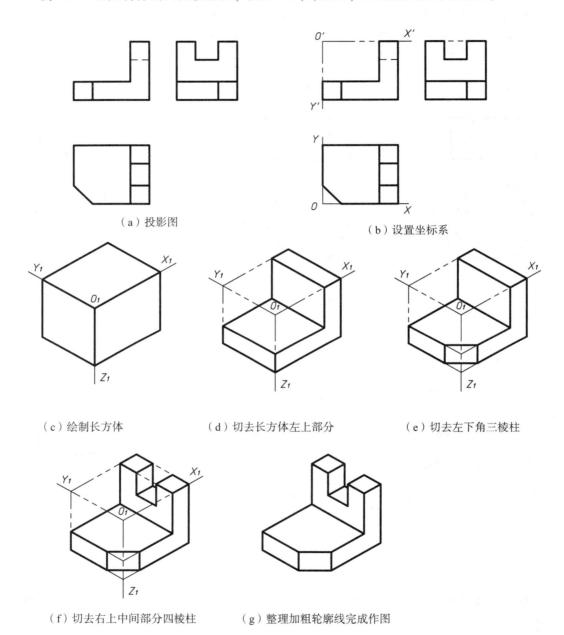

（a）投影图　　　　　　　　　　　　　　　（b）设置坐标系

（c）绘制长方体　　　　　（d）切去长方体左上部分　　　　　（e）切去左下角三棱柱

（f）切去右上中间部分四棱柱　　　　　（g）整理加粗轮廓线完成作图

图 4-5　切割法作正等轴测图的步骤

解　根据立体的投影图分析，可设想为由长方体切割而成，因此可先画出长方体的正等轴测图，然后进行轴测切割，从而完成立体的轴测图。这种方法称为切割法。具体步骤如下：

（1）在水平和正面投影图中设置坐标系，如图4-5（b）所示；

（2）画出轴测轴，作辅助长方体的轴测图，如图4-5（c）所示；

（3）按图4-5（d）~（f）所示步骤，依次切去多余部分；

（4）最后描粗可见轮廓线，完成全图，如图4-5（g）所示。

4.2.3 平行于坐标面圆的正等测

当圆所在的平面平行于轴测投影面时，其轴测投影仍为圆；当圆所在的平面倾斜于轴测投影面时，其轴测投影为椭圆。

平行于三个坐标面的圆直径相等时，它们的投影是三个大小相同，长短轴方向不同的椭圆。如图4-6所示。

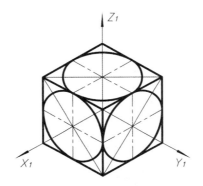

图4-6　平行坐标面圆的正等轴测图

圆在正投影中的外切正方形在正等测投影中变为菱形，在这个菱形中可作出四段圆弧连接成近似椭圆，称为菱形四心法。这一方法仅适用于画平行于坐标面的圆的正等测图，下面介绍用四心法画椭圆的步骤：

（1）以圆心为坐标原点建立坐标系，作出圆的平行于坐标轴的外切正方形，如图4-7（a）所示；

（2）画出轴测轴，作圆的外切正方形的轴测图，如图4-7（b）所示；

（3）以菱形短对角线的两端点 O_1、O_2 为两个圆心，以 O_1A_1 或 O_2C_1 为半径画弧 A_1D_1 和

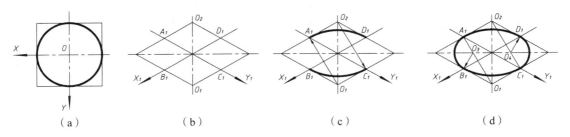

（a）　　　　　　　（b）　　　　　　　（c）　　　　　　　（d）

图4-7　四心法画椭圆

C_1B_1；

（4）再以 O_1A_1、O_2C_1 与长对角线的交点 O_3、O_4 为另两个圆心，以 O_3B_1 或 O_4D_1 为半径画弧 A_1B_1 和 C_1D_1。

这四段圆弧组成了一个扁圆，用它近似代替平行于坐标面的圆的正等轴测图。

4.2.4　曲面立体的正等测

曲面立体表面存在曲线，一般情况下可用坐标法，确定曲线上一系列的点，然后将它们依次光滑连接即可作出。如果存在与坐标面平行的圆，可按前一节所述四心法先作圆的正等测，再完成其他部分的作图。

例 4-3　已知截切后圆柱的投影（图 4-8(a)），试作出其正等测图。

解　根据投影分析，可用切割法作图，先作出圆柱，再切割出缺口，具体步骤如下：

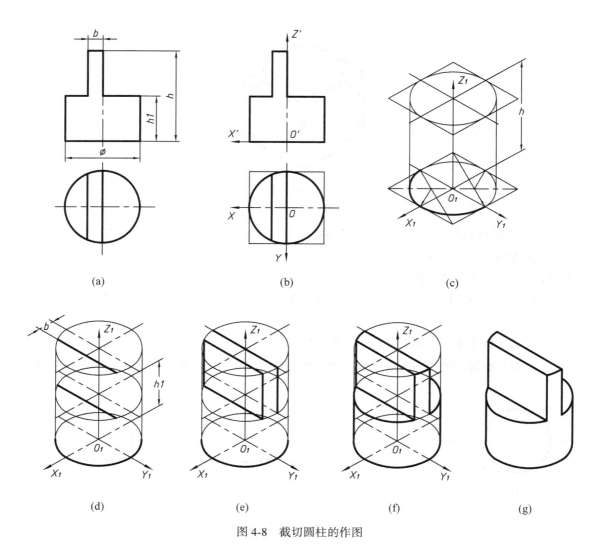

(a)　　　　　　　　(b)　　　　　　　　(c)

(d)　　　　　(e)　　　　　(f)　　　　　(g)

图 4-8　截切圆柱的作图

（1）设置坐标系，取圆柱的旋转轴线为 OZ 轴，底圆圆心为原点，底面为 XOY 坐标面，如图 4-8(b)所示；

（2）绘制轴测轴，采用四心法画底圆正等测；沿 Z 轴量取高度 h 确定顶圆圆心，用四心法绘制顶圆正等测，作上下两底圆切线可得圆柱正等测，如图 4-8(c)所示；

（3）沿 Z 轴量取高度 h_1 绘制截切处圆的正等测，沿 X 轴量取 b 确定截交线位置，如图 4-8(d)所示；

（4）绘制截切部分，如图 4-8(e)所示；

（5）绘制底圆与截切平台处圆的外轮廓切线，完成其他部分作图，如图 4-8(f)所示；

（6）擦去多余的线，将可见线加深，完成作图，如图 4-8(g)所示。

例 4-4　已知组合形体的投影（图 4-9(a)），试作出其正等测图。

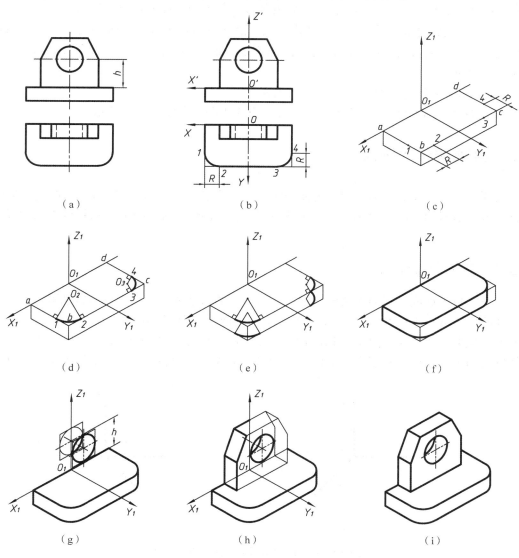

图 4-9　组合体的正等测作图步骤

　　解　根据投影分析，该形体由底板部分和上部带孔竖板叠加组成，作图时可以先作出底板，然后在底板上叠加作出竖板部分，这种作图方法称为叠加法。具体作图步骤如下：

　　(1)选择底板上端面为 XOY 坐标面设置坐标系，如图 4-9(b)所示。

　　(2)画出轴测轴，先作出还没有切圆角的长方体底板，并确定切点 1、2、3、4 位置，如图 4-9(c)所示。

　　(3)圆角(1/4 圆弧)在正等测图中为椭圆弧，可用简化作法以圆弧代替。过切点 1、2 作相应边的垂线 $O_2 1 \perp ab$、$O_2 2 \perp bc$，以交点 O_2 为圆心 $O_2 1$ 为半径在 1、2 两点间画圆弧，即可得圆角正等测图，同样方法可作出 3、4 点间圆角，如图 4-9(d)所示。

　　(4)按上一步骤作出底板下端面圆角，如图 4-9(e)所示；作底板右前部上下端面圆角处圆弧的切线，擦除不可见部分，完成底板部分正等测图，如图 4-9(f)所示。

　　(5)在已完成底板基础上，叠加作出竖板。沿 Z 轴量取 h 确定竖板圆孔中心，用四心法分别作出前后端面上的圆孔，需完成前后端面上圆孔的正等测图才可识别可见部分，如图 4-9(g)所示。

　　(6)作出竖板外轮廓线，如图 4-9(h)所示。

　　(7)加粗可见轮廓线，擦除不可见部分，完成作图，如图 4-9(i)所示。

4.3　斜轴测图的画法

　　为便于绘制物体的斜轴测图，可使物体上两个主要方向的坐标轴平行于轴测投影面，由此可分正面斜轴测(XZ 坐标平行于轴测投影面)和水平斜轴测(XY 坐标平行于轴测投影面)。

4.3.1　正面斜轴测图

　　以正立投影面或正平面作为轴测投影面所得到的斜轴测图，称为正面斜轴测图。

　　如前面图 4-2(b)所示，坐标轴 OX 和 OZ 平行于轴测投影面 P，这样轴测轴 $O_1 X_1$、$O_1 Z_1$ 间的轴间角 $X_1 O_1 Z_1$ 为 90°，轴向伸缩系数 $p = r = 1$，该面作图可反映实形，所以这种图特别适用于画正面形状复杂、曲线多的物体，轴测轴 $O_1 Y_1$ 的方向和轴向伸缩系数则由

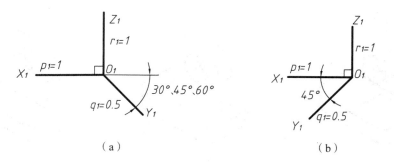

（a）　　　　　　　　　　　　　　　（b）

图 4-10　斜二测的轴间角和轴向伸缩系数

投射方向确定。

工程应用中通常将轴测轴 O_1Z_1 画成竖直，O_1X_1 画成水平，轴向伸缩系数 $p=r=1$；O_1Y_1 可画成与水平成 45°、30° 或 60° 角，根据情况可选择如图 4-10(a) 所示向右下、右上倾斜，或者如图 4-10(b) 所示向左下、左上倾斜，伸缩系数 q 取 0.5。由于两个轴向伸缩系数是相等的，这样画出的正面斜轴测图称为斜二等轴测图，简称斜二测。

斜二测作图方法与正等测一样，确定轴间角和轴向伸缩系数后，即可用坐标法作出。

例 4-5 已知组合形体的投影如图 4-11(a) 所示，试作出其斜二等轴测图。

解 根据投影分析，将带有圆孔的正面设置为 XOZ 坐标面，该面的斜二测图反映实形，可使作图大为简化，沿 Y 轴量取长度时乘以伸缩系数 0.5，具体作图步骤如下：

(1) 如图 4-11(a) 所示设置坐标系；

(2) 画出轴测轴，作出带圆孔前端面的实形，如图 4-11(b) 所示；

(3) 沿 Y 轴量取长度 $0.5n$ 确定后端面圆孔及其余圆弧、轮廓线，如图 4-11(c) 所示；

(4) 沿 Y 轴量取长度 $0.5m$ 作出底板部分，如图 4-11(d) 所示；

(5) 作右侧三角形竖板，如图 4-11(e) 所示；

(6) 加粗可见轮廓线，擦除不可见部分，完成作图，如图 4-11(f) 所示。

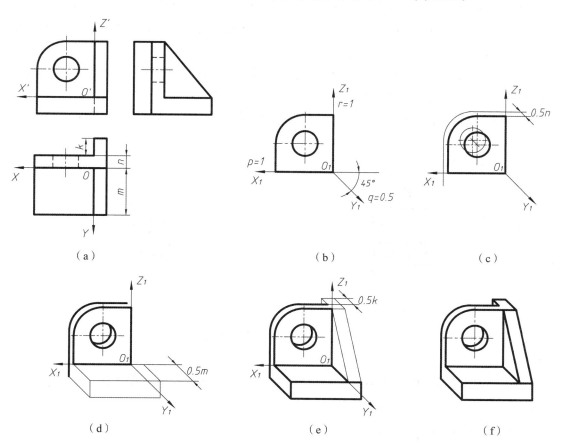

图 4-11 组合体的斜二测图

4.3.2 水平斜轴测图

以水平投影面或水平面作为轴测投影面所得到的斜轴测图，称为水平斜轴测图，建筑物的平面图、区域的总平面布置等，常采用这种轴测图。

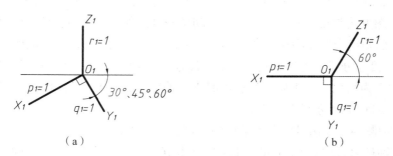

(a)   (b)

图 4-12　斜等测的轴间角和轴向伸缩系数

工程应用中通常将轴测轴 O_1Z_1 画成竖直，如图 4-12(a) 所示，O_1X_1 与 O_1Y_1 保持直角，O_1Y_1 与水平成 30°、45° 或 60°，一般取 60°；也可使 O_1X_1 轴保持水平，O_1Z_1 倾斜，如图 4-12(b) 所示。当 $p=q=r=1$ 时，三个轴向伸缩系数都相等，这样画出的水平斜轴测图称为斜等轴测图，简称斜等测。

由于水平投影平行于轴测投影面，可先抄绘物体的水平投影，再由相应各点作 O_1Z_1 轴的平行线，量取各点高度后相连即得所求水平斜等测图。

例 4-6　已知建筑形体的投影如图 4-13(a) 所示，试作出其水平斜等轴测图。

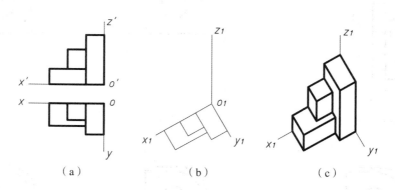

(a)   (b)   (c)

图 4-13　建筑形体的水平斜等轴测图

解　根据投影分析，形体的水平投影反映实形，斜等测各轴向伸缩系数都为 1，各轴向长度可在投影图中直接量取，具体作图步骤如下：

(1) 如图 4-13(a) 所示设置坐标系；

（2）如图 4-13（b）画出轴测轴，O_1Z_1 轴画成竖直，使 O_1Y_1 轴与水平成 60°，画出建筑形体的水平投影（反映实形）；

（3）在正面投影中量取高度，在轴测图中由各顶点作 O_1Z_1 轴的平行线，根据高度截取长度然后相连，描粗可见部分的图线，完成全图，如图 4-13（c）所示。

第5章 组 合 体

工程形体的形状一般较为复杂,如何求出它们的投影呢? 对于复杂问题,我们可以转化为简单的类似问题来研究。对于复杂形体,我们可以将它看作由若干个基本形体(包括棱柱、棱锥、圆柱、圆锥等基本体,截切体或相贯体)组合而成,分析每一个基本形体的形状、各个基本形体之间位置关系和组合方式,进而可知该形体的空间形状。对于这种能看作由若干个基本形体组合而成的立体,我们称之为组合体。

本章将介绍组合体的构成、组合体三视图的绘制、组合体视图的尺寸标注以及组合体视图的阅读等内容。

5.1 组合体的构成

下面介绍组合体的基本概念,组合体的组合方式以及形体分析法。形体分析法是组合体视图绘制、组合体视图阅读、组合体尺寸标注的基本方法。

5.1.1 组合体的基本概念

1. 组合体三视图的形成与投影特性

根据有关标准和规定,将物体按正投影法向投影面投射时所得到的投影称为视图。如图 5-1(a)所示,从前向后投射所得的视图称为正视图(或正立面图);由上向下投射得到的视图称为俯视图(或平面图);由左向右投射得到的视图称为侧视图(或侧视图)。这三个投影图称为组合体的三视图。对形状不太复杂的形体,用三视图就能将它表达清楚,因此三视图是工程中常用的表达方法。

形体的三面投影之间有"长对正,高平齐,宽相等"的投影关系。在三视图中,组合体的总长、总高、总宽,基本形体的长、高、宽尺寸,也满足以上投影关系。

当组合体与投影面之间的相对位置确定之后,它就有前、后、左、右、上、下六个方位,如图 5-1(b)所示。正视图反映组合体左右、上下四个方位,俯视图反映组合体前后、左右四个方位,侧视图反映组合体前后、上下四个方位。应特别注意,俯视图、侧视图中远离正立投影面(V 面)的一侧视为组合体的前方,反之为后方。

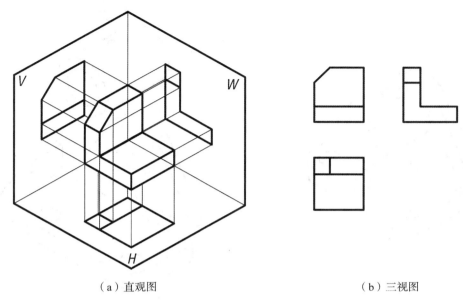

（a）直观图　　　　　　　　　　　　（b）三视图

图 5-1　组合体三视图的形成及其投影规律

2. 形体分析法

组合体的形状比前面学过的基本体的形状要复杂，我们可以假想将组合体进行分解，将它拆分为若干个基本形体，对于每一个基本形体可以利用前面学过的基本体、截切与相贯的知识把它的形状分析清楚，再研究各个基本形体之间的位置关系和组合方式，尤其是相邻表面的连接关系，进而从整体上把握该组合体的空间形状与结构，这种分析的方法称为形体分析法。

如图 5-2 所示，该组合体形状较复杂，难以直接画出它的视图。但是可以人为将它分解为凸台、圆筒、支承板、底板和肋板这五个基本形体，每个部分要么是基本体，要么是截切体或相贯体，由此可以画出每个基本形体的视图，进而求出整个组合体的视图。

5.1.2　组合体的组合形式

组合体的组合形式有叠加和切割两种。根据不同的组合形式，组合体可分为叠加式组合体、切割式组合体和综合式组合体。叠加式组合体可以看作由若干个基本形体以叠加的方式组合而成；切割式组合体则可以看作将一个基本体，用若干个面（包括平面、曲面或组合面）切割得到，比如在形体的表面开槽或者挖孔。通常复杂的组合体既有叠加的方式又有切割的方式，因此该类组合体称为综合式组合体。

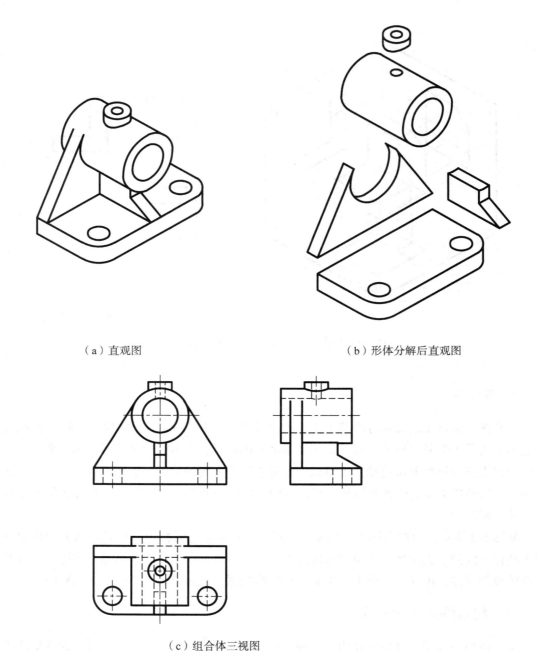

（a）直观图　　　　　　　　　　　（b）形体分解后直观图

（c）组合体三视图

图 5-2　组合体的形体分析及三视图

5.1.3　组合体相邻表面的连接关系

　　无论是何种类型的组合体，其相邻表面之间的连接关系可以概括为平齐、相交和相切三种。

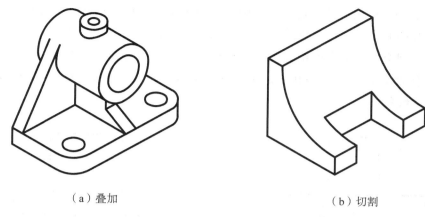

（a）叠加   （b）切割

图 5-3 组合体的组合方式

1. 平齐

图 5-4(a) 所示的组合体，可以看作由两个长方体上下叠加而成，它们的前侧棱面不在同一个正平面内，因此在正视图中两个面的投影之间会出现一条分界线。图 5-4(b) 所示的组合体，也可以看作两个长方体上下叠加而成，但是它们前侧棱面在同一个正平面内，我们可以称之为相邻面平齐共面。既然在同一个面内，那么两个面之间是不会存在分界线的，因此在正视图中两个面的投影间不存在一条粗实线，但是会出现一条细虚线，为什么？请读者自行分析。图 5-4(c) 所示的组合体，也可以看作由两个长方体上下叠加而成，并且两个长方体的前后侧棱面均为平齐共面，因此在正视图中前后两个面之间都不存在分界线。

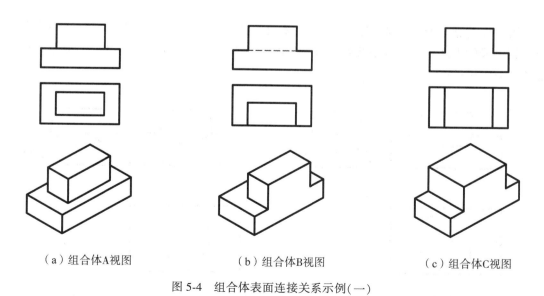

（a）组合体A视图   （b）组合体B视图   （c）组合体C视图

图 5-4 组合体表面连接关系示例(一)

图 5-5(a)所示的组合体,可以看作由上下两个基本形体叠加而成,在该组合体中部有上下两个圆柱面,虽然它们的轴线重合,但是圆柱面直径不同,因此在正视图中两个圆柱面的投影之间会有一条可见轮廓线。图 5-5(b)所示的组合体,仍然可以看作由上下两个基本形体叠加而成,但是中间的两个圆柱面直径相等,轴线共线,因此两个圆柱面之间是不存在分界线的。

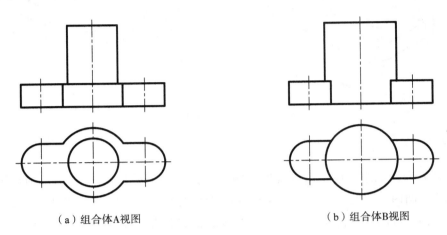

(a)组合体A视图   (b)组合体B视图

图 5-5 组合体表面连接关系示例(二)

总而言之,如果构成组合体的基本形体之间存在相邻面平齐共面,则在视图中这两个面之间不存在分界线;反之,则有分界线。表达时要注意不同情况下的区别。

2. 相交

组合体的基本形体之间,若存在表面相交,那么必然会产生交线。可以利用求截交线、相贯线的方法求出交线的投影,如图 5-6 和图 5-7(a)所示。基本形体交到其他形体内部的部分不画轮廓线。

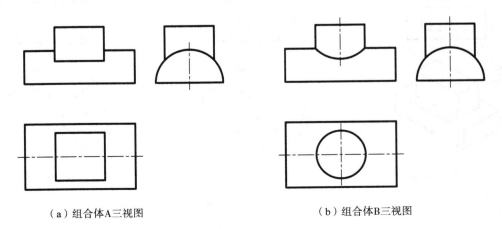

(a)组合体A三视图   (b)组合体B三视图

图 5-6 组合体表面连接关系示例(三)

3. 相切

若构成组合体的基本形体相邻表面相切，则在相切处不会产生交线。因为形体表面在相切处是光滑过渡的，所以在视图中相切处没有轮廓线，如图 5-7(b)(c)所示。

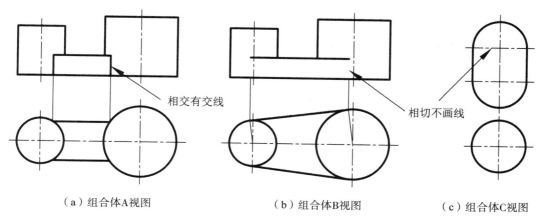

（a）组合体A视图   （b）组合体B视图   （c）组合体C视图

图 5-7　组合体表面连接关系示例(四)

5.2　组合体三视图绘制

要绘制出组合体的视图，首先需要对它进行形体分析。对于叠加式组合体，将它看作由若干个基本形体叠加而成，然后逐个画出这些基本形体的三视图，同时注意这些基本形体相邻面的连接关系以及基本形体间位置关系。对于切割式组合体，首先画出未切割前基本体的视图，然后分析有哪些面对基本体做了切割，逐个画出每个切割面在相应视图上产生交线的投影，并进行轮廓的整理，最后可求得其三视图。下面介绍绘制组合体三视图的一般步骤和方法。

5.2.1　组合体三视图绘制的步骤与方法

1. 形体分析

绘制组合体三视图时，常常出现漏线或多线的情况，究其原因是没有认真进行形体分析。要正确绘制出组合体三视图，必须先对组合体做形体分析。采用形体分析法，将一个复杂的组合体假想分解成若干个基本形体，并对它们的形状以及相对位置进行分析，分析相邻面的连接关系，从而画出组合体的三视图。

2. 选择正视方向

进行正视方向选择之前，通常需要将组合体按正常的工作位置放置，并将组合体的主要表面或主要轴线放置到与投影面平行或垂直的位置。

作为组合体三视图中的主要视图，正视图应该尽可能反映出组合体的整体形状特征，各个基本形体的形状、位置特征以及组合方式。同时还要考虑：①在另外两个视图中尽量少出现虚线；②尽量让长大于宽，便于布置视图。

3. 选择比例布置图形

根据组合体的尺寸大小，选择合适比例，确定图纸的幅面大小。根据绘制图形大小，确定出各视图的对称中心线、轴线或者基线，力求将三视图均匀布置在图纸上，保持视图间距合理，并留出尺寸标注的位置。

4. 绘制底稿

按照形体分析法分解后的基本形体及其相对位置关系，逐个画出每一个基本形体的三视图，对于有相邻表面的基本形体，还要注意其表面连接关系。

绘制底稿时注意事项：

(1)绘制组合体三视图时，应该首先画出主要形体，再画次要形体。绘制每个基本形体的三视图时，先画具有积聚性或者反映实形的视图，再画其他视图。

(2)要注意基本形体的相邻表面之间的连接关系，如果是平齐共面，则两个面之间没有分界线；如果是相交，会产生交线；如果是相切，则相切处无轮廓线。

(3)要注意进入形体内部的部分，因为形体内部是一个整体，所以没有任何图线的存在。

5. 检查加深

底稿完成后，要仔细检查，修改查出的错误，擦除中间作图过程以及多余的图线。最后按照规定线型进行加深，得到完整的组合体三视图。

5.2.2　叠加式组合体的绘制示例

1. 形体分析

这里以图 5-2 所示的组合体为例，它由凸台、圆筒、支承板、底板和肋板组成。凸台和圆筒可看作两个轴线正交的圆筒相交，它们的内外表面会产生相贯线。支承板的左、右侧面与圆筒的外圆柱面相切，前、后端面与圆柱面相交。底板与支承板左、右侧面相交，后端面平齐共面。肋板左、右侧面与底板、支承板、圆筒相交，前端面与底板、圆筒相交，后端面与支承板前端面平齐共面。

2. 选择正视方向

该组合体按照正常工作位置安放后，可以按照图 5-8 中箭头所示的 *A*、*B*、*C*、*D* 四个方向进行投射，得到不同的视图。*B* 方向和 *D* 方向得到的视图不能很好反映出该组合体的形状特征；*C* 方向的视图，虚线较多，不能清楚反映出它的外形；*A* 方向得到的视图不仅能反映出该组合体主要部分的形状特征，且在另外两个视图中也出现较少虚线，因此选择 *A* 方向投射得到的视图作为正视图。

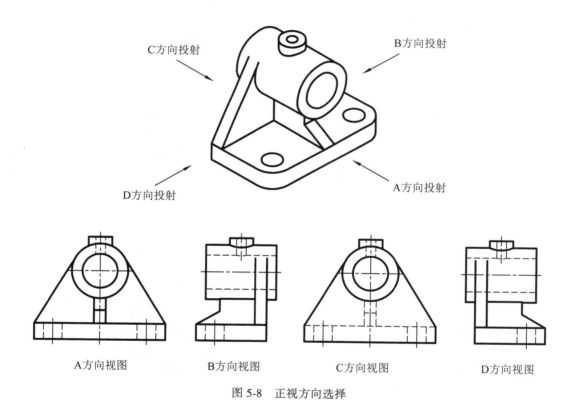

图 5-8 正视方向选择

3. 绘制视图

选好绘图比例和图纸幅面后，根据绘制图形的大小，将三个视图匀称地布置在图框内，图形之间留出足够的空间便于尺寸标注，画出各个视图的对称中心线、轴线或定位线等，如图 5-9(a)所示。

按照形体分析法分解各个基本形体，逐一画出它们的三视图，并分析它们之间的表面

连接关系。首先画出圆筒的三视图，因圆柱面的正面投影具有积聚性，先画正视图，再画
俯视图和侧视图，如图 5-9(b) 所示。然后绘出底板的三视图，这里要考虑底板和圆筒的
位置关系——底板与圆筒后端面的前后位置关系，以及底板与圆筒的上下位置关系。接着
绘出支承板的三视图，需要注意支承板左、右侧面与底板的侧面相交，与圆筒的圆柱面相
切；支承板前后端面与圆柱面相交。最后画出肋板和凸台的三视图，注意它们和相邻面的
连接关系，如肋板左、右侧面与圆柱面相交，凸台与圆筒的内外表面都相交。

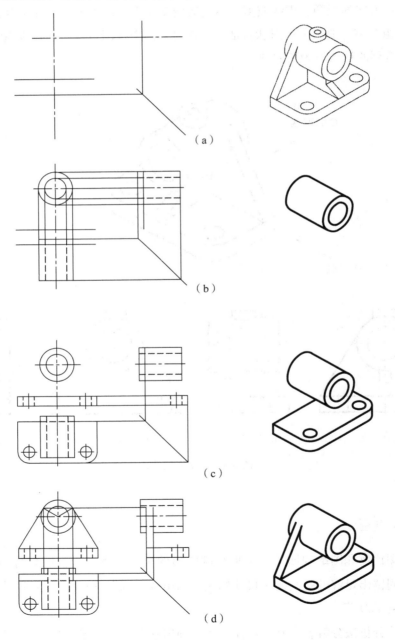

(a)

(b)

(c)

(d)

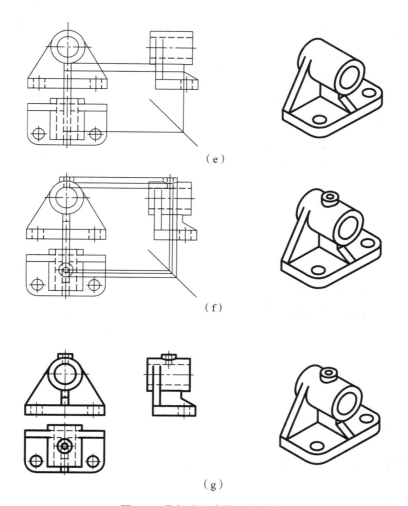

图 5-9　叠加式组合体画图步骤

　　底稿完成后，仔细检查基本形体相交部分的画法，如圆筒与支承板相交，圆筒的正面转向线有部分交入支承板的内部，该轮廓线要擦除；还要注意基本形体相邻面连接关系的画法，如支承板左、右侧面与圆筒外表面相切，因此相切处无交线。修改错误，擦除多余图线，最后进行加深。

5.2.3　切割式组合体的绘制示例

1. 形体分析

　　如图 5-10 所示的组合体，可看作由若干个面切割长方体得到。给出一个长方体，首

131

先用一个圆柱面切除左上角，如图 5-10(b)所示；然后用正平面和侧平面切掉左前角，如图 5-10(c)所示；最后右上侧用水平面和正平面切去一部分，如图 5-10(d)所示。

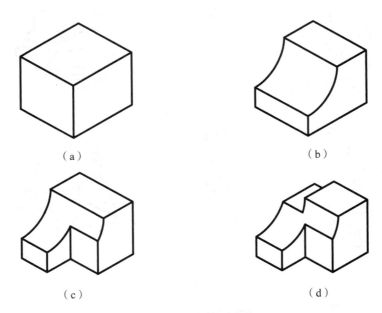

（a）　　　　　　　　　　　　　　（b）

（c）　　　　　　　　　　　　　　（d）

图 5-10　切割式组合体

2. 选择正视方向

按照自然位置放置，选择图中所示的投射方向作为正视方向。

3. 绘制视图

选择好适当的比例，按照图纸幅面布置各个视图的位置。

（1）首先画出长方体的三视图，如图 5-11(a)所示。

（2）长方体左上侧被圆柱面截切，先画出切割面具有积聚性的正视图，然后在俯视图和侧视图中补画产生的交线并擦掉切除部分的轮廓线，如图 5-11(b)所示。

（3）接着分析其左前侧被正平面和侧平面切割，先画出其俯视图，接着在其他视图中画出截切后的图形，如图 5-11(c)所示。

（4）形体的右后侧被水平面和正平面切割，先画出侧视图，再补画出正视图和俯视图中图线，如图 5-11(d)所示。

（5）校核底稿，修改错误，加深图线，如图 5-11(e)所示。

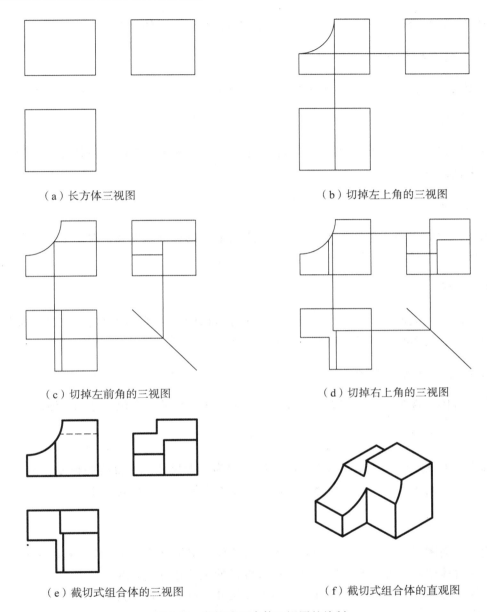

（a）长方体三视图　　　　　　　　　　　（b）切掉左上角的三视图

（c）切掉左前角的三视图　　　　　　　　（d）切掉右上角的三视图

（e）截切式组合体的三视图　　　　　　　（f）截切式组合体的直观图

图 5-11　截切式组合体三视图的绘制

5.3　组合体视图的尺寸标注

　　组合体的三视图清晰地表达组合体的形状，但是我们还需要知道它的尺寸，包括构成组合体各基本形体的形状大小，基本形体之间的相对位置以及该组合体在长宽高三个方向上的总体大小。尺寸是施工的重要依据，尺寸标注是一项极为重要、细致的工作。下面将介绍如何进行组合体的尺寸标注，标注的基本方法仍然是形体分析法。

5.3.1　尺寸标注的基本要求

对组合体进行尺寸标注，必须满足尺寸标注的基本要求：完整、正确、清晰。

1. 完整

标注的尺寸必须完整，保证能直接读出各个尺寸，不要看图时还得计算和度量，不允许有遗漏的尺寸。

2. 正确

所谓尺寸的正确，就是标注的尺寸必须符合制图的标准。例如，对于小于等于半圆的圆弧必须标注半径，且标注在图形为圆弧的视图上。

3. 清晰

标注的尺寸应该排列整齐，清晰明了。尺寸应该标注在视图中合适的位置，通常标注在能反映出它的形状、特征的视图上，便于读图。

5.3.2　标注尺寸的种类

在组合体三视图中，通常需要标注三类尺寸：定形尺寸、定位尺寸和总体尺寸。

1. 定形尺寸

确定平面图形中基本图元形状大小的尺寸称为定形尺寸，如直线的长度、圆的直径、长方体的长宽高等尺寸。在组合体中，确定各基本形体形状大小的尺寸是定形尺寸。

2. 定位尺寸

确定平面图形中基本图元间相对位置的尺寸称为定位尺寸，如确定挖孔的中心位置的尺寸。组合体中确定各个基本形体之间相对位置的尺寸也是定位尺寸。标注定位尺寸时，要选择组合体在长、宽、高三个方向上的主要尺寸基准。所谓基准就是标注尺寸的起点，通常可以选择形体的对称面、底面、端面、较大的面或回转体的轴线等。

3. 总体尺寸

确定组合体总的长度、宽度和高度的尺寸称为总体尺寸。

5.3.3　基本形体的尺寸标注

1. 基本体的尺寸标注

基本体直接标注出定形尺寸，图 5-12 给出常见基本体的尺寸标注。对于圆柱、圆锥、圆台和圆环等回转体，直径尺寸一般标注在非圆视图上。

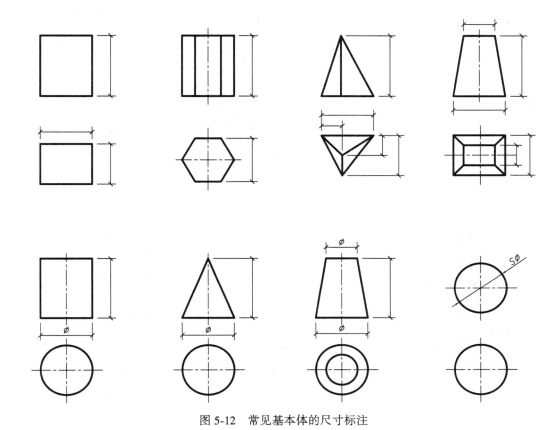

图 5-12　常见基本体的尺寸标注

2. 截切体的尺寸标注

截切体首先标注被截切基本体的定形尺寸，再标注截平面的定位尺寸，不能直接标注截交线的尺寸，如图 5-13 所示。

3. 相贯体的尺寸标注

相贯体首先要标注相交立体的定形尺寸，再标注立体之间的定位尺寸，不要在相贯线上标注尺寸，如图 5-14 所示。

5.3.4　组合体的尺寸标注

下面以 5.2.2 小节中组合体为例，进行尺寸标注。

1. 形体分析

在绘制组合体视图过程中已经进行过形体分析，因此对于其各个基本形体的定形尺寸

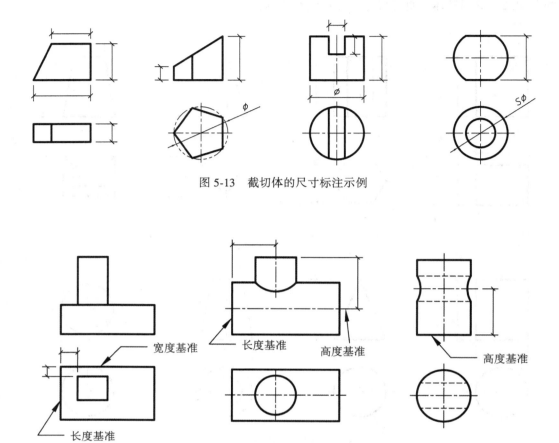

图 5-13　截切体的尺寸标注示例

图 5-14　相贯体的尺寸标注示例

很清楚，同时绘制中也考虑到了各基本形体之间的相对位置，对于它们之间的定位尺寸也很明确。如果是标注他人绘制的组合体视图，首先要读懂视图，分析出该组合体由哪些基本形体组成以及它们之间的位置关系后，再行标注。

2. 选择尺寸基准

尺寸标注时，要选择组合体在长、宽、高三个方向上的主要尺寸基准。对于该组合体来说，按图中位置放置是左右对称的，因此长度方向上选择对称面作为主要基准；宽度方向上可以选择圆筒的后端面为主要基准；高度方向上选择底板的下底面作为主要基准。

3. 标注各个基本形体的定形尺寸

根据形体分析，该组合体由圆筒、凸台、支承板、底板和肋板组成，因此需要逐个标注每个基本形体的定形尺寸。通常先标注组合体中最重要基本形体的尺寸，接着标注与已

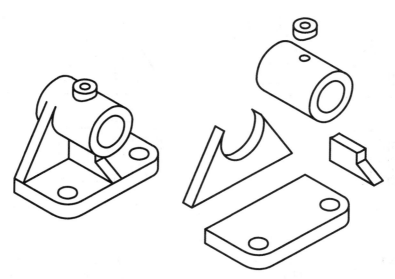

图 5-15   组合体尺寸标注的形体分析

标注形体有尺寸联系的且在它旁边的形体，或者标注与主要尺寸基准有直接联系的其他基本形体，最后标注剩下的基本形体。

首先标注圆筒的定形尺寸，它有 3 个定形尺寸。为了使尺寸标注清晰，基本形体标注的尺寸要尽量集中，因而选择在侧视图中对圆筒进行集中标注。此时圆筒内圆柱面的直径尺寸标注在虚线上，而虚线上标注尺寸也不够清晰，因此尽量不要在虚线上标注尺寸，可以将该尺寸移到正视图中标注，如图 5-16(a)所示。

接下来标注凸台的定形尺寸，只需要标注出它的内外圆柱面直径大小，选择在正视图中标注 $\phi19$ 和俯视图中标注 $\phi8$。凸台的高度通常用凸台上底面与底板的定位尺寸来确定，因此不需要另外标注，如图 5-16(b)所示。

底板可以看作长方形平板被倒角和挖孔得到，需要标注出底板的长、宽、高三个尺寸、孔的直径、倒角的半径，以及挖孔的定位尺寸。对于直径相同的孔只需要标注一处，且注写出孔的数量；对于对称的相同大小的倒角，其半径尺寸也只需要标注一处，不必重复标注。底板的尺寸应该集中在反映其形状特征的俯视图中标注，如图5-16(c)所示。

随后标注与圆筒和底板有尺寸联系的支承板的定形尺寸。支承板和底板长度一致，左右端面与圆筒的外圆柱面相切，不需要标注尺寸，因此只需要标注厚度尺寸，如图 5-16(d)所示。

最后标注肋板的定形尺寸。肋板左右对称，后端面与支承板前端面共面，因此只需要标注其厚度以及正平与侧垂的截平面的定位尺寸，如图 5-16(e)所示。

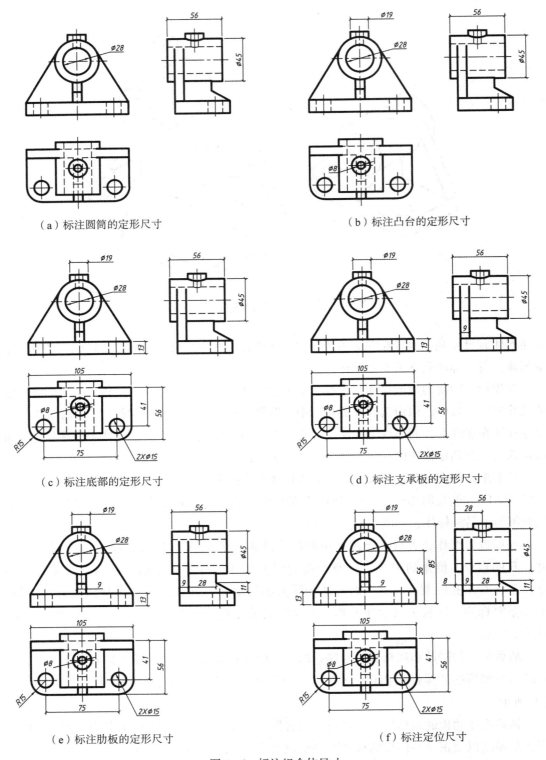

（a）标注圆筒的定形尺寸　　　　　　　　（b）标注凸台的定形尺寸

（c）标注底部的定形尺寸　　　　　　　　（d）标注支承板的定形尺寸

（e）标注肋板的定形尺寸　　　　　　　　（f）标注定位尺寸

图 5-16　标注组合体尺寸

4. 标注基本形体之间的定位尺寸

该组合体左右对称，因此在长度方向上各基本形体之间不用给出定位尺寸。在宽度方向上，圆筒与底板的后端面不平齐，有前后位置关系，因此需要标注定位尺寸 8。凸台的轴线和圆筒后端面之间也存在定位尺寸 28。支承板和底板后端面平齐共面，肋板的后端面与支承板前端面共面，就不需要给出定位尺寸了。在高度方向上，支承板和肋板放置在底板正上方，不需要给出定位尺寸，但是需要给出圆筒与底板之间的定位尺寸 56。凸台和圆筒之间的定位尺寸可以通过凸台上底面到底板下底面的距离来表示，如图 5-16(f)所示。

5. 标注总体尺寸

该组合体的总长和底板的长度相同，总宽可以由底板的宽加上圆筒与底板后端面的定位尺寸得到，该组合体的总高可以用凸台与底板之间定位尺寸获得，因此不需要再行标注，否则就是重复尺寸。

6. 检查、调整尺寸

三类尺寸标注完成后，按照完整、正确、清晰的要求来检查，删除多余尺寸，补画遗漏的尺寸，适当调整尺寸的位置。

5.3.5 尺寸标注的注意事项

标注尺寸时，要考虑如下情况。

1. 同一基本形体尺寸应该尽量集中在特征视图上标注

为了清晰表达组合体各基本形体的尺寸，应将同一基本形体的尺寸尽量集中，集中在能反映出其形状特征的视图上表示。如图 5-17 所示，构成该组合体的水平底板应将其尺寸集中在能反映出实形的俯视图中标注，侧立的平板应该集中在侧视图中标注尺寸。

2. 尽量避免在虚线上标注尺寸

虚线表达的是不可见轮廓，在虚线上标注尺寸往往导致表达不清，因此要尽量避免在虚线上进行尺寸标注。如图 5-17 所示，底板上圆孔的直径尺寸就应该从正视图移到俯视图中标注。

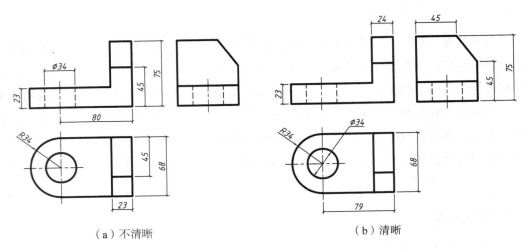

（a）不清晰　　　　　　　　　　　　　（b）清晰

图 5-17　尺寸应该尽量集中在特征视图中标注的示例

3. 圆弧尺寸标注注意事项

圆弧的半径尺寸应标注在投影为圆弧的视图上，对于圆和超过半圆的圆弧应标注直径尺寸，如图 5-18(a)所示；对于同轴回转体的直径尺寸尽量标注在非圆视图上，图 5-18(b)中直径尺寸标注不清晰，而图 5-18(c)中标注清晰。

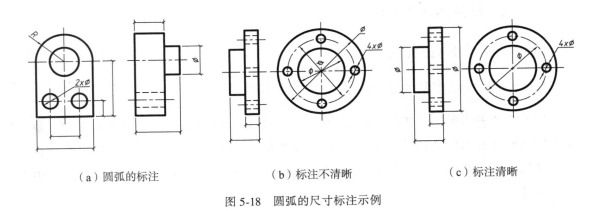

（a）圆弧的标注　　　　　　　（b）标注不清晰　　　　　　　（c）标注清晰

图 5-18　圆弧的尺寸标注示例

4. 交线上不要标注尺寸

对于截切产生的截交线，不应该标注交线尺寸，而是标注出截平面的定位尺寸。对于立体相交产生的相贯线，也不要标注尺寸，如图 5-13 和图 5-14 所示。

5. 同一方向平行尺寸标注方法

同一方向相互平行的尺寸，要使小尺寸靠近图形，大尺寸依次向外排列，避免尺寸线和尺寸界线相交，尺寸线间距要一致，如图 5-19 所示。

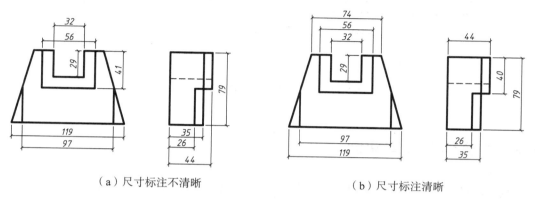

（a）尺寸标注不清晰　　　　　　　　　（b）尺寸标注清晰

图 5-19　平行尺寸标注示例

6. 对称结构尺寸标注方法

对称结构的尺寸不能只标注一半，如图 5-20 所示。

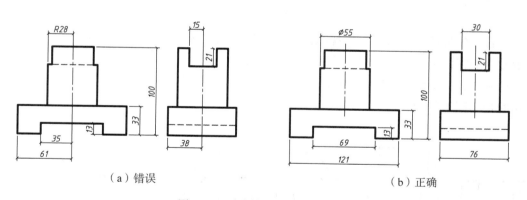

（a）错误　　　　　　　　　　　（b）正确

图 5-20　对称结构尺寸标注示例

7. 尺寸标注应尽可能标注在轮廓线外侧

尺寸标注应该尽量布置在轮廓线的外侧，布置在两视图之间，如图 5-21 所示。

141

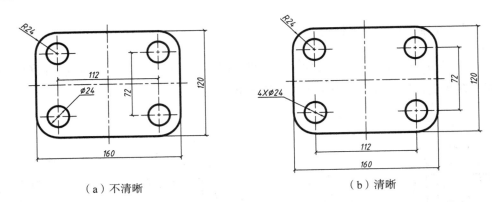

（a）不清晰　　　　　　　　　　　　　　　（b）清晰

图 5-21　尺寸标注在轮廓线外侧示例

5.4　组合体三视图阅读

技术图纸是工程技术人员进行交流的工具，不仅要能够将空间形体的视图绘制出来，还要看懂绘制的视图所表达形体的空间形状。要读懂视图，就需要注意读图的要点，掌握读图的方法。

5.4.1　读图的要点

读图时要注意以下要点。

1. 阅读视图时，要将多个视图联系起来读

组合体的形状往往通过一组视图来表达，每个视图只能表达组合体两个方向的形状，较少数量的视图不一定能将组合体的形状表达清楚。

如图 5-22 所示，给出六组视图，每组对应的俯视图都完全相同，但是正视图不同，表达的是不同形状的物体。

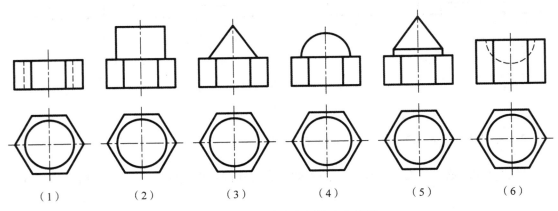

（1）　　　　　（2）　　　　　（3）　　　　　（4）　　　　　（5）　　　　　（6）

图 5-22　俯视图完全相同的六组视图

如图 5-23 所示，给出四组视图，每组的正视图和俯视图完全相同，但是侧视图不同，分别表达的是不同空间形状的物体。

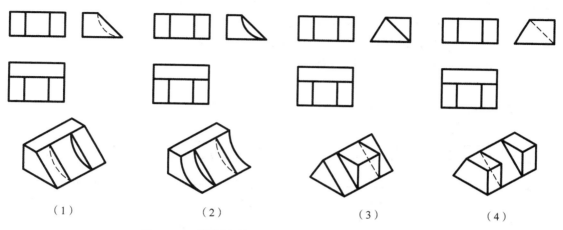

（1）　　　　　（2）　　　　　（3）　　　　　（4）

图 5-23　正视图和俯视图都相同的四组视图及立体图

因此读图时要将给出的多个视图联系起来读，才能准确想出它的完整形状。

2. 读懂组合体视图中图线和线框的含义

视图中的图线，表达的含义可以归纳为三种：①两个面交线的投影；②面的积聚性投影；③回转面转向轮廓线的投影。如图 5-24 所示，俯视图中的八条斜线表示棱台的上下底面与侧棱面的交线；正视图中的三条水平直线可以表示三个水平面的积聚性投影，俯视

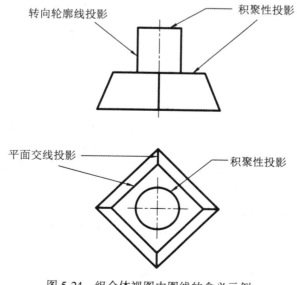

图 5-24　组合体视图中图线的含义示例

143

图中的圆也可以看作圆柱面的积聚性投影；正视图中矩形线框的两条垂线表示圆柱面转向轮廓线的投影。当然有些图线会有两种含义，比如正视图中最下方的水平直线，既可以看作水平面的积聚性投影，又可以看作棱台下底面与侧棱面交线的投影。

　　视图中每一个封闭的线框，都可以看作一个面(平面、回转面或组合面)的投影。如图 5-25 所示，对于给定的视图中每一个线框进行分析，在其他视图中找到对应的投影，从而分析出它表示的是一个什么样的面。

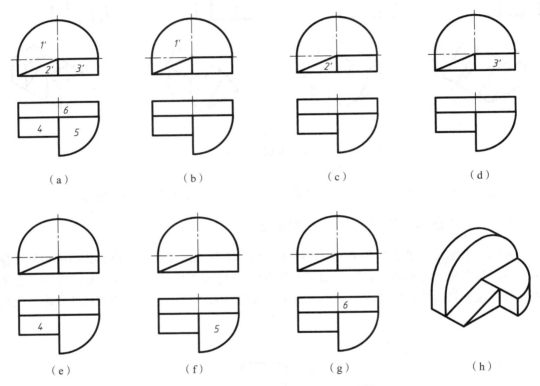

图 5-25　组合体视图中线框的含义示例

　　在图 5-25 的正视图中，包含线框 1′、线框 2′ 和线框 3′。线框 1 是一个粗实线框，表示从前往后投射，该面可见。它是由圆弧和直线所围成的线框，按照投影规律，这个面在俯视图中对应的投影应该在最左到最右的范围内。根据正投影的三个特性，投影要么反映该面的实形，要么反映该面的类似形，要么表明该面是积聚的。很明显在俯视图中从左至右的范围内，没有发现该线框的类似形，因此表明这个面的水平投影一定是积聚的。那么从前往后比对它的投影，发现只有图 5-25(b)中所示的水平直线是它的投影。根据该面的两面投影，知道该面是正平面。按照上述方法，得知线框 2 表示一个正平面，线框 3 是一个竖直放置的四分之一个圆柱面。

　　在俯视图中，也有三个线框：分别是线框 4、线框 5 和线框 6。同样根据投影规律，这些线框在正视图中找不到类似形，根据"非类似，必积聚"得知，线框 4 表示的是一个正垂面，线框 5 表示的是水平面，线框 6 表示的是圆柱面。这样就可以将给出组合体的两个视图中所有的线框阅读清楚。

对于视图中出现的相邻线框，一般来说，要么表示两个相交的面，要么表示这是两个具有不同前后、左右或上下位置关系的面。在图 5-25 中，线框 1′ 和线框 2′ 相邻，它们表示具有前后位置关系的正平面；线框 4 和线框 5 也相邻，表示两个相交的平面。

3. 善于抓住特征视图

组合体的特征视图分为形状特征视图和位置特征视图。

能清晰表达物体形状特征的视图称为形状特征视图，如图 5-26 所示，两组视图表达的不同物体，侧视图为形状特征视图。

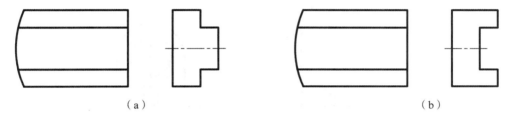

（a）　　　　　　　　　　　　　　　　（b）

图 5-26　组合体形状特征视图示例

能清晰表达组合体各基本形体之间相对位置的视图称为位置特征视图。如图 5-27 所示，两个不同的组合体，从正视图和俯视图中无法读出哪儿是孔，哪儿为凸块，而侧视图则清晰地表达出孔和凸块的位置，是位置特征视图。

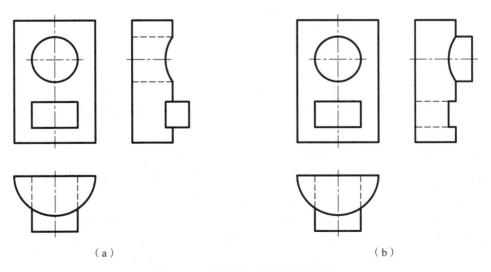

（a）　　　　　　　　　　　　　　　　（b）

图 5-27　组合体位置特征视图示例

因此读图时要善于抓住物体的特征视图，较快想象出物体的形状。

5.4.2　读图的方法

组合体视图阅读的基本方法是形体分析法。对于组合体的视图，如果从整体上进行阅读，往往不容易读懂。可以先从正视图入手，因为通常正视图反映出组合体的形状特征，将正视图分解为若干个线框，每一个线框表达的是一个基本形体的投影。接着利用投影规律，联系其他视图，找到该基本形体在其他视图中对应的投影，从而读懂它的空间形状。依次读懂每一个线框表达空间形体的形状。此外，还需要从视图中找到各基本形体之间的位置关系，进而从整体上理解该组合体的空间形状。

例 5-1　如图 5-28 所示，试读懂组合体的三视图，想象其空间形状。

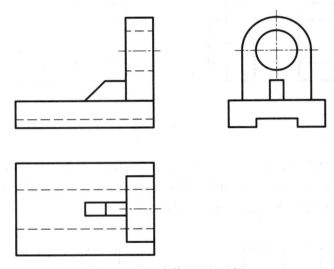

图 5-28　读组合体视图的示例一

解　分析：图 5-28 所示的三视图，正视图由三个粗实线框组成，每个粗实线框表达一个基本形体的正视图，如图 5-29(a)所示，线框 1′、线框 2′和线框 3′分别表示基本形体 1、2 和 3 的正视图。对于基本形体 1，我们根据它的正视图，利用"长对正、高平齐、宽相等"的投影规律，找到它的另外两个视图，分别为线框 1 和线框 1″，如图 5-29(b)所示。利用前面学过的知识，容易知道它表示的是一个底部有挖槽的平板。同样的方法，如图 5-29(c)和(d)所示，可知形体 2 和形体 3 的空间形状。接着从已知视图中找出这三个基本形体之间的位置关系：形体 2 的下底面与形体 1 上底面重合，它们的右端面平齐，前后对称放置；形体 3 的右端面与形体 2 的左端面重合，下底面与形体 1 的上底面重合，前后对称放置。通过这样先局部后整体的读图，就能够搞清楚组合体的总体形状。

除了用形体分析法这个基本方法来阅读视图，还有线面分析法。线面分析法是从图线和线框的角度出发，理解它们的空间含义，进而将一些局部难以读懂的部分搞清楚。

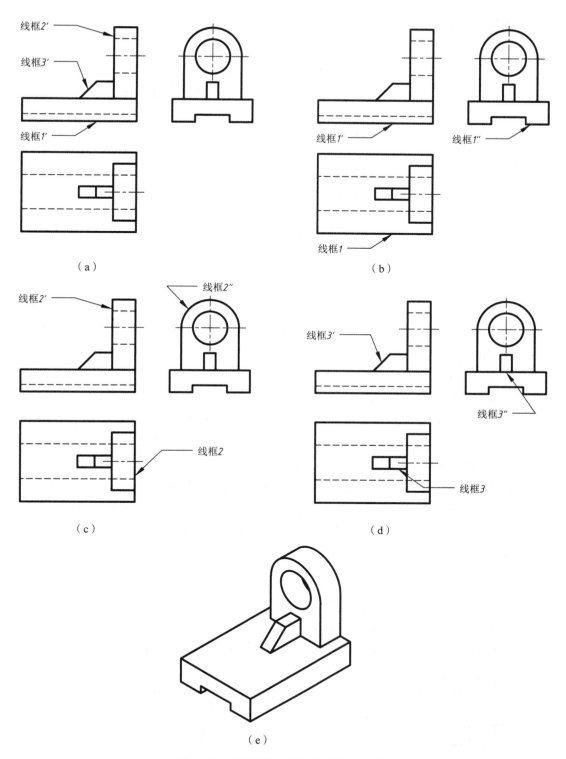

（a）

（b）

（c）

（d）

（e）

图 5-29　应用形体分析法来读图的示例

例 5-2 如图 5-30 所示，读懂组合体的三视图，想象其空间形状。

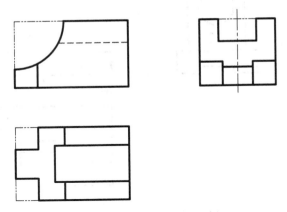

图 5-30 读组合体视图的示例二

解 分析：如图 5-30 所示，该组合体三视图的外轮廓都是带切口的矩形框，可知其为切割式组合体，由长方体被若干个面切割得到。由正视图知其被一个轴线为正垂线的圆柱面切割；由俯视图可以，该组合体被平面切去左前角和左后角；从侧视图知，在长方体的上底面挖了一个凹槽。

在三视图中有较多不规则线框，采用线面分析法将其读懂。正视图中线框 1′ 在其他视图中无类似形，对应为粗直线，可知其为正平面；线框 2′ 也为正平面，这两个相邻线框表示的是具有不同前后位置的正平面。俯视图中线框 3 表示一个圆柱面，线框 4 和 5 均为水平面；侧视图中线框 6″ 和 7″ 是具有不同左右位置关系的侧平面。

经过上述分析，就可以构思出该组合体的空间形状，如图 5-31(h)所示。

常见的组合体一般为既有叠加又有切割方式的综合式组合体，对这类组合体进行读图的时候，可以先采用形体分析法，将构成组合体的若干个基本形体的形状读懂，对于切割方式产生的视图中复杂的图线和线框，再采用线面分析法来分析。

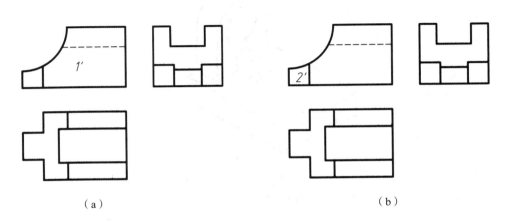

（a）   （b）

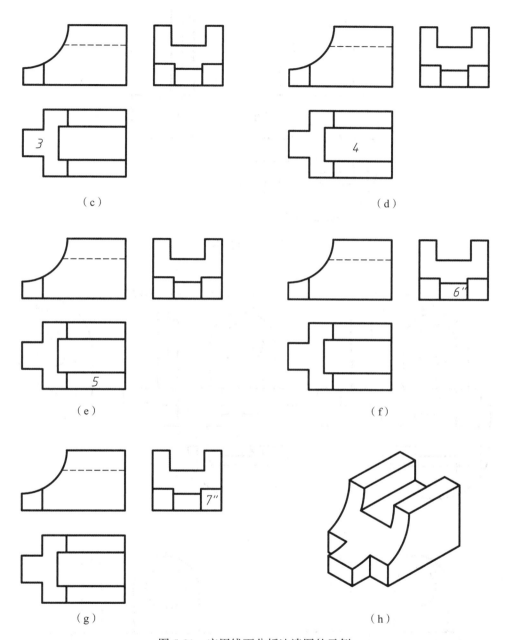

图 5-31　应用线面分析法读图的示例

例 5-3　如图 5-32 所示，读懂组合体的三视图，想象其空间形状。

解　分析：首先采用形体分析法，从组合体的正视图入手，分为两个大的线框(线框 1′和线框 2′)，可认为该组合体由上下两个基本形体叠加而成，如图 5-33(a)所示。

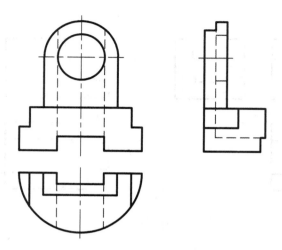

图 5-32　综合式组合体三视图

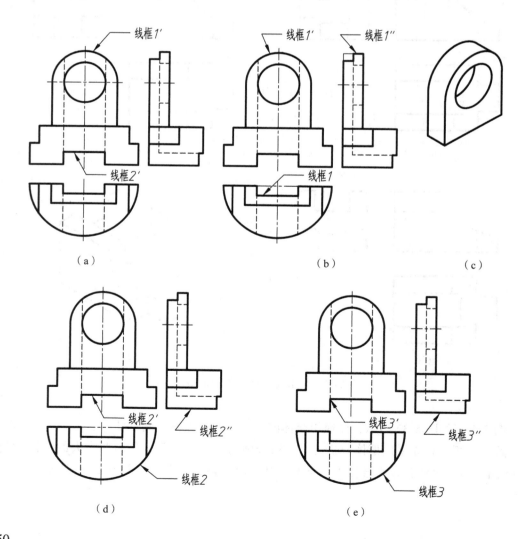

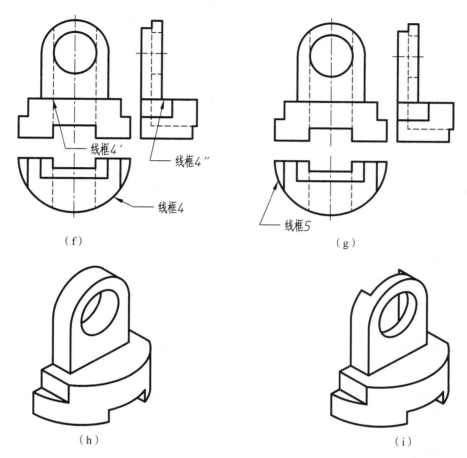

图 5-33 综合式组合体读图示例

根据投影规律找到线框 1′表达形体的其他视图，可知其为一个与正面平行的由半个圆柱体与长方体叠加而成的平板，线框中的圆在其他视图中对应为虚线线框，知其为板上的圆柱通孔，如图 5-33(b)和(c)所示。

同理找到线框 2′表达形体的其他视图，联系三个视图知其为半个圆柱体被切割得到。在该视图中有较多不规则的线框，为了读懂它的空间形状，可采用线面分析法读懂局部细节部分。对于线框 3′表达的面，在俯视图中找不到正面投影的类似形，必定积聚，对应的是半个圆，可知其为圆柱面。对于俯视图中的复杂线框 4，在其他视图中找不到类似性，表明该面为水平面。采用同样的方法，请读者自行分析线框 5 表示的是什么面。综合上述分析，可以想象出该部分是半个圆柱体，在左右侧分别用切掉一个角，在下方挖了一个通槽。

在读懂上下部分的基础上，分析它们之间的相对位置和连接关系，两个基本形体左右对称，后侧面平齐共面，可以想象出该组合体的整体形状，如图 5-33(h)所示。

该组合体除了这两个基本形体上下叠加外，在俯视图中还可看出在组合体的后侧挖了一个凹槽，注意该凹槽切割的左右两个侧平面与下方基本形体挖的通槽的两个侧平面共面，因此该立体的空间形状如图 5-33(i)所示。

在上面的例子中要注意：采用形体分析法，是从体的角度出发分解线框，因此线框 1'和线框 2'表示的是基本形体的投影；而线面分析法是从面的角度出发，线框 3、线框 4 和线框 5 表示的是面的投影。

综上所述，读图的步骤可以归结为以下四步：

(1)看视图，抓特征。

看视图——以正视图为主，联系其他视图，进行初步的投影分析和空间分析。

抓特征——找出反映形体形状特征较多的那个视图，在较短的时间内对形体有个大概的了解。

(2)分解形体对投影。

分解形体——参照特征视图，分解形体。

对投影——利用"投影规律"，找出每个部分的三个投影，想象出它们的形状。

(3)线面分析读难点。

采用线面分析法对较复杂表面进行分析，看懂局部细节。

(4)综合起来想整体。

在看懂每部分形体的基础上，进一步分析它们之间的组合方式(平齐、相切、相交)以及相对位置关系，从而想象出整体的形状。

5.4.3 读图的训练

常见的组合体视图阅读的训练方法有如下三种：

(1)根据给出组合体的两个视图，补画第三个视图，常称为"二补三"；

(2)补画出组合体视图中缺少的图线；

(3)构型设计。

构型设计是根据有限的视图来构思出不同形状、不同结构的组合体，并绘制出视图。这种训练方法可以锻炼空间想象力、形体构思能力和图样绘制的能力。这部分内容我们不展开，下面着重介绍另外两种练习方法。

1. 二补三

要正确补画出组合体的第三个视图，首先需要对于已知的两个视图进行阅读，采用形体分析法、线面分析法对物体进行分析，想象出其空间形状，再根据投影关系绘制出第三个视图。

例 5-4 如图 5-34 所示，已知物体的正视图和俯视图，补画出侧视图。

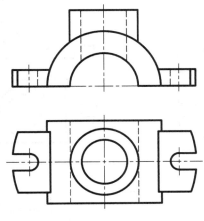

图 5-34　二补三示例一

解　分析：从组合体的正视图入手，采用形体分析法，分解为线框 1′、2′、3′和 4′，分别对应半个圆筒Ⅰ、圆筒Ⅱ、左耳板Ⅲ和右耳板Ⅳ四个部分，如图 5-35(a)所示。利用投影规律，找到俯视图中对应的部分，想象出各部分的形状。半个圆筒Ⅰ和圆筒Ⅱ相交，在内外表面都会产生相贯线；耳板Ⅲ、Ⅳ前后端面及上底面与半个圆筒Ⅰ的外表面相交，Ⅲ、Ⅳ下底面和Ⅰ的下底面平齐共面，补画侧视图要注意这些部分之间面的连接关系。

作图步骤如下：

(1)画出形体Ⅰ的侧视图，如图 5-35(b)所示。

(2)画出形体Ⅰ和Ⅱ相交后的侧视图，如图 5-35(c)所示。

(3)该组合体应该左右对称，所以侧视图中只需要画出左耳板Ⅲ与形体线Ⅰ叠加后产生的图线，如图 5-35(d)所示。

(4)校核无误后，加深图线，完成画图，如图 5-35(e)所示。

例 5-4　如图 5-36 所示，已知物体的正视图和侧视图，补画俯视图。

解　分析：从已知的正视图、侧视图可知，它们的外轮廓均为带切口的矩形框，知其由长方体切割得到。从正视图分析，在长方体的左上角和右上角，分别被正垂面和侧平面切掉一部分；同时在上底面被挖了一个半圆槽。从侧视图分析，长方体的前上方被圆柱面挖掉一部分。采用线面分析法，阅读线框 1″和线框 2′，知道组合体的左右侧对称挖了方槽。阅读线框 3′和线框 4″，可知长方体的前端也挖了一个方槽，如图5-37(a)和(b)所示。根据前面的分析，逐个画出切割产生的交线，并整理轮廓，就可以求出组合体的俯视图。

作图步骤如下：

(1)首先画出未切割前长方体的俯视图，如图 5-37(c)所示。

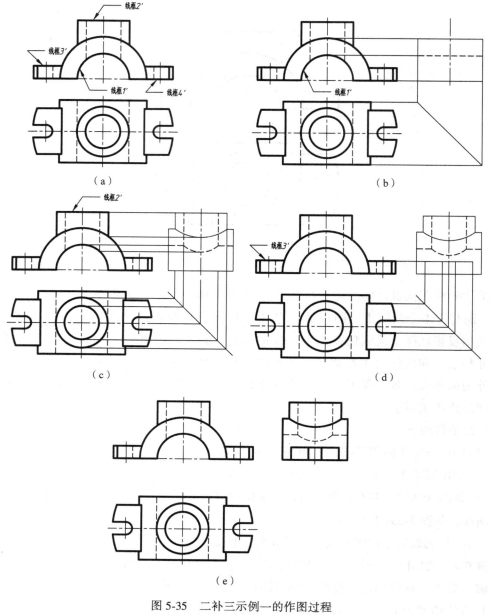

图 5-35　二补三示例一的作图过程

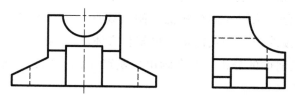

图 5-36　二补三示例二

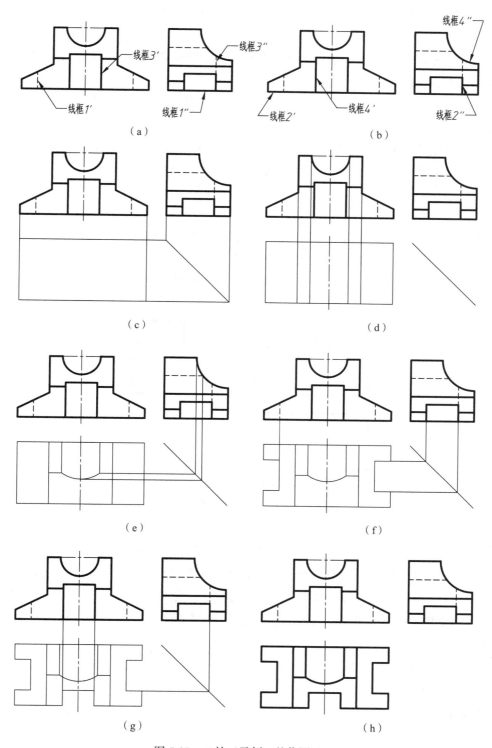

图 5-37 二补三示例二的作图过程

（2）在俯视图中补画出长方体挖掉两个角以及挖出半圆槽产生交线的投影，如图 5-37（d）所示。

（3）在俯视图中补画出在前上方挖掉四分之一个圆柱体产生交线的投影，并整理轮廓，如图 5-37（e）所示。

（4）在俯视图中补画左右两侧对称挖了方槽产生的图线，并整理轮廓，如图 5-37（f）所示。

（5）在俯视图中补画在前端挖方槽产生的图线，并整理轮廓，如图 5-37（g）所示。

（6）校核无误后，加深图线，完成作图，如图 5-37（h）所示。

2. 补缺线

要完整正确地补画出视图中的缺线，需要根据已知视图来想象组合体的形状，逐个分析每一个视图，补画出在其他视图中缺少的图线。

例 5-5　如图 5-38 所示，补画出组合体三视图中所缺的图线。

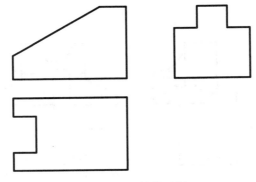

图 5-38　补缺线示例

解　分析：已知的三视图中，外部轮廓都是带缺口的矩形框，可知该组合体由长方体切割得到。先从正视图分析，有一个正垂面对该长方体做了截切。从俯视图可知，有两个正平面和一个侧平面在长方体的左侧挖了一个方槽。从侧视图知，在长方体的上部前后分别被切掉两个角。逐个分析每个视图，将切割产生的交线在其他视图中补画出来，这样就可以画出所有缺少的图线。

作图步骤如下：

（1）根据正视图，将截交线的投影在其他视图中画出，如图 5-39（b）所示。

（2）根据俯视图，将开槽产生的图线在正视图和侧视图中补画出来，如图 5-39（c）所示。

（3）根据侧视图，将切角产生的图线在正视图和俯视图中补画出来，并整理轮廓，如

图 5-39(d)所示。

(4)校核无误后，加深图线，完成作图，如图 5-39(e)所示。

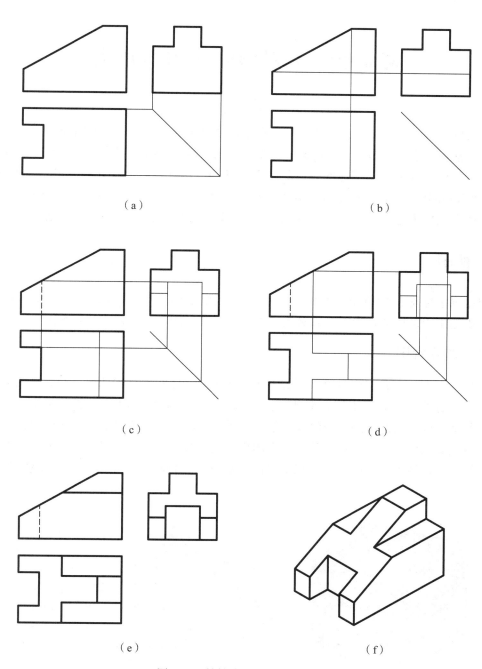

（a）

（b）

（c）

（d）

（e）

（f）

图 5-39　补缺线示例的作图过程

第6章　工程形体的图样画法

在实际工程项目中，工程形体的形状和结构是复杂多样的，仅用前面介绍的三面投影图有时不能将其表达清楚。为了准确、完整、清晰、规范地将工程形体的内外形状结构表达清楚，并便于读图，国家标准《技术制图》（GB/T 17451—1998，GB/T 17452—1998）和《房屋建筑制图统一标准》（GB/T 50001—2017），规定了视图、剖面图、断面图、简化画法等一系列图样表达方法，供工程技术人员在图样表达时根据形体特征合理选用。

6.1　视图

根据国家标准《技术制图》的规定，用正投影法绘制出来的图样，称为视图。视图通常用于表达工程形体的外形，一般分为基本视图、向视图、局部视图和斜视图。

6.1.1　基本视图

为了从上下、左右、前后等不同的方向表达工程形体的形状和结构，按照制图标准的规定，在原有的三投影面体系的基础上，再增加三个投影面，构成一个正六面体，如图6-1(a)所示。该正六面体的六个面称为基本投影面，将工程形体置于正六面体内，分别向六个基本投影面做正投影，得到的六个视图称为基本视图，原来的三视图，即主视图、左视图、俯视图保持不变，另外三个视图根据投影方向分别称为右视图、仰视图和后视图，

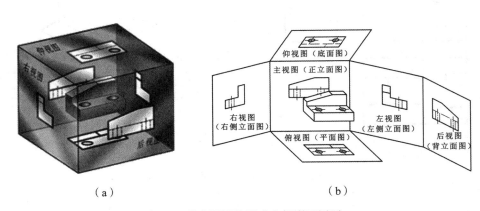

（a）　　　　　　　　　　（b）

图6-1　基本视图的形成和投影面展开

如图 6-1(a)所示。土建工程制图中又分别称为：正立面图、平面图、左侧立面图、右侧立面图、底面图和背立面图，如图 6-1(b)所示。

6 个基本投影面展开方式如图 6-1(b)所示，正立投影面 V 面保持不动，其他各面按图示方向旋转到与 V 面共面。展开后六个基本视图的配置关系如图 6-2 所示，这种相对位置关系也称为按投影关系配置。六个基本视图之间仍然符合"长对正、高平齐、宽相等"的关系。在同一张图纸中按照上述关系配置基本视图，不需要注写视图名称。

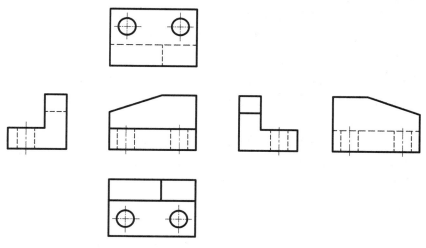

图 6-2　六个基本视图的配置

在实际工作中，有时不能将六个基本视图绘制在同一张图纸中，或者考虑更合理地利用图纸空间，也可以按照图 6-3 所示的顺序进行配置，此时，每个视图一般应标注图名。土建工程制图中图名宜注写在视图的正下方，并在图名下加绘一条粗实线，如图 6-3 所示。

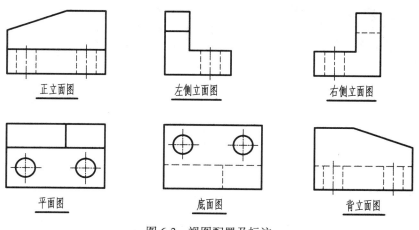

图 6-3　视图配置及标注

6.1.2　局部视图

　　将工程形体的某一部分向基本投影面投射所得的视图称为局部视图。局部视图的应用：当工程形体的主体形状已经由一组基本视图表达清楚，但部分结构尚需表达，而又没有必要或不便于画出完整的基本视图时，可采用局部视图。

　　局部视图的画法、配置和标注要注意以下几点：

　　(1)局部视图的断裂边界通常以波浪线表示，如图 6-4 中的 A 向局部视图。注意：波浪线不应超出实体范围，也不能画在中空的地方。

　　(2)当局部视图所表示的局部结构是完整的，且外轮廓线呈封闭状态时，可省略表示断裂边界的波浪线，如图 6-4 中的 B 向局部视图。

　　(3)局部视图的标注方法同向视图。局部视图可以按基本视图投影关系配置，如图6-4中的 A 向局部视图。也可以根据需要灵活布置的图纸的恰当位置，如图 6-4 中的 B 向局部视图。

　　(4)当局部视图与基本视图按照投影关系配置，中间没有其他图形把它们隔开时，局部视图的标注可以省略，如图 6-4 中的 A 向局部视图的标注是可以省略的；当不满足上述条件时，标注不能省略，如图 6-4 中的 B 向局部视图，它与基本视图不是按照投影关系配置，其标注不能省略。

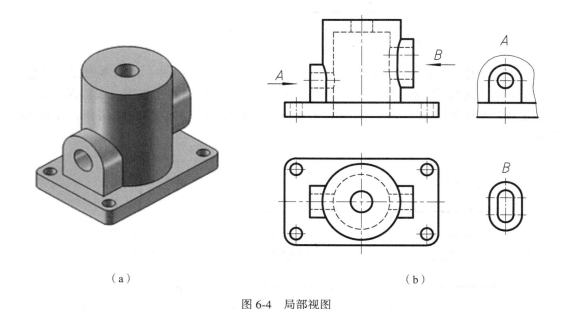

（a）　　　　　　　　　　　　　　　（b）

图 6-4　局部视图

6.1.3　斜视图

　　将工程形体向不平行于基本投影面的平面投射所得的视图，称为斜视图。

如图 6-5(a)所示，为了表达支撑板倾斜部分的实形，选择一个新的辅助投影面，使辅助投影面与工程形体上的倾斜部分平行，且垂直于另一个基本投影面(这里垂直于 V 面)。然后将该倾斜结构向新的辅助投影面做正投影，再将新投影面相对于与之垂直的基本投影面展开、铺平，就得到反映该倾斜结构实形的视图，即为斜视图。

斜视图一般按投影关系配置，标注方式同向视图，如图 6-5(b)所示，斜视图只需反映工程形体上倾斜结构的实形，其余部分省略不画，所以通常也采用局部视图的画法，其断裂边界通常用波浪线表示，如图 6-5(b)中的 A 向视图。如果表示的倾斜结构是完整的，且外轮廓线自行封闭，波浪线可省略不画，处理方法同局部视图中波浪线的画法。

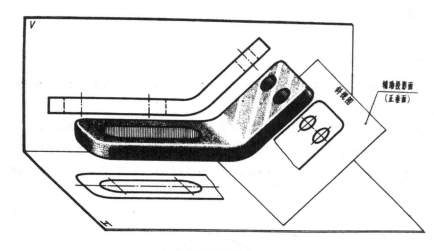

（a）斜视图的形成

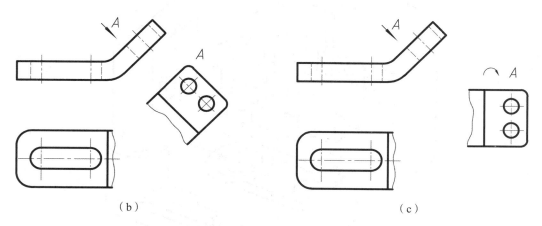

（b）　　　　　　　　　　　　　　（c）

图 6-5　斜视图的形成和配置

必要时，也可以将斜视图配置在其他适当的位置，在不致引起误解的情况下，为便于画图允许将斜视图旋转配置，这时要加注旋转符号(带箭头的半圆弧)，如图 6-5(c)所示，标注在视图上方的字母应注写在旋转符号的箭头端，旋转符号箭头的指向应与图的旋转方向一致。

6.2　剖面图

视图主要用于表达工程形体的外形，当工程形体的内部结构比较复杂时，视图中虚线较多，如果虚线与虚线重叠、虚线与实线重叠交错，会大大影响图形的清晰度，且不利于绘图和读图，也不便于标注尺寸。为解决这些问题，国家标准规定了剖面图的表达方法。

6.2.1　剖面图的形成和画法

1. 剖面图的形成

假想用剖切面剖开形体，将位于观察者和剖切面之间的部分移去，将其余部分向投影面投射所得的图形，称为剖面图，简称剖面。

如图 6-6 所示的形体，内部结构在主视图中不可见，为虚线，如图 6-7(a)所示，该不可见结构正好都分布在前后对称面上，假想用通过前后对称面的剖切平面将形体剖开，移去挡住我们视线的前半部分，将后半部分向 V 面做正投影，绘制出来的视图就是剖面图，即图 6-7(b)所示的 1−1 剖面图。

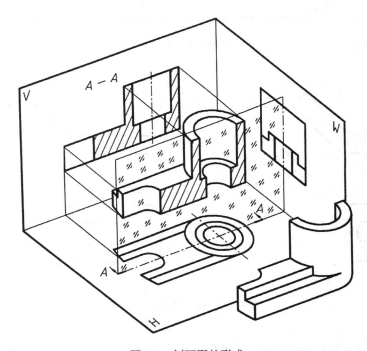

图 6-6　剖面图的形成

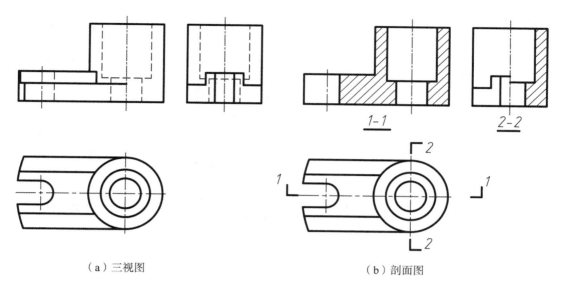

（a）三视图　　　　　　　　　　　　　　（b）剖面图

图 6-7　视图与剖面图对比

由图 6-7 可知，将视图与剖面图相比较，主视图中原有的虚线变成了粗实线，再加上剖面线（图中 45°细实线）的作用，使得形体内部结构表达既清晰，又有层次感，同时更利于绘图、读图和标注尺寸。

2. 剖面图的画法

1）剖切平面位置的确定

根据工程形体的结构特点，剖切面一般为平面，一般应通过工程形体内部结构的对称平面或孔的轴线，且平行于相应的投影面，如图 6-7 所示，剖切面为正平面且通过工程形体的前后对称面。

2）画剖面图时应注意的问题

（1）由于剖切是假想的，因此当工程形体的一个视图画成剖面图后，其他视图仍应完整地画出，不受剖切的影响。

（2）剖切平面剖切到的工程形体断面轮廓和其后面的可见轮廓线，都用粗实线画出，不能有遗漏；剖切平面后面的不可见轮廓线（虚线）一般省略不画，只有对尚未表达清楚的结构，才用虚线画出。

3）剖面符号画法

在剖面图中，剖切面与物体的接触部分，称为剖面（或断面）区域。在断面上要画上剖面符号，如图 6-7（b）所示。通用剖面线用 45°的相互平行的细实线画出。同一物体各剖面区域的剖面线方向和间隔应一致。若需在剖面区域表示材料类别，应采用表 6-1 所示特定的剖面符号表示。

表 6-1　常用建筑材料图例(GB/T 50001—2017)

普通砖	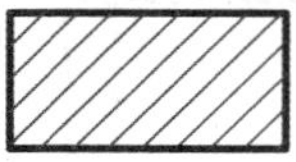	钢筋混凝土	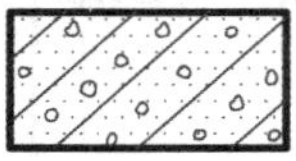	混凝土	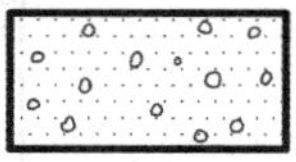
自然土壤		木材	纵剖面		液体	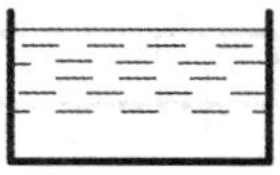
夯实土壤			横剖面	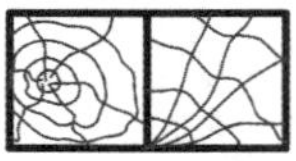	金属	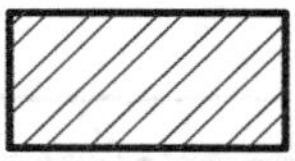
砂、灰土	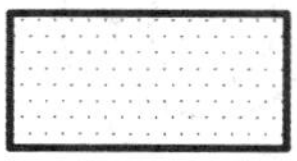	木质胶合板 (不分层数)		防水材料	

3. 剖面图的标注

在剖面图中,应将剖切位置、投影方向、剖面图的名称在相应的视图上进行标注,以明确剖面图与相应视图的投影关系。

(1)注明剖切位置:用剖切符号来确定剖切平面的位置。剖切符号用于指明剖切面的起、讫和转折位置,用短粗线表示。

(2)注明投影方向:在剖切位置线起讫两端用粗短横表示投射方向,如图 6-7(b)所示。

(3)注明剖面图名称:用数字在剖切符号起讫、转折处标注;并用相同数字在剖面图的下方注明剖面图的名称"×—×",如图 6-7(b)中的 1—1。

关于标注的省略:当剖切平面通过工程形体的对称平面或者基本对称平面,且按投影关系配置,中间又没有其他图形隔开时,可以省略标注。

6.2.2　剖面图的种类

1. 全剖面图

用剖切平面完全地剖开物体所得的剖面图称为全剖面图。如图 6-6 所示的工程形体,前后对称,外形比较简单,内部有孔、槽,且孔、槽位于对称面上,于是用一个过前后对称面的正平面作为剖切平面,完全剖开工程形体后,得到图 6-7(b)中所示的 1—1 就是全剖面图,消除了主视图中所有的虚线。

2. 半剖面图

当工程形体具有对称平面时,在垂直于对称平面的投影面上投影所得的图形,可以对称中心线为界,一半画成剖面图,另一半画成视图,这种合成图形称为半剖面图。

半剖面图主要用于内、外结构形状都需要表达的对称工程形体，其优点在于它能在一个图形中同时反映工程形体的外部结构和内部结构，由于工程形体是对称的，所以依据半剖面图可以想象出整个工程形体的全貌。

如图 6-6 所示的工程形体，其结构前后对称，左视图反映前后对称性，所以将左视图以对称中心线为界，后半边为普通视图，主要用于表达外形，前半边用剖面图主要表达内部结构，同时前半边已经表达清楚的内部轮廓（虚线已变为实线），其在后半边中对称的虚线省略不画，如图 6-7(b)所示，就形成了半剖的左视图 2—2。

画半剖面图时应强调以下三点：

(1)半剖面图是由半个外形视图和半个剖面图组合而成，不是假象将物体剖去 1/4，所以视图中间依然是细点画线，不能画成粗实线。

(2)由于物体的对称性，在半个剖面图中已表示出的工程形体的内部结构，其对称部分对应的细虚线不应再画出。

(3)半个剖面图的位置，通常可按以下原则配置：主视图中位于对称线右侧；俯视图和左视图中位于对称线前方。

3. 局部剖面图

用剖切平面局部地剖开工程形体，以波浪线或双折线为分界线，一部分画成视图以表达外形，其余部分画成剖视以表达内部结构，这样所得的图形称为局部剖面图，如图 6-12 所示。

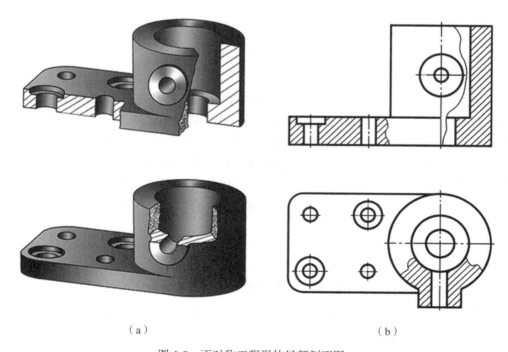

（a）　　　　　　　　　　　　　　　（b）

图 6-8　不对称工程形体局部剖面图

　　局部剖面图是一种较为灵活的表达方法，以下几种情况适合采用局部剖面图。

　　（1）常用于内外结构都需要表达且不对称，或不宜采用全剖面图、半剖面图的地方。如图 6-8 所示的工程形体，没有对称性，主视图和俯视图都不适合做全剖或者半剖面图，为解决视图中虚线的问题，主视图采用两处局部剖，将不可见结构变为可见，俯视图采用一个水平剖切平面局部剖开前端凸台上的通孔，将工程形体内外结构、形状表达得清晰、合理。

　　（2）对称工程形体，但有轮廓线与对称中心线重合时，不宜采用半剖面图，通常用局部剖面图，如图 6-9 所示的三个形体，都是左右对称结构，但是主视图中对称中心线上都有其他轮廓线，不宜用半剖，均采用局部剖，此时应注意剖切范围大小的选择，请仔细分析对比图 6-9(a)~(c)三图中形体结构的差异和剖切范围大小的变化。

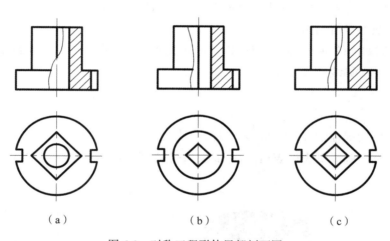

（a）　　　　　　　　（b）　　　　　　　　（c）

图 6-9　对称工程形体局部剖面图

　　由于局部剖面的方法简明、灵活在工程中的使用也较为广泛。如图 6-10 所示的杯形基础，其俯视图画成局部剖面图表示基础内部钢筋的配置情况。

　　如图 6-11 所示是用局部剖面图来表达楼面所用的多层次的材料和构造图。

　　画局部剖面图时，应注意波浪线只能画在工程形体表面的实体部分，不能超出视图的轮廓线，不能画在其他轮廓线的延长线上，不能用轮廓线代替波浪线，也不能画在中空的地方。此时可以想象为剖切平面切到适当位置以后，将挡住视线的部分从形体上掰掉、去除，波浪线即表示断裂边界。

6.2.3　剖切面的种类

　　剖面图能否清晰地表达工程形体的形状结构，剖切面的选择很重要。根据剖切面的数量和相对位置不同，常见的剖切面可分为三种：单一剖切面、几个相交的剖切面、几个平行的剖切面。

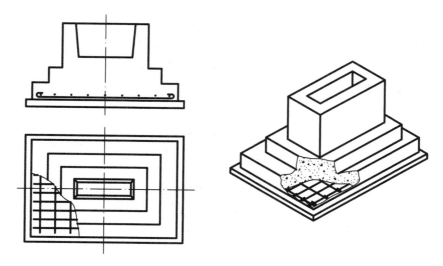

图 6-10 杯形基础的局部剖面图

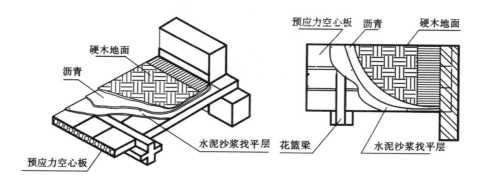

图 6-11 分层局部剖面图

1. 单一剖切平面

采用单一剖切平面时，最常见的是仅用一个平行于基本投影面的剖切平面剖开工程形体，前面所讲的全剖、半剖和局部剖视都是采用单一剖切平面获得的，这里不再赘述。

2. 几个相交的剖切面剖切

如图 6-12 所示，工程形体左边的孔和右边的槽没有分布在同一对称面内，主视图无法用全剖或者半剖完成消除虚线的任务，此时需用两个相交的剖切面将其剖切，如图 6-12 所示，并将剖切面区域及有关结构绕剖切面的交线旋转到与选定的基本投影面平行，再进行投影，得到图 6-12 所示的 1—1 剖面图。这种用两相交且交线垂直于某一基本投影面的剖切面剖开工程形体，获得的剖面图称为旋转剖面图。

画旋转剖面图时应注意在剖切平面起讫、转折处标注剖切符号，注写大写字母，并在剖切符号起讫处绘制粗短横代表投影方向，并在剖面图的下方用相同数字标注视图的名称"×—×"，如图 6-12 中的 1—1 所示。

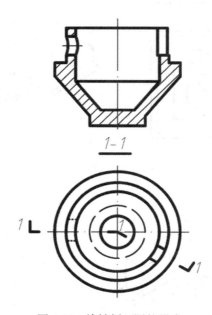

图 6-12　旋转剖面图的形成

3. 几个平行的剖切面剖切

当工程形体的内部结构是分层排列时，可采用几个相互平行的剖切面把工程形体剖开，所得到的剖面图称为阶梯剖面图。

如图 6-13 所示，工程形体上有两种以上不同位置的孔和凹腔，其轴线不在同一平面内，要把这些孔和凹腔的形状都表达出来，需要用两个相互平行的剖切面来剖切，如图 6-13(a)所示，这样绘制出来的剖面图，如图 6-13(b)中 1—1 所示，就是阶梯剖面图。

画阶梯剖面图时应注意以下几点：

(1)阶梯剖面图应在剖切平面起讫、转折处标注剖切符号，注写相同的数字，并在剖切符号起讫处绘制粗短横代表投影方向，并在剖面图的上方用相同字母标注剖面图的名称"×—×"，如图 6-13 中的 1—1。

(2)虽然是多个剖切平面，但是剖切后所得的剖面图应看成一个完整的图形，所以不能在剖切平面的转折处画粗实线，剖切面的转折处也不应与图上的轮廓线重合。

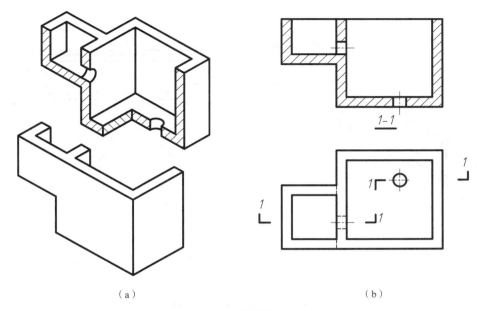

（a）   （b）

图 6-13　阶梯剖面图

6.3　断面图

6.3.1　断面图的概念

假想用剖切平面将工程形体的某处切断，仅画出剖切面与工程形体接触部分的图形，称为断面图，简称断面，如图 6-14 所示。

断面图常用来表达梁、柱的截面形状，以及工程形体上的肋、轮辐等的断面形状。

注意断面图与剖面图的区别：断面图只画出工程形体被剖切的断面形状，而剖面图除了画出工程形体被剖切的断面形状以外，还要画出剖切平面后留下部分的投影，如图 6-14（b）所示。可见用断面图配合主视图来表示横梁的截面形状，显然比用剖面图更为简明。断面图的标注也与剖面图不同，断面图只画剖切位置线及编号，用变好的注写位置来代表投影方向。即编号注写在剖切位置线粗短横的哪一侧，就表示向哪一侧投影。如图 6-14（b）中的 1—1 所示，它的投影方向为向右投影。

6.3.2　断面图的种类

根据断面图在绘制时所配置位置的不同，可分为移出断面图和重合断面。

1. 移出断面图

画在原有视图以外的断面图称为移出断面图。移出断面图的轮廓线用粗实线绘制，剖面区域内一般要画剖面符号。移出断面图应尽量配置在剖切符号或剖切平面迹线的延长线

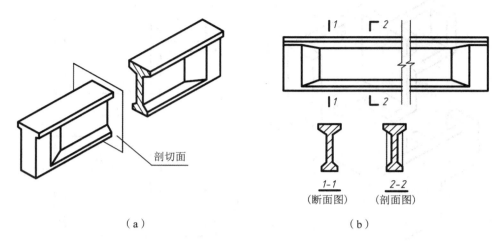

（a）　　　　　　　　　　　　　　　　（b）

图 6-14　断面图的概念

上，如图 6-15 所示。图 6-15（a）中两个断面图为向右投影所得，表达了横梁在两个位置的断面形状。图 6-15（b）中移出断面图为向下投影所得，依次表达了形体在上下两个不同位置的断面形状。

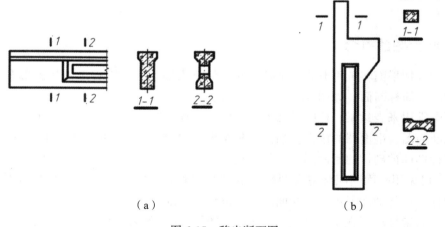

（a）　　　　　　　　　　　　　　　　（b）

图 6-15　移出断面图

　　对于较长的构件，如果截面形状沿长度方向不变，也可以假想将构件从中间断开，把断面图布置在视图中断处，如图 6-16 所示花篮形横梁的断面图画法。

2. 重合断面图

　　在不影响视图表达清晰和读图的情况下，断面图可按投影关系画在原有视图的内部，这种断面图称为重合断面图。如图 6-17 所示。

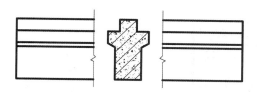

图 6-16 移出断面图布置在视图中断处

重合断面图的轮廓线在土建制图中用中粗线绘制。当视图中的轮廓线和重合断面图的轮廓线重叠时，视图的轮廓线仍应连续画出，不受重合断面图的影响，如图 6-17（a）所示。

重合断面图不需要，当断面图尺寸较小时，可以将断面图直接涂黑，如图 6-17（b）所示。

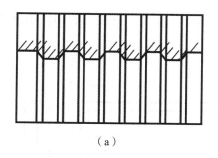

（a）

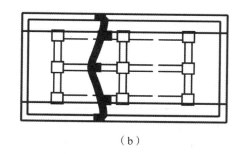

（b）

图 6-17 重合断面图

6.4 图样中的规定画法和简化画法

简化画法是在视图、剖面图、断面等图样画法的基础上，对工程形体上某些特殊结构上的某些特殊情况，通过简化图形（包括省略和简化投影等）和省略视图等办法来表示，达到在便于看图的前提下简化作图的目的。

6.4.1 对称结构的简化画法

在不致引起误解时，对于对称工程形体的视图可只画一半或四分之一，并在对称中心线的两端画出两条与其垂直的平行细实线，即对称符号，如图 6-18 所示。

6.4.2 相同结构要素的简化画法

当工程形体具有若干相同结构要素（如孔、齿、槽等），并按一定规律分布时，只需

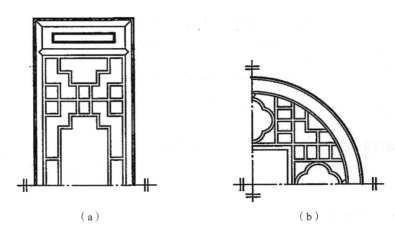

（a）　　　　　　　　　　　　　　（b）

图 6-18　对称的简化画法

画出几个完整的结构，其余用细实线连接或画出它们的中心位置，在图中必须注明该结构的总数，如图 6-19 所示。

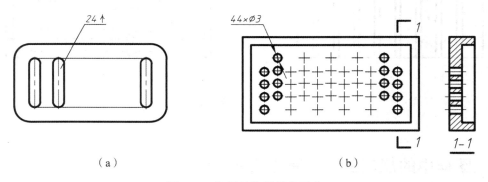

（a）　　　　　　　　　　　　　　（b）

图 6-19　相同结构的简化画法

6.4.3　折断省略画法

当只需要表达形体某一部分时，可以只画出该部分的图形，其余部分折去不画，在折断处画上折断线，如图 6-20 所示。

较长的工程形体(轴、杆、型材、连杆等)沿长度方向的形状不变或按一定规律变化时，可断开后缩短绘制，断开后的结构应按实际长度标注尺寸，断裂边界可用波浪线或双折线表示，如图 6-21 所示。

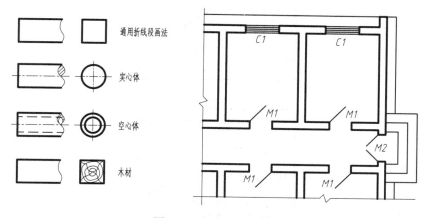

图 6-20　折断省略画法

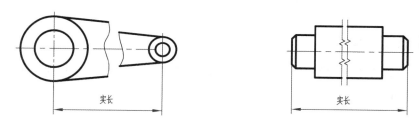

图 6-21　较长工程形体断开画法

6.4.4　不剖的规定画法

构件上的支撑板、肋板、横隔板、桩、墩、轴、杆、柱、梁等，剖切平面通过其轴线或对称中心线，或与薄板板面平行时，这些构件按不剖切处理，如图 6-22 所示的桩、支撑板和图 6-23 所示的闸墩。

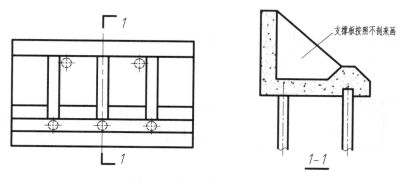

图 6-22　桩、板按不剖处理

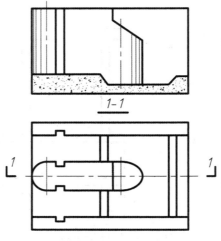

图 6-23　闸墩按不剖处理

6.4.5　其他简化画法

（1）物体上斜度不大的结构，如在一个视图中已表达清楚时，在其他视图上可按小端画出，如图 6-24 所示。

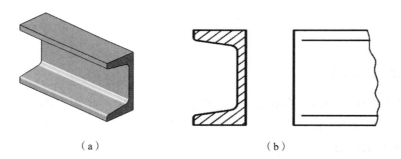

（a）　　　　　　　　　　　　　　　　（b）

图 6-24　较小倾斜结构的简化

（2）当回转体表面上构造出平面，该平面的实形在视图中不能充分表达时，可用两条相交的细实线表示这些平面，视为平面符号，如图 6-25 所示。

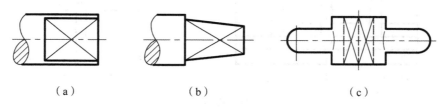

（a）　　　　　　　　　　（b）　　　　　　　　　　（c）

图 6-25　回转体上平面的表示法

第7章 标 高 投 影

7.1 标高投影的基本概念

在工程建筑物的设计和施工中，通常需要绘制地形图，且需要在图中表示工程建筑物的布置情况和图解有关工程问题。地形面作为一种不规则曲面，具有凹凸不平，形状弯曲多变，且水平方向尺寸要远大于高度方向尺寸的特点，如果用常规的多面正投影法来表达地形面，一方面绘制困难，另一方面也表达不清楚。工程上常用的方法是采用物体的水平投影加注标高数值的方法来表示地形面，这种表达方法称为标高投影法，所得到的单面正投影图称为标高投影图。由此，标高投影通常用于表达地面和一些复杂曲面。

用一个水平面作为基准面，几何元素（点、线、面）到基准面的垂直距离称为该元素的高程，高程在基准面之上为正，在基准面之下为负。按基准面的选取不同分为绝对高程和相对高程，绝对高程通常以黄海的平均海平面作为基准面，相对高程一般以建筑物首层地面作为基准面。高程通常以米为单位，一般不须注明。

如图 7-1(a)所示为一个四棱锥台的标高投影图，用四棱锥台的水平投影加注顶面和底面的高程数值及绘图比例尺，并在棱面上标注示坡线，表示坡面倾斜方向，即可完全确定其形状与大小。如图 7-1(b)所示为某地形面的标高投影图，是用地形等高线加注相应高程数值及绘图比例尺的方式来表达地面。

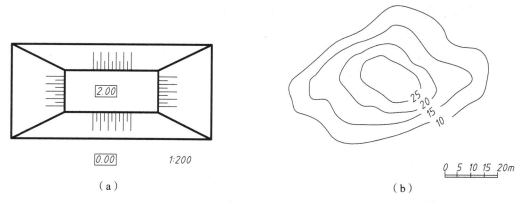

（a）　　　　　　　　　　　　　　　（b）

图 7-1　形体的标高投影图

标高投影是一种单面正投影，但有时为了更清楚地表达形体或者图解某些问题，并不排斥利用垂直面上的投影来进行辅助作图。标高投影在水利工程、土木工程中应用相当广泛，如在一个建筑物的平面图上进行规划设计、道路设计、确定坡脚线、开挖边界线等。

7.2 点、直线、平面的标高投影

7.2.1 点的标高投影

点的标高投影即点的水平投影加注点的高程。如图 7-2(a)所示，空间点 A 在基准面之上 6m，A 点的标高投影注为 b_6，B 点在基准面之下 5m，B 点的标高投影注为 b_{-5}，同时在标高投影图中需注明绘图比例或图示比例尺，如图 7-2(b)所示。

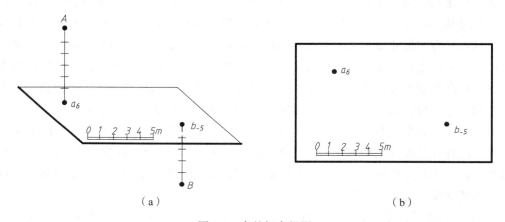

(a)   (b)

图 7-2 点的标高投影

7.2.2 直线的标高投影

直线的水平投影加注直线上任意两点的高程，就是直线的标高投影。

直线上任意两点的高差与其水平距离之比，称为该直线的坡度，用 i 来表示。如图 7-3(a)所示，直线上 A、B 两点的高差为 H，A、B 两点的水平距离为 L，直线 AB 对 H 面的倾角为 α，则直线 AB 的坡度为

$$i = \frac{H}{L} = \frac{1}{\dfrac{L}{H}} = \tan\alpha \tag{7-1}$$

如图 7-3(b)所示，图中 A、B 两点的高差 $H=(6-3)\text{m}=3\text{m}$，直线 AB 的水平投影长 $L=6\text{m}$（根据比例尺在图中量取），则坡度 $i=H/L=6/12=1/2$，常写成 $i=1:2$ 的形式。

直线的标高投影也可以用直线上一个点的标高和直线的方向来确定。如图 7-3(c)所示，已知直线上 A 点的标高，知道直线的方向，图中箭头指向下坡且直线的坡度为 1:2，

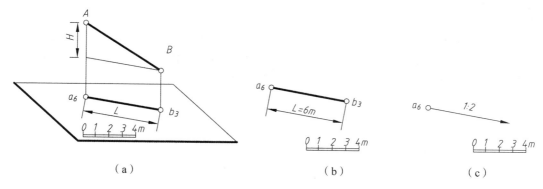

图 7-3　直线的坡度与平距

即可确定空间直线 AB 的位置。

　　直线的平距是指直线上两点的高差为 1m 时对应的水平距离，通常用 l 表示。直线的平距和坡度互为倒数，坡度越大，平距越小；反之，坡度越小，平距越大。如图 7-3(c) 所示，直线 AB 的平距为 2。即

$$l = \frac{L}{H} = \frac{1}{i} \tag{7-2}$$

　　直线上任意两点的高差与其水平投影长度之比是不变的，当直线的标高投影已知，即可求出直线上任意点的高程；或已知直线上任意点的高程，即可确定其在直线标高投影上的位置。

　　例 7-1　如图 7-4(a)所示，已知直线 AB 的标高投影 $a_{9.3}b_{3.3}$，求直线上点 C 的标高及直线上各整数标高点。

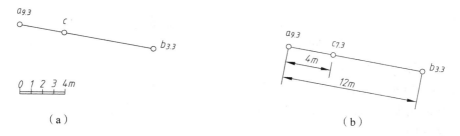

图 7-4　求 C 点的标高

解：

　　(1)求 C 点标高。如图 7-4(b)所示，根据图中所给绘图比例尺在图中量取 AB 的水平投影长，可知 A、B 两点的水平距离 $L_{AB} = 12\text{m}$，A、C 两点的水平距离 $L_{AC} = 4\text{m}$，A、B 两点的高差 $H_{AB} = (9.3-3.3) = 6\text{m}$。根据式(7-1)可得，直线 AB 的坡度 $i = H_{AB}/L_{AB} = 6/12 = 1/2$，则直线 AB 的平距 $l = 2\text{m}$，A、C 两点的高差 $H_{AC} = L_{AC}/l = 4/2 = 2$ m。如图 7-4(a)所

示，A 点到 C 点是下坡方向，已知 A 点的标高 $H_A = 9.3\text{m}$，由此可求得 C 点的标高 $H_C = H_A - H_{AC} = 9.3 - 2 = 7.3\text{m}$。

（2）求直线 AB 上整数标高点。确定直线 AB 上的整数标高点，可以用两种方法，方法一是计算法，根据直线上任意两点的高差与其水平距离之比相等的原理，计算直线 AB 上整数标高点之间的水平距离，然后在直线上标识出来。

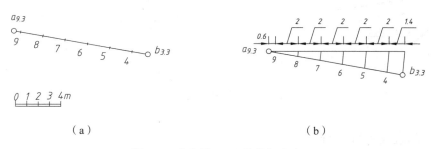

（a）　　　　　　　　　　　　　　　　　　（b）

图 7-5　求直线 AB 上整数标高点

如图 7-5(a)所示，根据直线 AB 的平距值 l，可得出直线上整数标高点 9、8、7、6、5、4 各点之间的水平距离均为 2m，其中 AB 上高程为 9m 的点与 A 点的水平距离为 $(9.3 - 9) \times 2 = 0.6\text{m}$，$AB$ 上高程 4m 的点与 B 点的水平距离为 $(4 - 3.3) \times 2 = 1.4\text{m}$。根据各标高点间的水平距离，沿直线 AB 方向依次量取，即可确定直线上各整数标高点。

方法二是利用图解法来确定直线上的整数标高点，作法如图 7-5(b)所示。

7.2.3　平面的标高投影

1. 平面上的等高线和坡度线

如图 7-6(a)所示，平面上的等高线是平面上高程相等点的集合，即水平面与该平面的交线，是平面内的水平线。同一平面内不同高程的等高线是一组平行线，当相邻等高线间的高差相等时，其水平距离也相等。

如图 7-6(b)所示，平面上的坡度线就是平面上对 H 面的最大斜度线，坡度线的坡度代表该平面的坡度，坡度线的箭头指向下坡的方向。平面内的坡度线与等高线互相垂直，它们的标高投影也垂直。

2. 平面的标高投影表示法

平面可以用几何元素来表示，平面的标高投影可以用平面内点和直线的标高投影来表示。平面的标高投影表示法有多种，各表示法之间可以通过作图相互转化。

1）平面内的一条等高线和坡度线

平面内的等高线和坡度线是平面内的两条相交直线，平面内的两条相交直线可以确定平面的位置。当平面确定时，即可求出平面内其他高程的等高线。

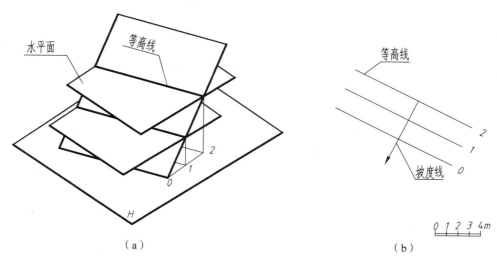

图 7-6 平面上的等高线和坡度线

如图 7-7(a)所示，已知平面上高程为 10 的等高线和平面的坡度线，平面的坡度为 1:1。如图 7-7(b)所示，根据平面的坡度和绘图比例尺，将平面内标高为 10 的等高线沿箭头方向(下坡方向)作平行线，平行线之间的水平距离为 1m，即可作出平面内高程为 9m、8m、7m、6m 的等高线。

如图 7-7(c)所示，在标高投影图中，倾斜坡面可以用长短相间的细实线图例来表示，画在坡面高的一侧，这种细实线图例即示坡线。它与等高线垂直，用来表示坡面倾斜方向。

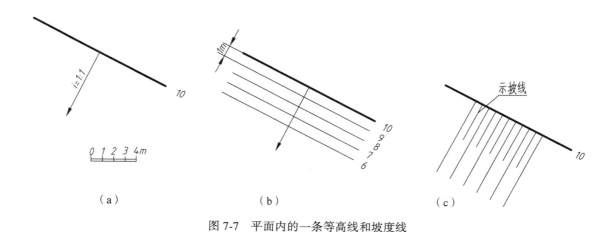

图 7-7 平面内的一条等高线和坡度线

2)平面内的两条等高线

平面内的两条等高线即平面内的两条平行直线，可以确定该平面的位置。

如图 7-8(a)所示，已知平面内高程为 9m 和 6m 的两条等高线，作该两条等高线的垂线，即平面的坡度线。根据平面内相邻等高线高差相等时水平距离也相等的原理，将平面的坡度线三等分，过等分点依次作已知等高线的平行线，即得平面内高程为 8 和 7 的等高线，作法如图 7-8(b)所示。平面内其他高程等高线的作法依此类推。

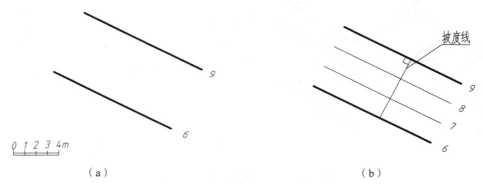

（a）　　　　　　　　　　　　　　　（b）

图 7-8　平面内的两条等高线

3)已知平面内的一条倾斜直线、平面的坡度和坡度的大致方向

如图 7-9(a)所示，已知平面内的一条倾斜直线 AB 的标高投影 a_4b_0，平面的坡度为 1∶1 及平面下坡的方向(图中带箭头的虚线，箭头指向下坡)。由图示所知，该平面坡度线的准确方向未定，需作出平面内等高线后再确定。直线 AB 上 A 点的高程为 4m，B 点的高程为 0m，所以由该直线所确定的平面内高程为 4m 的等高线必过 A 点，高程为 0m 的等高线必过 B 点。这两条等高线之间的高差为 4m，平面的坡度为 1∶1，可算出这两条等高线之间的水平距离为 4m。

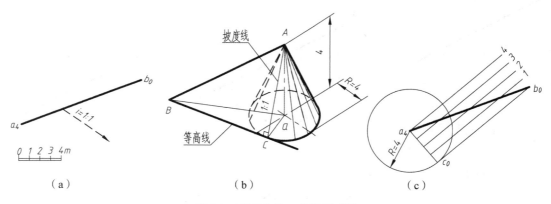

（a）　　　　　　　　　　　　（b）　　　　　　　　　　　　（c）

图 7-9　平面内的一条倾斜直线

如图 7-9(b)所示，以 A 点为锥顶，以 4m 为半径，作辅助正圆锥，该圆锥上所有素线的坡度都为 1：1。包含直线 AB 作一平面与圆锥相切，该平面即为所求平面。其中，切线 AC 为平面的坡度线，坡度为 1：1，直线 BC 为平面上高程为 0m 的等高线。

如图 7-9(c)所示，在所给的标高投影图中，以点 a_4 为圆心，以 4m 为半径画圆。根据箭头所示的下坡方向，过 b_0 点作圆的切线，切点为 c_0，b_0c_0 即为平面内高程为 0m 的等高线，a_4c_0 为平面的坡度线。将直线 $a_4c_0$4 等分，过等分点作 b_0c_0 的平行线，即可得出平面内高程为 1m、2m、3m、4m 的等高线。

3. 两平面的交线

在标高投影中，求相交两平面的交线，一般采用"三面共点"的原理，作辅助平面(通常采用水平面)与已知两平面相交，求它们的交线，交线即相交两平面内同高程的等高线，取相交两平面内两对同高程等高线相交，其交点的连线即两平面的交线。

如图 7-10(a)所示，作高程为 9m 的水平面 H_9 与两平面 P 和 Q 相交，交线为两平面上高程为 9m 的等高线，等高线的交点 A_9 即为两平面的共有点。同理，再取一水平面 H_6，可得共有点 B_6，连接 A_9B_6 即得两平面 P 和 Q 的交线，作图方法如 7-10(b)所示。

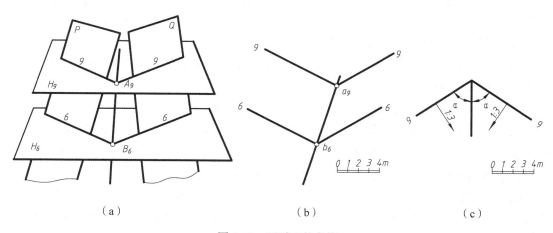

|（a）|（b）|（c）|

图 7-10 两平面的交线

如图 7-10(c)所示，当相交两平面的坡度相等时，其坡面交线为两平面内同高程等高线的角平分线，此为两平面相交的特殊情况。

在实际工程中，把建筑物上相邻两坡面的交线称为坡面线，建筑物的填筑坡面与地面的交线称为坡脚线，开挖坡面与地面的交线称为开挖线。

例 7-2 如图 7-11(a)所示，在地面上修筑一个高程为 4m 的矩形平台，地面的高程为 0m，平台各坡面的坡度如图所示，求平台的坡脚线和坡面线。

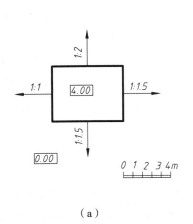

（a）

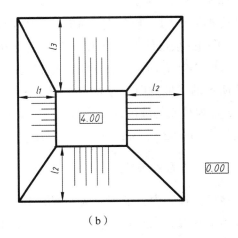

（b）

图 7-11　平台的坡脚线与坡面线

解

（1）作坡脚线。地面的高程为 0 m，平台坡脚线就是平台各坡面内高程为 0 m 的等高线。平台坡脚线与相应的平台边线平行，它们的水平距离为 $L = l \times H$，其中 $H = 4$m。根据平台各坡面的坡度值，算出坡脚线与平台边线对应的水平距离分别为：$l_1 = 4$m、$l_2 = 6$m、$l_3 = 8$m，据此可作出平台四周的坡脚线。

（2）作坡面线。将相邻平台坡面上高程为 4m 的等高线交点与高程为 0 m 的等高线交点连接，即得平台四周坡面的坡面线。

（3）作出各坡面的示坡线，作图过程如图 7-11（b）所示。

例 7-3　如图 7-12（a）（b）所示，在高程为 0m 的地面上修建一个高程为 4m 的平台，并修建一条由地面通到平台顶面的引道。平台各坡面坡度均为 1：1.5，引道的坡度为 1：4，引道两侧边坡坡度为 1：1.2，求平台的坡脚线和坡面线。

解　（1）作平台坡脚线。如图 7-12（a）所示，地面高程为 0 m，坡脚线就是各坡面内高程为 0 的等高线，平台两侧边坡坡度为 1：1.5，其边坡坡脚线与对应的平台边线平行，其水平距离 $L_1 = 1.5 \times 4 = 6$m。

如图 7-12（c）所示，引道的坡脚线 cd 与平台边线 ab 平行，水平距离 $L_2 = 4 \times 4 = 16$m。引道两侧坡面的坡度为 1：1.2，分别以 a、b 两点为圆心，以 $R = 1.2 \times 4 = 4.8$m 为半径画圆弧，再过 c、d 两点分别作对应圆弧的切线，即得引道两侧边坡的坡脚线。

（2）作平台坡面线。如图 7-12（c）所示，e 点和 f 点是平台坡面与引道两侧坡面内高程为 0m 的等高线的交点，a 点和 b 点是两坡面内高程为 4m 的等高线的交点，连接 a、e 两点和 b、f 两点，直线 ae、bf 即为平台坡面与引道两侧坡面的坡面线。

（3）作平台各坡面的示坡线。

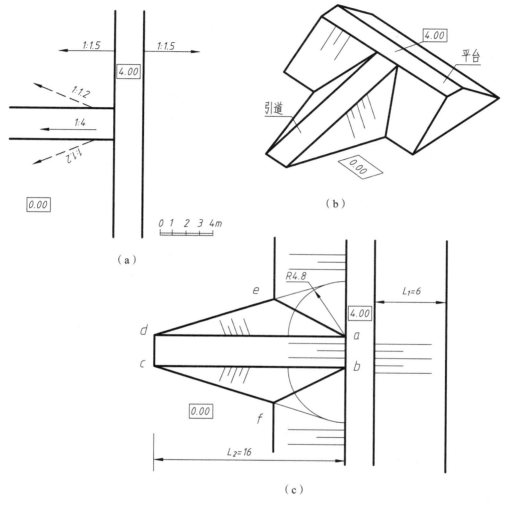

图 7-12 平台的标高投影

7.3 曲面的标高投影

在标高投影中,用一系列水平面截切曲面,曲面与水平面的交线即为曲面等高线,曲面上若干条等高线的标高投影,即表示曲面的标高投影。在土建工程中,常见的曲面有圆锥面、同坡曲面和地形面等。

7.3.1 圆锥面的标高投影

在标高投影中,用一组高差相等的水平面来截切圆锥面,交线均为圆,这些圆即为圆锥面的等高线。将锥面上的一组等高线标注相应的高程数值向水平面投影,即为圆锥面的

183

标高投影。

正圆锥面的标高投影为一组同心圆。如图 7-13(a)所示，当圆锥的锥顶朝上时，等高线的高程越大，则圆的直径越小；反之，当锥顶朝下时为倒圆锥面，在其标高投影中，等高线的高程越大，则圆的直径也越大，如图 7-13(b)所示。

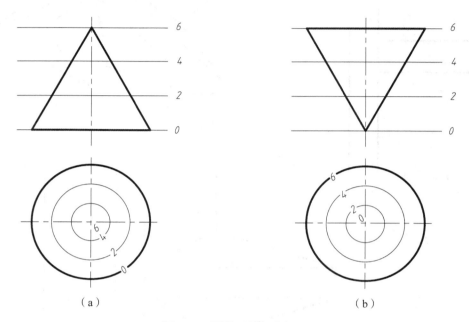

图 7-13　圆锥面的标高投影

圆锥面的素线即锥面的坡度线，其坡度表示圆锥面的坡度，同一圆锥面上所有素线的坡度都相等。因为锥面的素线都通过锥顶，所以圆锥面的示坡线在作图时要指向锥顶(即圆心)。

例 7-4　如图 7-14(a)所示，在斜坡上修建一个高程为 8m 的平台，斜坡平面用一组等高线表示，平台的填筑坡面和开挖坡面的坡度均为 1∶1，求平台坡面的坡脚线、开挖线和坡面间的交线。

解

(1)确定平台填挖分界点。如图 7-14(a)所示，地面是一个斜坡平面，由一组地形等高线表示，相邻等高线的高差为 1m。在施工时，由于平台的高程为 8m，故地面上高于平台的部分要挖去(挖方)，地面上低于平台的部分要填土(填方)，所以填挖分界点就是高程为 8m 的地形等高线与平台边线的交点，即 a、b 两点。以这两点为界，平台左侧高于地面，其边坡为填筑坡面，平台右侧低于地面，其边坡为开挖坡面。

(2)作平台开挖线。平台的开挖坡面由平面和圆锥面组成，圆锥面的等高线为圆弧，平面等高线为直线。圆锥面的坡度为 1∶1，以 o 点为圆心，以 1m 为半径增量，作高程为 9m、10m、11m、12m、13m 的一组同心圆，与同高程地形等高线相交求交点，将 a、b 与

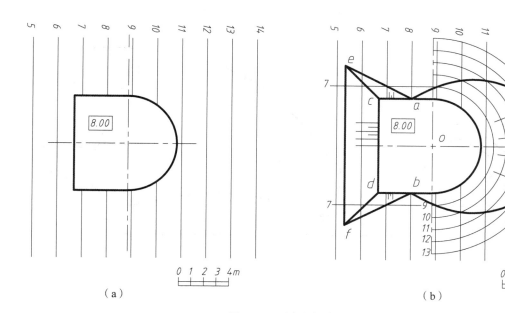

图 7-14 平台的标高投影

对应的交点光滑连接即可得到平台的开挖线，如图 7-14（b）所示。

（3）作平台坡面线。平台的开挖坡面中，平面部分边坡与相邻圆锥面是相切连接，所以没有坡面线。平台的填方坡面中，相邻平面边坡的坡度相等，其同高程等高线的夹角为 90°，所以其坡面线即为过 c 点和 d 点的 45°直线 ce 和 df。

（4）作平台坡脚线。平台的填方坡面均为平面，坡度为 1∶1。如图 7-14（b）所示，作平台 ac 和 bd 侧坡面上高程为 7m 的等高线，与同高程地形等高线相交，将交点与 a、b 点对应相连，即得两坡面的坡脚线。平台 cd 侧坡面的等高线与地形等高线平行，不能按求交的方式确定坡脚线，可以根据"三面共点"原理，先求平台 ac 和 bd 侧坡面坡脚线与坡面线的交点 e、f，连接两点，ef 即为平台 cd 侧坡面的坡脚线。

（5）作各坡面的示坡线，注意锥面示坡线要指向锥顶。

7.3.2 同坡曲面的标高投影

如图 7-15（a）所示，一段路面倾斜的弯曲道路，其两侧边坡为曲面，曲面上任何地方坡度均相同，这种曲面在工程上称为同坡曲面。

同坡曲面的形成，如图 7-15（b）所示，以一条空间曲线作导线，一圆锥的锥顶沿着曲导线作连续运动，在运动中，锥轴始终与水平面垂直，所有运动圆锥的包络面（公切面），即为同坡曲面。

运动的圆锥在任何位置都与同坡曲面相切，切线为圆锥面的素线，即同坡曲面的坡度线。同坡曲面是直纹面，曲面上任何地方的坡度均相等，等于圆锥面的坡度。如图 7-15

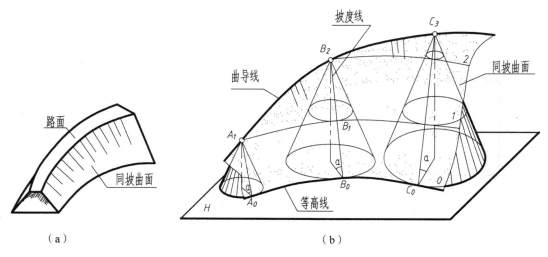

图 7-15 同坡曲面的形成

（b）所示，在曲导线取三个点 A_1、B_2、C_3，其标高分别为 1 m、2 m、3m，$A_1 A_0$、$B_2 B_0$、$C_3 C_0$ 是同坡曲面上的坡度线，它们与 H 面的倾角都等于 α。

运动圆锥的等高线为一系列圆，其圆心的轨迹为空间曲导线在对应高程水平面上的投影。运动圆锥面上各同高程圆的外包络曲线即同坡曲面的等高线，同坡曲面上的等高线互相平行，当相邻等高线的高差相等时，它们之间的水平距离也相等。如图 7-15（b）所示，在图中标识了同坡曲面上高程为 0 m、1 m、2m 的三条等高线。

例 7-5 如图 7-16（a）所示，过空间曲导线 *ABCDE* 作坡度为 1∶1.5 的同坡曲面，已知坡面倾斜的大致方向，作同坡曲面的等高线和坡度线。

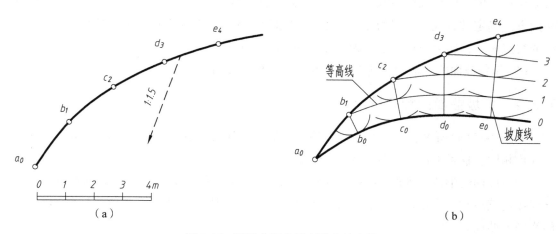

图 7-16 同坡曲面的等高线和坡度线

解

已知同坡曲面的坡度为 $1:1.5$，根据坡度公式，当曲面上等高线间的高差为 1m 时，等高线的水平距离为 1.5m。如图 7-16(b)所示，分别以曲导线上的 b_1、c_2、d_3、e_4 四个点为圆心，对应以 1.5m、3m、4.5m、6m 为半径画同心圆，作同高程圆的外包络曲线(公切线)，即为对应高程同坡曲面的等高线。

将曲导线上的标高点 b_1、c_2、d_3、e_4 和对应圆弧的切点 b_0、c_0、d_0、e_0 点相连，直线 b_1b_0、c_2c_0、d_3d_0、e_4e_0 即为该同坡曲面的坡度线。

例 7-6 如图 7-17(a)所示，在高程为 4m 的地面上，修建一条弯曲引道与高程为 0m 的干道相连，挖方坡面的坡度为 $1:1$，求引道与干道的开挖线与坡面线。

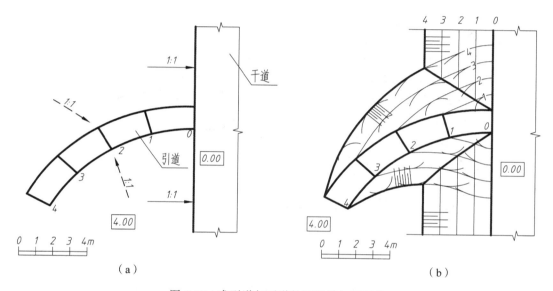

图 7-17 求引道与干道的开挖线与坡面线

解

(1)作引道两侧坡面的等高线。由图可知，引道两侧坡面是同坡曲面，其高程低于地面高程，为挖方坡面，坡面坡度是 $1:1$。如图 7-17(b)所示，以引道边线上的 3 m、2 m、1 m、0 m 的标高点为圆心，分别以 1m、2m、3m、4m 为半径画圆弧，作各同高程圆弧的外包络曲线即为引道两侧坡面等高线。

(2)作坡面线。干道边坡的坡度是 $1:1$，等高线是直线。如图 7-17(b)所示，作干道边坡上高程为 4m、3m、2m、1m 的等高线，与引道两侧边坡同高程等高线求交点，光滑连接各交点，即为引道与干道边坡的坡面线，坡面线是曲线。

(3)作开挖线。地面的标高为 4m，因此引道和干道两侧边坡上高程为 4 m 的等高线即为开挖线。

(4)作出各坡面的示坡线。

187

7.3.3　地形面的标高投影

工程中常把高低不平、弯曲多变、形状复杂的地面称为地形面，地形面是不规则曲面。如图 7-18(a) 所示，假想用一系列高差相等的水平面截切地形面，得到一组形状不规则的曲线，曲线上每个点的高程都相等，称为地形等高线。如图 7-18(b) 所示，将地形等高线投影到水平面上，并加注相应的高程和绘图比例尺，就得到地形面的标高投影，通常称为地形图。

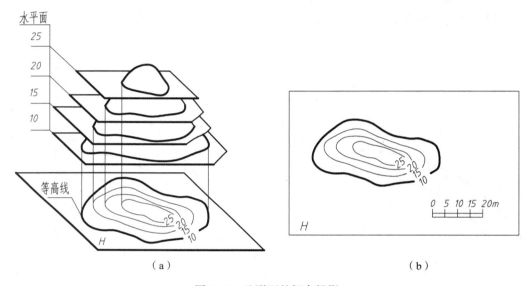

图 7-18　地形面的标高投影

地形等高线一般是封闭的不规则的曲线，等高线一般不相交、不重合(除悬崖、峭壁外)。同一地形图内，等高线的疏密可以反映地势的陡缓；当等高线越密，表示地势越陡；当等高线越稀疏，表示地势越平缓。在作图时，等高线的高程数字的字头一般朝向地势高的方向标注。

在工程中，可以根据地形图中的等高线来识读地面的形状、地势的起伏变化以及坡向等情况。如图 7-19 所示，等高线在图纸范围内闭合的情况下，例如：等高线高程越大，其范围越小，就表示山丘；反之，如果等高线高程越大，其范围也越大，则为洼地。顺着等高线凸出的方向看，高程数值越来越小时为山脊；反之，为山谷；同一张地形图中，等高线密集的地方表示陡坡，等高线稀疏的地方表示缓坡。沿相邻两山丘连线的位置用铅垂面剖切地面，就会得中间低、两边高类似马鞍的地形断面形状，这种地形称为鞍部。在地形图中，为了便于看图，一般每隔四条等高线加粗一条等高线，这种加粗的地形等高线称为计曲线。在地形图中一般需给定绘图比例尺，或注明绘图比例。

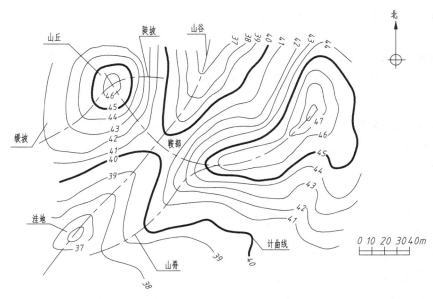

图 7-19 根据地形等高线识读地形

7.3.4 地形断面图

在工程中，有时需了解地形面在某一指定位置的地形起伏情况，或图解某些实际问题。因此，在地形平面图中用铅垂平面来剖切地形面，剖切平面与地形面相交形成地形断面轮廓，并在断面轮廓上填充地面所对应的土壤图例，称为地形断面图。

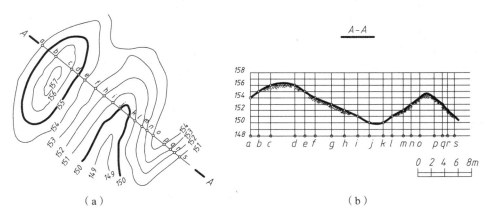

（a）   （b）

图 7-20 地形断面图作法

地形断面图作法如下：

（1）如图 7-20（a）所示，在地形图中，过剖切位置线 *A—A* 作辅助铅垂面截切地面，求

189

铅垂面与地形等高线的交点 a，b，c，$\cdots$，s。

（2）如图 7-20（b）所示，按地形等高线的高差和绘图比例尺，作一组平行线（高度比例尺），并标注对应的高程数值。

（3）将图 7-20（a）中的交点 a，b，c，$\cdots$，s，按它们之间的水平距离平移到图 7-20（b）中最下面的一条直线上，并过各点作竖直线，使其与对应的高程水平线相交，得到一系列的交点。

（4）光滑连接各交点，即可得地形断面轮廓。根据地面的土壤情况，在断面轮廓上绘制相应的材料图例，即得 A—A 地形断面图。

例 7-7　如图 7-21（a）所示，求直线 AB 与地面的交点，并作出直线 AB 的标高投影。

解

（1）如图 7-21（b）所示，在地形图上包含直线 AB 作辅助铅垂面来截切地面，作出对应的地形断面图。

（2）根据 A、B 两点的高程在断面图上作出直线 AB。由图示得知，AB 与地形断面轮廓线交于 C、D 两点，即所求直线 AB 与地面的交点。

（3）将 C、D 两点投影到地形图中，连接各点的标高投影，其中，CD 段直线的标高投影可见，用实线连接。AC 和 DB 两段直线的标高投影不可见，用虚线连接。

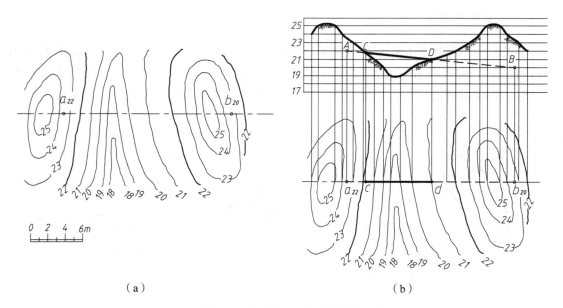

（a）　　　　　　　　　　　　　　　（b）

图 7-21　求直线 AB 与地面交点

7.3.5　工程应用

在工程中，常常需要求解建筑物坡面间的交线及建筑物与地面的交线，如果坡面情况是两平面相交,则交线是直线;如果坡面情况是平面与曲面相交,或曲面与曲面相交,则交线在一般情况下是曲线。一般需求出建筑物坡面与坡面之间,坡面与地面之间同高程等高线的共有点,若交线是直线情况,则只需求取两个共有点相连;若交线是曲线,则需求取一系列共有点,然后光滑连接。

例 7-8 如图 7-22(a)所示,在地面上修建一个高程为 109m 的平台,平台各坡面的坡度都是 1 : 1.5,求平台左侧边线及平台各坡面之间的交线及坡面与地面的交线。

解

(1)作平台左侧边线。已知平台高程为 109m,平台的左侧边线是地面上高程为 109m 的等高线上的一段。如图 7-22(b)所示,在地面上高程为 108m 和 110m 的两条等高线之间内插一条高程为 109 m 的等高线,将平台左侧轮廓线延长与其交于 a、b 两点,a、b 两点之间的一段地形等高线即为平台左侧边线。

(2)作平台开挖线。如图 7-22(a)所示,平台左侧前后两坡面是平面,等高线是直线。平台右侧坡面为圆锥面,其等高线是圆弧,因为平台的高程低于右侧地面,所以坡面为倒圆锥面。平台坡面坡度都是 1 : 1.5,其相邻等高线高差为 1m 时对应的水平距离为 1.5m,高差为 2m 时对应的水平距离为 3m。根据地形等高线的标高,求平台边坡坡面与地面同高程等高线的交点,依次光滑连接各交点,即得平台与地面的交线(开挖线)。

(3)平台左侧的平面边坡与右侧锥面是光滑连接,即相切关系,所以此处没有坡面交线。

(4)作平台各坡面的示坡线。

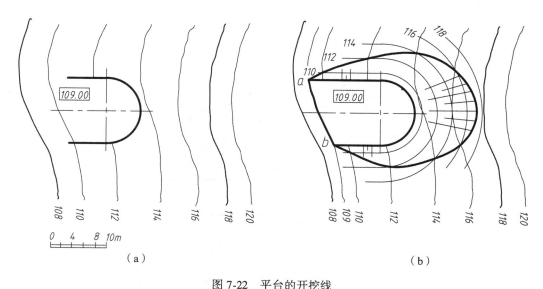

图 7-22 平台的开挖线

例 7-9 如图 7-23 所示,在河道上修建一座土坝,已知土坝的横断面图和河道地形图,图中箭头表示水流的方向,求作土坝的平面图。

191

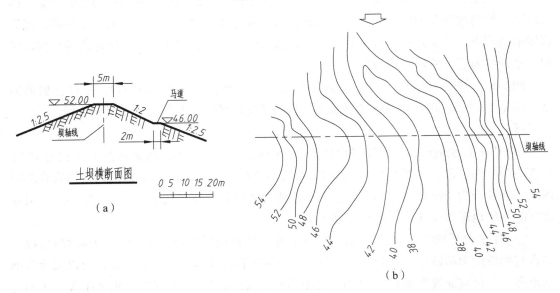

图 7-23 土坝横断面图和地形图

解

（1）作土坝坝顶。已知土坝的坝顶宽 5m，标高为 52m。如图 7-24 所示，以土坝坝轴线为对称线，以 2.5m 的间距向坝轴线两侧作平行线，即坝顶边线。坝顶边线两端与地面上标高为 52m 的地形等高线相交，交点之间的一段地形等高线为坝顶与地面的交线。

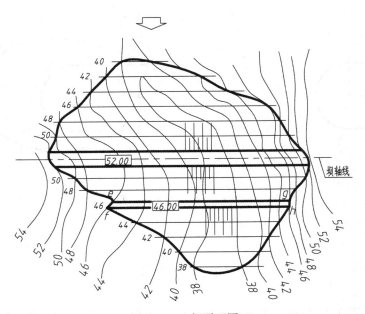

图 7-24 土坝平面图

（2）作土坝上游坡脚线。如图7-23（a）所示，根据水流流向，土坝上游坡面坡度为1∶2.5，坡面上相邻等高线高差为2m时，其水平距离为5m。如图7-24所示，作土坝上游坡面高程为50m、48m、46m、44m、42m、40m的等高线，与同高程地形等高线相交求交点，光滑连接各交点，为土坝上游坡面与地面的交线，即土坝上游坡脚线。

（3）作土坝下游坡脚线。土坝下游坡面在高程为46m处有一条宽2m的马道，马道以上的坡面坡度为1∶2，以下的坡面坡度为1∶2.5。在马道以上部分，根据坡面坡度，作坡面内高程为50m、48m、46 m的等高线。其中，高程为46m的等高线与同高程地形等高线相交于e、g两点，以2m的间距作直线eg的平行线fh与地形等高线相交。eg、fh即为马道边线，ef、gh两段地形等高线为马道与地面的交线。作马道以下标高为44m、42m、40m、38m的等高线，求其与同高程地形等高线的交点，依次光滑连接各交点，即为土坝下游坡脚线。

（4）作土坝各坡面的示坡线。

第8章　建筑施工图

8.1　概述

建筑物按照它们的使用性质，通常可分为生产性建筑物，即工业建筑、农业建筑；非生产性建筑，即民用建筑。而民用建筑根据建筑物的使用功能，又可分为居住建筑和公共建筑两大类。

8.1.1　房屋的组成及其作用

一幢建筑，一般由许多构件、配件如基础、墙(柱)、楼板(地坪)层、屋顶、楼梯、门窗等部分组成。

基础是指建筑物与土层直接接触的部分，而地基则是指支承建筑物重量的土层。基础承受房屋的全部荷载，并经它传递给地基。墙是建筑物的承重结构和维护结构，分为外墙和内墙，外墙起着承重、围护(挡风、雨、雪，保温防寒)作用，内墙起分隔的作用，有的内墙也起承重作用。房屋的第一层，也叫底层，其地面叫底层地面；第二层以上各层叫楼板层，分隔上下层的楼面，还起承受上部的荷载并将其传递到墙或柱上的作用；房屋的最上面是屋顶，也叫屋盖，由屋面板及板上的保温层、防水层等组成，是房屋的上部围护结构。内外墙上的窗，起着采光、通风和围护作用，为防寒，外墙上的窗做成双层。门、走廊和楼梯等，起着沟通房屋内外和上下交通作用。屋顶上做的坡面、雨水管及外墙根部的散水等，组成排水系统。内外墙面做有踢脚、墙裙和勒脚，起保护墙体的作用。此外还有阳台、烟道及通风道等。

如图 8-1 所示是一栋钢筋混凝土构件和砖墙组成承重系统的混合结构建筑。

8.1.2　建筑设计的内容

建设活动是人类生产活动中的一个重要组成部分，而建筑设计又是建设活动中的一个重要环节。广义上的建筑设计包括建筑专业设计、结构专业设计、设备专业设计以及概预算的设计工作。狭义上的建筑设计仅指其中的建筑专业设计部分。

广义的建筑设计工作又可分为初步设计和施工图设计两个阶段。

初步设计是建筑设计的第一阶段，它的主要任务通过平面图、立面图和剖面图等图样表达设计意图。初步设计的图纸和设计文件有：建筑总平面图、各层平面及主要剖面、立

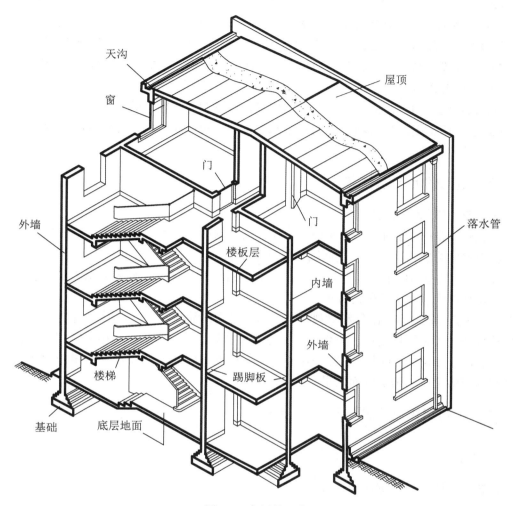

天沟

窗

屋顶

门

门

落水管

外墙

楼板层

内墙

外墙

楼梯

踢脚板

基础

底层地面

图 8-1　房屋的组成

面图、说明书、建筑概算书。为了反映设计意图，还可画上阴影、透视、配景，或用色彩渲染，或用色纸绘画等，以加强图面效果，表示建筑物竣工后的外貌，以便比较和审查。必要时还可做出小比例的模型来表达。

对于技术上复杂又缺乏设计经验的工程，还需增加技术设计（扩大初步设计）阶段。

施工图设计是建筑设计的最后阶段，它的主要任务是将已批准的初步设计图按照施工要求具体化，为施工、安装、编制预算、安排材料、设备等提供完整的、正确的图纸依据。施工图设计的内容包括：确定全部工程尺寸和用料，绘制建筑、结构、设备等全部施工图纸，编制工程说明书、结构计算书和预算书。

一套完整的施工图，根据其专业内容或作用的不同，一般包括：

（1）图纸目录：图纸目录是查阅图纸的主要依据，包括图纸的类别、编号、图名以及备注等栏目。先列新绘制的图纸，后列所选用的标准图纸或重复利用的图纸。

（2）设计说明（即首页）：内容一般应包括施工图的设计依据、本工程项目的设计规模和建筑面积、本项目的相对标高与总图绝对标高的对应关系；室内室外的用料说明，如砖标号、砂浆标号、墙身防潮层、地下室防水、屋面、勒脚、散水、台阶、室内外装修等做法。

（3）建筑施工图（简称建施）：包括总平面图、平面图、立面图、剖面图（简称平、立、剖面图）和构造详图。

（4）结构施工图（简称结施）：包括结构平面布置图和各构件的结构详图。

（5）设备施工图（简称设施）：包括给水排水、采暖通风、电气等设备的布置平面图和详图。

8.1.3　施工图的图示特点

施工图的图示特点包括：

（1）施工图中的各图样，主要是用正投影法绘制的。房屋形体较大，所以施工图一般都用较小比例绘制，平、立、剖面图可分别单独画出。

（2）由于房屋内各部分构造较复杂，在小比例的平、立、剖面图中无法表达清楚，所以还需要配以大量较大比例的详图。

（3）由于房屋的构、配件和材料种类较多，为作图简便起见，"国标"规定了一系列的图形符号来代表建筑构配件、卫生设备、建筑材料等，这种图形符号称为图例。

（4）施工图中的不同内容，是采用不同规格的图线绘制，选取规定的线型和线宽，用以表明内容的主次和增加图面效果。

8.1.4　绘制建筑施工图的有关规定

1. 图线

建筑施工图中所用图线应符合表 8-1 的规定。

表 8-1　图　　线

图线名称	线型	线宽	用　　途
粗实线	——	b	（1）平、剖面图中被剖切的主要建筑构造（包括构配件）的轮廓线； （2）建筑立面图的外轮廓线； （3）建筑构造详图中被剖切的主要部分的轮廓线； （4）建筑构配件详图中的外轮廓线； （5）平、立、剖面的剖切符号
中粗线	——	$0.7b$	（1）平、剖面图中被剖切的次要建筑构造（包括构配件）的轮廓线； （2）建筑平、立、剖面图中建筑构配件的轮廓线； （3）建筑构造详图及建筑构配件详图中一般轮廓线

图线名称	线型	线宽	用　　途
中实线	 ——	0.5b	小于0.7b 的图形线、尺寸线、尺寸界限、索引符号、标高符号、详图材料做法引出线、粉刷线、保温层线、地面、墙面的高差分界线等
细实线	 —	0.25b	图例填充线、家具线、纹样线等
中虚线	 – – –	0.5b	(1)建筑构造详图及建筑构配件不可见的轮廓线； (2)平面图中的起重机(吊车)轮廓线； (3)拟建、扩建建筑物轮廓线
细虚线	 – – –	0.25b	图例线、小于0.5b 的不可见轮廓线
粗点画线	 ▬ ▪ ▬	b	起重机(吊车)轨道线
细点画线	 – · – ·	0.25b	中心线、对称线、定位轴线
折断线	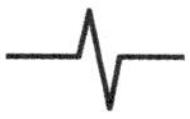 ～	0.25b	部分省略表示时的断开界线
波浪线	 ∿	0.25b	部分省略表示时的断开界面，曲线形构间断开界线构造层次的断开界线

注：在同一张图纸中一般采用三种线宽的组合，线宽比为 b：0.5b：0.25b。较简单的图样可采用两种线宽的线宽组，其线宽比宜为 b：0.25b。

2. 比例

房屋建筑体形庞大，通常需要缩小后才能画在图纸上。建筑施工图中，各种图样常用比例如表 8-2 所示。

表8-2　比　　例

图　　名	比　　例
建筑物或构筑物的平、立、剖面图	1：50、1：100、1：150、1：200、1：300
建筑物或构筑物的局部放大图	1：10、1：20、1：25、1：30、1：50
配件及构造详图	1：1、1：2、1：5、1：10、1：20、1：25、1：50

3. 定位轴线

定位轴线是用来确定建筑主要结构及构件位置的尺寸基准线。定位轴线用细点画线表示，轴线编号写在轴线端部的细线圆内，圆的直径一般为 8~10mm，定位轴线圆的圆心应在定位轴线的延长线上或延长线的折线上。

在建筑平面图上横向自左向右用阿拉伯数字(1, 2, 3, …)依次编号, 竖向编号自下而上用大写英文字母(A, B, C, …)依次编写, 字母 I、O、Z 不用, 以免与数字 1、0、2 混淆。当字母数量不够用时, 可增加双字母或单字母加数字注脚。组合较复杂的平面图中定位轴线可采用分区编号。

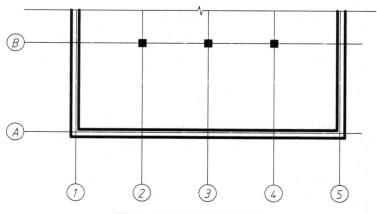

图 8-2　平面图上的定位轴线

对于建筑次要结构及构件, 可采用附加轴线定位, 其编号要用分数形式表示, 如 1/4, 2/A 表示, 其中分母表示前一轴线的编号, 分子表示附加轴线的编号。在 1 号轴线或 A 号轴线之前的附加轴线的分母应以 01 或 0A 表示。各种定位轴线见表 8-3 所示。

表 8-3　定位轴线

符号	用途	符号	用途
○	通用详图的编号, 只用圆圈, 不注写编号	②⑤	表示详图用于两个轴线
①	水平方向轴线编号, 用 1, 2, 3, …编写	① 2 4 …	表示详图用于三个或三个以上轴线
Ⓐ	垂直方向轴线编号, 用 A, B, C, …编写		

符号		用途	符号	用途
附加轴线	①/4	表示 3 号轴线以后附加的第一根轴线	①～⑧	表示详图用于三个以上连续编号的轴线
	②/C	表示 A 号轴线以后附加的第二根轴线		

4. 尺寸及标高符号

建筑施工图上的尺寸可分为定形尺寸、定位尺寸和总体尺寸。定形尺寸表示各部位构造的大小，定位尺寸表示各部位构造之间的相互位置，总体尺寸应等于各分尺寸之和。尺寸除了总平面图及标高尺寸以米(m)为单位外，其余一律以毫米(mm)为单位，注写尺寸时，应注意使长、宽尺寸与相邻的定位轴线相联系。

表 8-4　标高符号的画法

内　　容	符号画法及示例
标高符号的画法	3 ⟋⟍45°　　3 ▼45°
室外地坪标高符号	▼
平面图楼地面标高符号	(数字) ▽
立面图标高符号	5.250 ▽　　▽ 5.250
零点标高	±0.000 ▽
正数标高	3.000 ▽
负数标高	−2.500 ▽
多层标高	(9.000) (6.000) (3.000) ±0.000 ▽

在总平面图、平面图、立面图和剖面图上，经常用标高符号表示某一部位的高度。各图上所用标高符号以细实线绘制的等腰直角三角形表示。标高数值以米为单位，一般注写到小数点后第三位（总平面图中，可注写到小数点后第二位）。在"建施"图中的标高数字表示其完成面的数值。零点标高应注写成±0.000，正数标高不注"+"，负数标高应注"−"号，表示该处完成面低于零点标高。在总平面图中，室外地坪标高符号宜用涂黑的三角形表示。标高符号的尖端应指至被注高度的位置，尖端宜向下，也可向上。标高数字应注写在标高符号横线上的上侧或下侧。各种标高符号的画法见表 8-4。

5. 索引符号

为方便施工时查阅图样，对图样中的某一局部或构件，如需另见详图时，常常用索引符号注明所画详图的位置、详图的编号以及详图所在的图纸编号。按"国标"规定，索引符号用一引出线指出要画详图的地方，在线的另一端画一细实线圆，其直径为 10mm。当索引符号用于索引剖面详图时，应在被剖切的部位绘制剖切位置线。引出线所在一侧应为剖视方向。

引出线应对准圆心，圆内过圆心画一水平线，上半圆中用阿拉伯数字注明该详图的编号，下半圆中用阿拉伯数字注明该详图所在图纸的图纸号。如详图与被索引的图样同在一张图纸内，则在下半圆中间画一水平细实线。索引出的详图，如采用标准图，应在索引符号水平直径的延长线上加注该标准图册的编号，如图 8-2 和图 8-3 中的 J103 即为标准图册的编号。

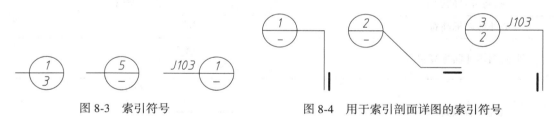

图 8-3　索引符号　　　　　　　图 8-4　用于索引剖面详图的索引符号

6. 详图符号

详图符号表示详图的位置和编号，详图符号的圆用粗实线绘制，直径为 14mm。详图与被索引的图样同在一张图纸内时，应在符号内用阿拉伯数字注明详图编号。如不在同一张图纸内，可用细实线在符号内画一水平直径，在上半圆中注明详图编号，在下半圆中注明被索引图纸号，如图 8-5 所示。

7. 指北针

指北针用来表示建筑物的朝向。指北针用细实线圆绘制，圆的直径为 24mm。指针尖为北向，应注"北"或"N"字。指针尾部宽度宜为 3mm，需用较大直径绘指北针时，指针尾部宽度宜为直径的 1/8，如图 8-6 所示。

图 8-5　详图符号　　　　　　图 8-6　指北针

8.2　建筑总平面图

8.2.1　图示方法

将新建建筑物及其四周一定范围内的原有和拆除的建筑物、构筑物连同其周围的地形地物状况，用水平投影方法和相应的图例所画出的图样，称为建筑总平面图（或称总平面布置图），简称为总平面图或总图。总平面图表示出新建房屋的平面形状、位置、朝向及与周围地形、地物的关系等。总平面图是新建房屋定位、施工放线、土方施工及有关专业管线布置和施工总平面布置的依据。

8.2.2　图示特点

（1）总平面图因包括的区域面积较大，所以绘制时都用较小的比例，如 1∶2000、1∶1000、1∶500 等。

（2）总平面图中的坐标、标高、距离，一律以米为单位。坐标以小数点标注三位，不足以"0"补齐；标高、距离以小数点后两位数标注，不足补"0"。

（3）由于比例较小，总平面图上的内容一般按图例绘制，所以总图中使用的图例符号较多。常用图例符号如表 8-5 所示。在较复杂的总平面图中，若用到一些国标没有规定的图例，必须在图中另加说明。

8.2.3　图示内容及读图方法

以图 8-7 所示某学校拟建学生公寓楼的总平面图为例，一般总平面图包括下列基本内容：

（1）新建筑物。

图 8-7 所示是按 1∶500 的比例绘制的总平面图，拟建房屋，用粗实线框表示，并在线框内，用数字表示建筑层数。

表 8-5　常用图例符号（详见 GB/T 50103—2010）

名称	图例	说明	名称	图例	说明
新建建筑物		新建建筑以粗实线表示与室外地坪相接处±0.00 外墙定位轮廓线　根据不同设计阶段标注建筑编号，地上、地下层数，建筑高度，建筑出入口位置　地下建筑物以粗虚线表示其轮廓	新建的道路		"R=5.00" 表示道路转弯半径；"107.50" 为道路中心线交叉点设计标高；"100" 表示变坡点间距离，"0.30%" 表示道路坡度
原有的建筑物		用细实线表示	原有的道路		
计划扩建的预留地或建筑物		用中粗虚线表示	计划扩建的道路		
拆除的建筑物		用细实线表示	拆除的道路		
坐标	X=150.00 Y=　 / A=150.00 B=425.00	表示测量坐标 / 表示自设坐标	桥梁		
围墙及大门			填挖边坡		

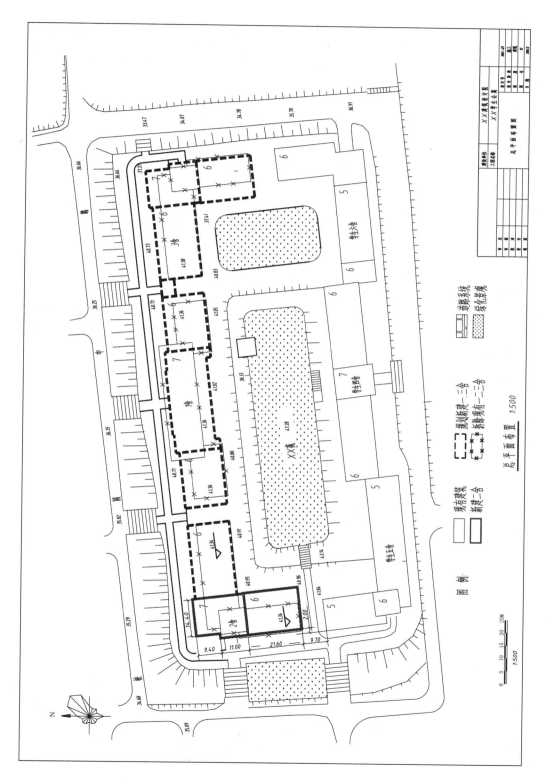

图8-7 总平面图示例

(2)新建建筑物的定位。

总平面图的主要任务是确定新建建筑物的位置，通常是利用原有建筑物、道路等来定位的。在图 8-7 中，拟建学生公寓楼二舍距原学生五舍楼北墙面 9.70m，距西墙面 2.00m。

(3)新建建筑物的室内外标高。

我国根据青岛港验潮站历年记录的黄海平均海水面作为零点所测定的高度尺寸，称为绝对标高。在总平面图中，用绝对标高表示高度数值，单位为 m。在图 8-7 中，拟建宿舍楼底层地面的绝对标高是 41.34m。

(4)相邻有关建筑、拆除建筑的位置或范围。

原有建筑用细实线框表示，并在线框内，也用数字表示建筑层数。要拆除的建筑物用虚线表示。从图 8-7 中可以看出，新建宿舍是把原有老宿舍拆除后修建的。

(5)附近的地形地物。

如等高线、道路、水沟、河流、池塘、土坡等。

(6)指北针和风向频率玫瑰图。

在该总平面图中建筑物的朝向是采用指北针与风玫瑰相结合的方法来表示。风玫瑰全称为风向频率玫瑰图，一般画出十六个方向的长短线来表示该地区常年的风向频率，有箭头的方向为北向，实线表示的是常年风，虚线表示的是夏季风(6 月到 8 月)，如图 8-8 所示为武汉地区的风玫瑰。从图 8-7 中的指北针和风向频率玫瑰图可知该地区常年多为东北风。

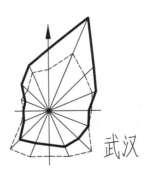

图 8-8　风玫瑰图

(7)绿化规划、管道布置。

(8)道路(或铁路)和明沟等的起点、变坡点、转折点、终点的标高与坡向箭头。

以上内容并不是在所有总平面图上都是必需的，可根据具体情况加以选择。

在阅读总平面图时应首先阅读标题栏，以了解新建建筑工程的名称，再看指北针和风向频率玫瑰图，了解新建建筑的地理位置、朝向和常年风向，最后了解新建建筑物的形状、层数、室内外标高及其定位，以及道路、绿化和原有建筑物等周边环境。

8.3 建筑平面图

8.3.1 建筑平面图的形成和作用

1. 建筑平面图的形成

假想用一个水平剖切平面沿房屋的门窗洞口的位置将房屋切开，移去上部之后，再将切面以下部分向下投影画出的水平剖面图，称为建筑平面图，简称平面图。

一般情况下，应按房屋的层次绘制建筑平面图。沿底层门窗洞口切开后得到的平面图，称为底层平面图，沿二层门窗洞口切开后得到的平面图，称为二层平面图，依次可以得到三层、四层等的平面图。当某些楼层平面相同时，可以只画出其中一个平面图，称为标准层平面图。屋面需要专门绘制其水平投影图，称为屋顶平面图。

如果建筑平面图左右对称，也可将两层平面绘在同一个图上，左边画出一层的一半，右边画出另一层的一半，中间用一对称符号作分界线，并在图的下方分别注明图名。

在同一张图纸上绘制多于一层的平面图时，各层平面图宜按层数的顺序从左至右或从下至上布置。平面较大的建筑物，可分区绘制平面图，但应绘制组合示意图。

顶棚平面图如用直接投影法不易表达清楚，可用镜像投影法绘制，但应在图名后加注"镜像"二字。

2. 作用

建筑平面图是建筑施工图中最基本的图样之一。它反映了房屋的平面形状、大小和房间的布置情况，包括墙或柱的位置、大小和材料，门窗的类型和位置等。它是施工放线、砌筑、安装门窗、作室内外装修以及编制预算、备料等工作的依据。房屋的建筑平面图一般比较详细，通常采用较大的比例，如1∶100，并标出实际的详细尺寸。

8.3.2 平面图的图示特点和要求

1. 比例

常用比例是1∶200，1∶100，1∶50等，必要时可用比例是1∶150，1∶300等。

2. 定位轴线

定位轴线是标定房屋中的墙、柱等承重构件位置的线，它是施工时定位放线及构件安装的依据。它反映开间、进深的标志尺寸，常与上部构件的支承长度相吻合。具体画法见表8-3所示。

3. 图线

被剖切到的墙柱轮廓线画粗实线（b）；没有剖切到的可见轮廓线如窗台、台阶、楼梯等画中实线(0.5b)；尺寸线、标高符号、轴线用细线(0.25b)画出；如果需要表示高窗、通气孔、槽、地沟及起重机等不可见部分，则应以虚线绘制；定位轴线和中心线用细点画线。

4. 代号和图例

在平面图中，门窗、卫生设施及建筑材料均应按规定的图例绘制。并在图例旁注写它们的代号和编号，代号"M"用来表示门，"C"表示窗，编号可用阿拉伯数字顺序编写，如M1，M2，…和C1，C2，…，也可直接采用标准图上的编号。虽然门、窗用图例表示，但门窗洞的大小及其型式都应按投影关系画出。如窗洞有凸出的窗台，应在窗的图例上画出窗台的投影。门及其开启方向用45°方向倾斜的中实线线段表示，用两条平行的细实线表示窗框及窗扇的位置。常用建筑图例如表8-6所示。

钢筋混凝土断面可涂黑表示，砖墙一般不画图例(或可在描图纸背面涂红)。

表 8-6　构造及配件图例(详见 GB/T50104—2010)

名　称	图　例	说　明
楼梯	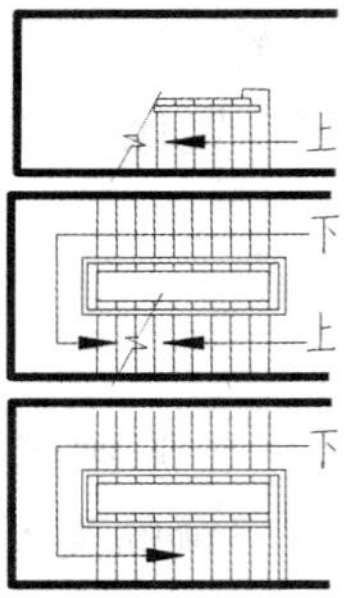	(1)上图为底层楼梯平面；中图为中间层楼梯平面；下图为顶层楼梯平面； (2)楼梯及栏杆扶手的形式和梯段踏步数应按实际情况绘制
单扇门(包括平开或单面弹簧)	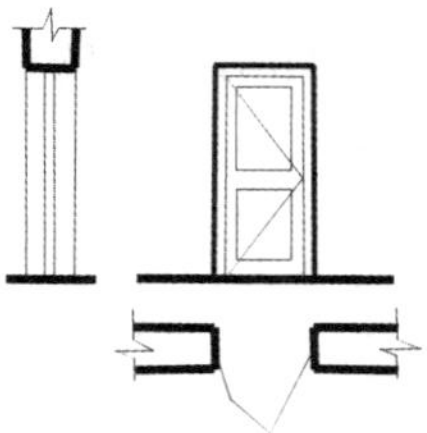	(1)门的代号用 M 表示； (2)立面图上开启方向线交角一侧为安装合页的一侧，实线为外开，虚线为内开； (3)平面图上门线应 90°或 45°开启，开启弧线宜绘出； (4)立面图上开启方向线在一般设计图上不需表示，仅在制作图上表示； (4)立面形式应按实际情况绘制
双扇门(包括平开或单面弹簧)	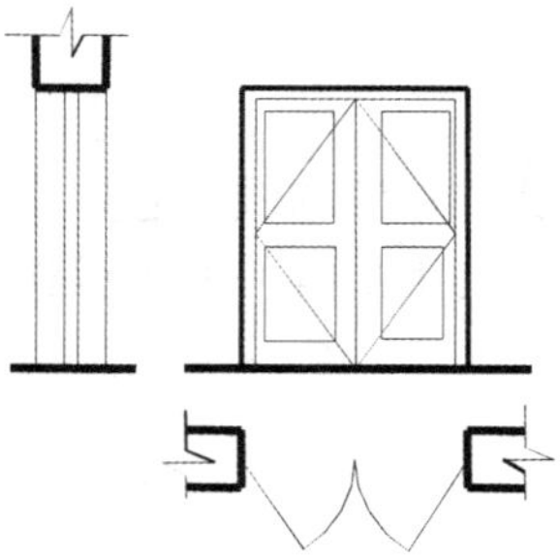	

续表

名　称	图　例	说　明
单层外开平开窗	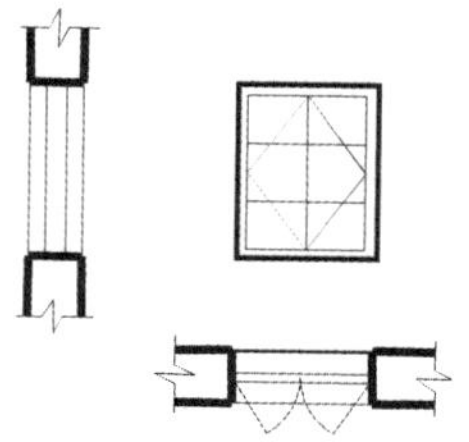	(1) 窗的名称代号用 C 表示； (2) 立面图中斜线表示开关方向，实线为外开，虚线为内开，开启方向线交角的一侧为安装合页的一侧一般设计图中可不表示； (3) 平、剖面图上的虚线仅说明开关方式，在设计图上不需表示； (4) 窗的立面形式应按实际情况绘制
单层固定窗		

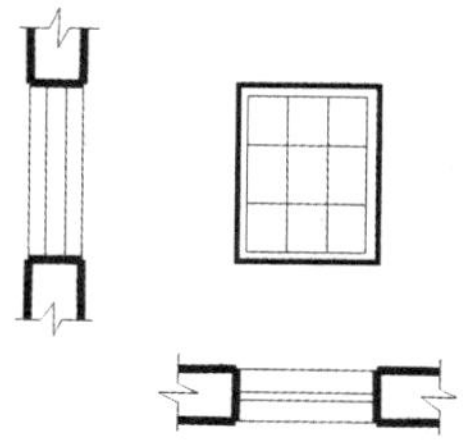

5. 尺寸标注

平面图上的尺寸分为外部和内部两类尺寸。从各尺寸标注可了解各房间的开间、进深、外墙与门窗及室内设备的大小和位置。外部尺寸主要有三道：

第一道尺寸，表示外轮廓的总尺寸。是从一端外墙到另一端外墙边的总长和总宽(外包尺寸)。

第二道尺寸，为轴线间尺寸，它是承重构件的定位尺寸，一般也是房间的"开间"和"进深"尺寸。

第三道尺寸，是细部尺寸，表明门、窗洞、洞间墙的尺寸等。这道尺寸应与轴线相关联。

如果房屋前后或左右不对称，则平面图上四边都应注写三道尺寸。

内部尺寸表示房间的净空大小和室内的门窗洞、孔洞、墙厚和固定设备(厕所、盥洗室、工作台、搁板等)的大小与位置。

从图 8-9 底层平面图可以看出，学生公寓的总长为 35.46m，总宽为 16.56m；图中纵向轴线间的距离 3600、4200、2400、5100 等尺寸便是开间尺寸；横向轴线间的距离 1800、5100 等则是进深尺寸；最里一道是表示门、窗洞口宽、墙垛宽等细部尺寸。

在平面图上，除注出各部长度和宽度方向的尺寸之外，还要注出楼地面等的相对标高，以表明各房间的楼地面对标高零点的相对高度。如室内标高 0.00m、室外标高 −0.6m。

6. 投影要求

一般来说，各层平面图按投影方向能看到的部分均应画出，但通常将重复之处省略，如散水，明沟、台阶等只在底层平面图中表示，而其他层次平面图则不再画出，雨篷也只在二层平面图中表示。必要时在平面图中还应画出卫生器具、水池、橱、柜、隔断等。

在平面图中，如果某些局部平面因设备多或因内部组合复杂、比例小而表达不清楚时，可画出较大比例的局部平面图或详图。

7. 屋顶平面图

屋顶平面图是直接从房屋上方向下投影所得，由于内容比较简单，可以用较小比例绘制。它主要表示屋面排水的情况(用箭头、坡度表示)，以及天沟、雨水管、水箱等位置。

图 8-11 是通过轴线 G 至 M 第七层的平面图，从此平面图可知学生公寓楼轴线 A 至 G 的屋面坡向、坡度、天沟、分水线及雨水管的位置等。从图 8-12 屋顶平面图可知轴线 G 至 M 屋顶平面形状和楼梯一梯间小屋面的平面形状及尺寸。

8.3.3　建筑平面图的阅读

一个建筑物有多个平面图，应逐层阅读，注意各层的联系和区别。阅读步骤如下：

(1)首先阅读图名、比例，明确平面图表达的楼层。图 8-9~图 8-13 分别为某校学生公寓楼的底层平面图、二层平面图、三~六层平面图、七层平面图和屋顶平面图，绘图比例为 1：100。

(2)看指北针，了解房屋的朝向。从图中的指北针可以看出，房屋的朝向为坐东朝西。

(3)分析总体情况：包括建筑物的平面形状、总长、总宽、各房间的位置和用途。本例公寓楼建筑层数为六层，局部层数为七层，出入口有两处，主要出入口朝西。底层和二层分别有十二间宿舍和一间活动室。每间宿舍带有独立的卫生间，每层带有公共卫生间。宿舍楼总长 35.46m，总宽 16.56m，屋顶高 25.5m。

(4)分析定位轴线，了解各房间的进深、开间，墙柱的位置及尺寸。了解各层楼或地面以及室外地坪、其他平台、板面的标高。本例宿舍楼横向定位轴线①~⑩分别表示横向外墙及房间隔墙的位置。竖向定位轴线Ⓐ~Ⓜ表示纵向外墙及房间隔墙的位置。每间宿舍的开间为 3.6m，进深为 5.1m；

(5)阅读细部，详细了解建筑构配件及各种设施的位置及尺寸，各楼面、地面等处的标高，并查看索引符号。从图 8-9 可知一层室内标高±0.00(相当绝对标高 41.34m)，室外标高-0.6m。其他各层标高可从Ⅰ—Ⅰ和Ⅱ—Ⅱ剖面图中得知。

(6)查看剖面图的剖切标注符号，图中标注了Ⅰ—Ⅰ和Ⅱ—Ⅱ剖面图的剖切位置及投影方向。

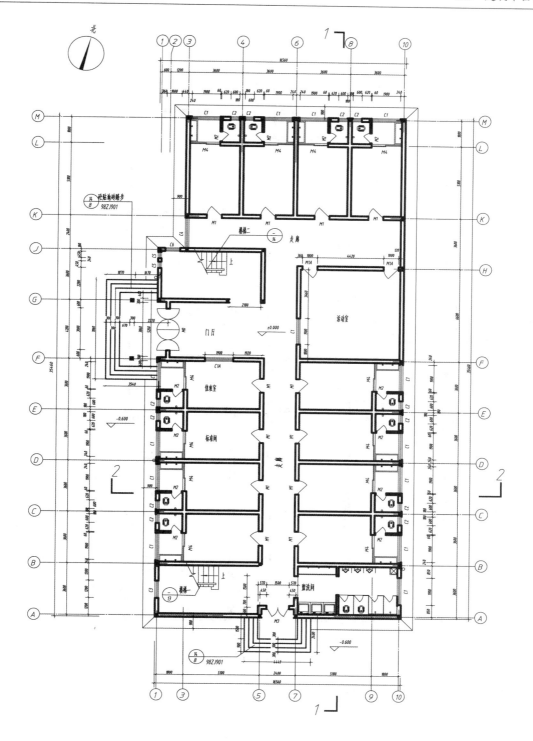

<u>一层平面</u>   1:100

图 8-9　建筑平面图

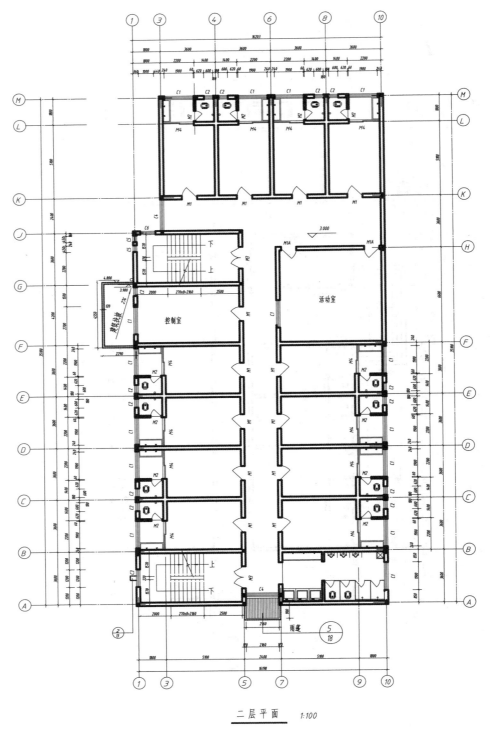

二层平面　1:100

图 8-10　建筑平面图

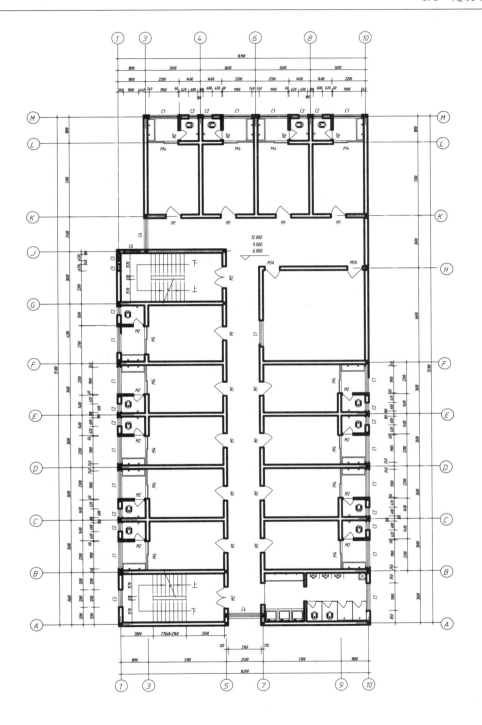

三～六层平面　1:100

图 8-11　建筑平面图

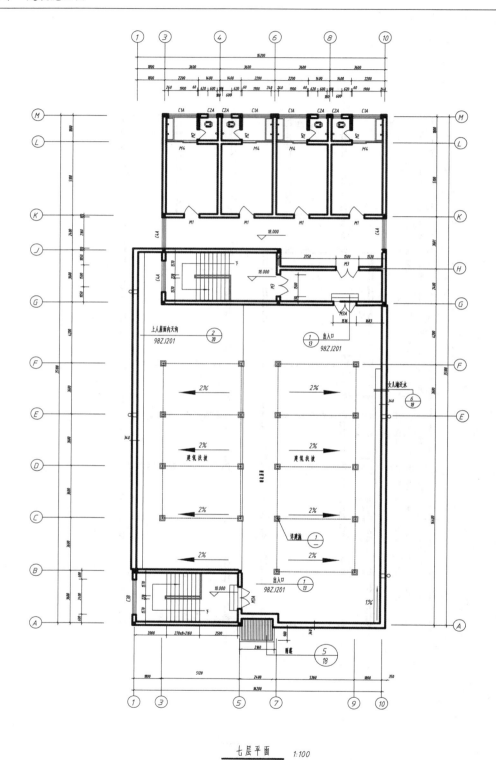

七层平面　1:100

图 8-12　建筑平面图

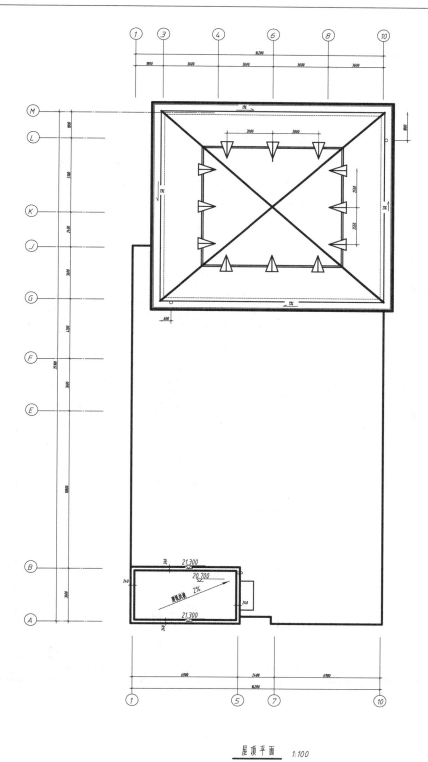

屋顶平面 1:100

图 8-13 建筑平面图

8.4　建筑立面图

8.4.1　图示方法和内容

建筑立面图是房屋不同方向的立面正投影图。通常一个房屋有四个朝向，立面图可根据房屋的朝向来命名，如东立面、西立面、南立面等。也可以根据主要入口来命名，如正立面、左侧立面、右侧立面等。还可以根据立面图两端轴线的编号来命名，如图 8-14、图8-15 所示的①~⑩立面图和Ⓜ~Ⓐ立面图。

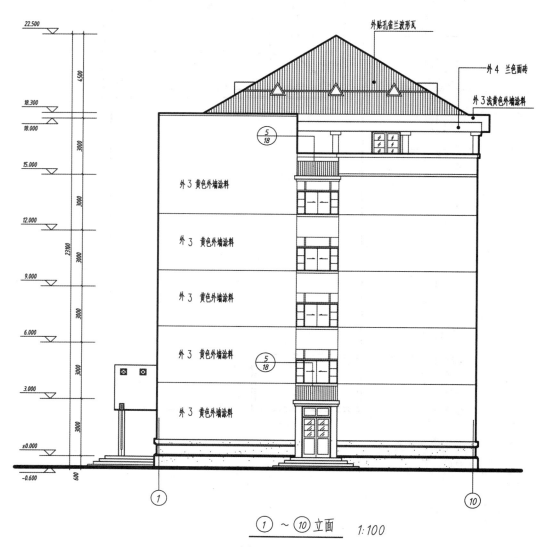

图 8-14　建筑立面图

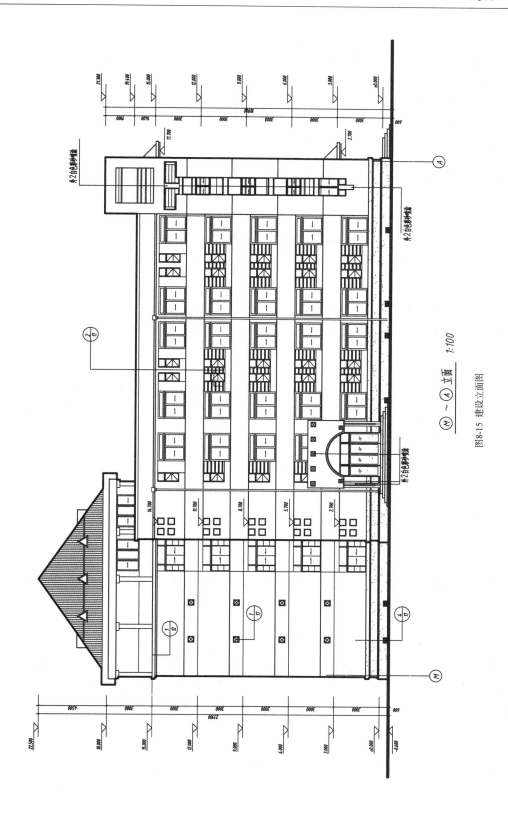

图8-15 建设立面图

　　建筑立面图主要表明建筑物的体型和外貌，以及外墙面的面层材料、色彩，女儿墙的形式，线脚、腰线、勒脚等饰面做法，阳台的形式及门窗布置，雨水管位置等。

　　建筑立面图应画出可见的建筑外轮廓线，建筑构造和构配件的投影，并注写墙面作法及必要的尺寸和标高。

　　较简单的对称的建筑物或对称的构配件，在不影响构造处理和施工的情况下，立面图可绘制一半，并在对称线处画上对称符号。

8.4.2　建筑立面图的画法特点及要求

1. 比例

立面图的比例通常与平面图相同。

2. 定位轴线

一般立面图只画出两端的轴线及编号，以便与平面图对照。其编号应与平面图一致。如图 8-14 和图 8-15 所示的立面图中，只标出轴线①和⑩，Ⓐ和Ⓜ。

3. 图线

为增加图面层次，画图时常采用不同的线型：立面图的最外边的外形轮廓用粗实线表示；室外地坪线用 1.4 倍的加粗实线（线宽为粗实线的 1.4 倍左右）表示；门窗洞口、檐口、阳台、雨篷、台阶等用中实线表示；其余的，如墙面分隔线、门窗格子、雨水管以及引出线等均用细实线表示。

4. 投影要求

建筑立面图中，只画出按投影方向可见的部分，不可见的部分一律不表示。

5. 图例

由于比例小，按投影很难将所有细部都表达清楚，如门、窗等都是用图例来绘制的，且只画出主要轮廓线及分格线，注意门窗框用双线画。

6. 尺寸标注法

高度尺寸用标高的形式标注，主要包括建筑物室内外地坪，出入口地面，窗台、门窗洞顶部、檐口、阳台底部、女儿墙压顶及水箱顶部、进口平台面及雨篷底面等处的标高。各标高注写在立面图的左侧或右侧且排列整齐。

7. 外墙装修做法

外墙面根据设计要求可选用不同的材料及做法，在图面上，多选用带有指引线的文字说明。

8.4.3 建筑立面图的阅读

（1）读立面图的名称和比例，可与平面图对照以明确立面图表达的是房屋哪个方向的立面。如图 8-14 表示①~⑩立面图，图 8-15 表示Ⓜ~Ⓐ立面图。绘图比例均为 1∶100。

（2）分析立面图图形外轮廓，了解建筑物的立面形状。读标高，了解建筑物的总高、室外地坪、门窗洞口，挑檐等有关部位的标高。

（3）从图 8-15 可知，公寓楼建筑层数从轴线Ⓐ到Ⓖ为六层的上人平屋顶，屋面标高为 18.0m，女儿墙顶标高 19.4m，局部层数从轴线Ⓖ到Ⓜ为七层的坡屋顶，屋顶标高 25.5m，轴线Ⓐ到Ⓑ楼梯间为小屋面，屋顶标高 21.3m。

（4）参照平面图及门窗表，综合分析外墙上门窗的种类、形式、数量和位置。

（5）了解立面上的细部构造，如台阶、雨篷、阳台等。

（6）阅读立面图上的文字说明和符号，了解外装修材料和做法，了解索引符号的标注及其部位，以便配合相应的详图阅读。

8.5 建筑剖面图

8.5.1 图示方法和内容

假想用一个铅垂剖切平面把房屋剖开后所画出的剖面图，称为建筑剖面图，简称剖面图。剖面图的剖切位置应在平面图上选择能反映全貌和构造特征，以及有代表性的剖切位置。一般常取楼梯间、门窗洞口及构造比较复杂的典型部位，以表示房屋内部垂直方向上的内外墙、各楼层、楼梯间的梯段板和休息平台、屋面等的构造和相互位置关系等。根据房屋的复杂程度，剖面图可以绘制一个或数个，视具体情况而定，如图 8-16 为 1—1 剖面图，图 8-17 为 2—2 剖面图。

8.5.2 画法特点及要求

1. 比例

应与建筑平面图一致。

2. 定位轴线

画出两端的轴线及编号以便与平面图对照。有时也注出中间轴线。

3. 图线

剖切到的墙身轮廓画粗实线（b）；楼层、屋顶层在 1∶100 的剖图中只画两条粗实线，在 1∶50 的剖面图中宜在结构层上方画一条作为面层的中粗线，而下方板底粉刷层不表

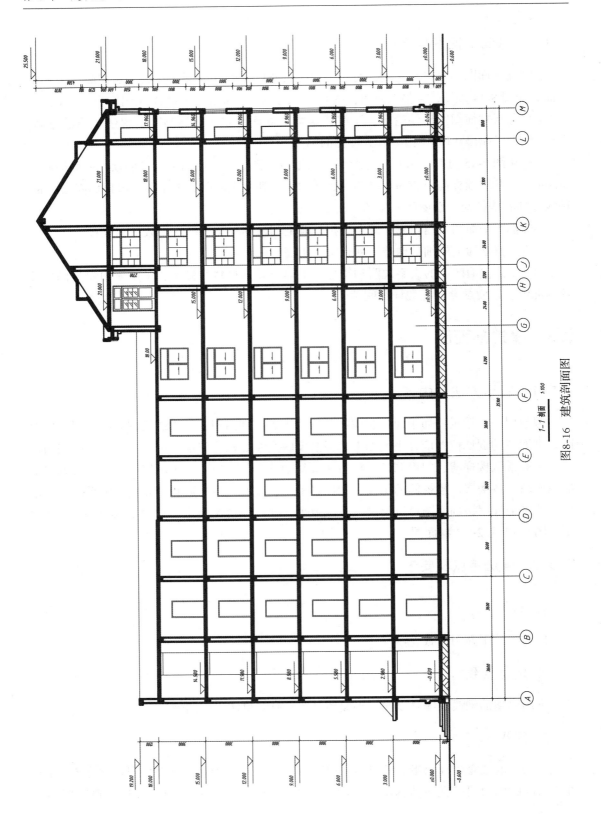

1-1 剖面 1:100

图8-16　建筑剖面图

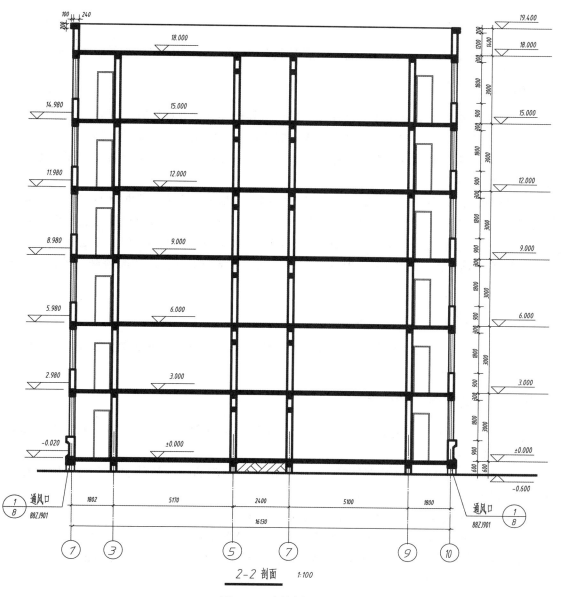

图 8-17 建筑剖面图

示；室内外地坪线用加粗线(1.4 b)表示。可见部分的轮廓线如门窗洞、踢脚线、楼梯栏杆、扶手等画中粗线(0.5b)；图例线、引出线、标高符号、雨水管等用细实线画出。

4. 投影要求

剖面图中除了要画出被剖切到的部分，还应画出投影方向能看到的部分。室内地坪以下的基础部分，一般不在剖视图中表示，而在结构施工图中表达。

5. 图例

门、窗按规定图例绘制，砖墙、钢筋混凝土构件的材料图例与建筑平面图相同。

6. 尺寸标注

一般沿外墙注三道尺寸线，最外面一道从室外地坪到女儿墙压顶，是室外地面以上的总高尺寸；第二道为层高尺寸；第三道为勒脚高度、门窗洞高度、洞间墙高度、檐口厚度等细部尺寸。这些尺寸应与立面图相吻合。另外还需要用标高符号标出各层楼面、楼梯休息平台等的高度。

标高有建筑标高和结构标高之分。建筑标高是指地面、楼面、楼梯休息平台面等完成抹面装修之后的上皮表面的相对标高。如图 8-16 和图 8-17 中的 ±0.000 是底层地面抹完水泥砂浆（压光）之后的表面高度，3.000、6.000、9.000、12.000、15.000 等是其他各层面的标高。结构标高一般是指梁、板等承重构件的下皮表面（不包括抹面装修层的厚度）的相对标高。

7. 其他标注

某些局部构造表达不清楚时可用索引符号引出，另绘详图。细部做法如地面、楼面的做法，可用多层构造引出标注。

8.5.3　建筑剖面图的阅读

(1) 首先阅读图名和比例，并查阅底层平面图上的剖面图的标注符号，明确剖面图的剖切位置和投影方向。

(2) 图 8-16 和图 8-17 分别是通过 1—1 和 2—2 的剖面图，其剖切平面的位置投影方向可对照图 8-9 底层平面图得知。

(3) 分析建筑物内部的空间组合与布局，了解建筑物的分层情况。

(4) 了解建筑物的结构与构造形式，墙、柱等之间的相互关系以及建筑材料和做法。

(5) 阅读标高和尺寸，了解建筑物的层高和楼地面的标高及其他部位的标高和有关尺寸。

8.6　建筑详图

8.6.1　图示方法和内容

建筑平面图、立面图和剖面图是房屋建筑施工图的主要图样，它们已将房屋的整体形状、结构、尺寸等表示清楚，但是由于画图的比例较小，一些局部的详细构造、尺寸、做法及施工要求在图上都无法注写、画出。为满足施工的需要，另将这些部位的构配件（如门、窗、楼梯、墙身等）或构造节点（如檐口、窗台、窗顶、勒脚、散水等）用较大比例画出，并详细标注其尺寸、材料及做法。这样的图样称为建筑详图，简称详图。

详图的特点，一是比例大，常用比例是 1：5，1：10，1：20，1：25，1：50，必要时可用比例是 1：3，1：15，1：30；二是尺寸标注齐全、准确，文字说明清楚具体。如详图采用通用图集的做法，则不必另画，只需注出图集的名称、详图所在的页数。建筑详图所画的节点部位，除了在平、立、剖视图中的有关部位标注索引符号外，还应在所画详图上绘制详图符号，以便对照查阅。

8.6.2 详图的分类

常用的详图基本上可分为三类：节点详图、房间详图和构配件详图。

1. 节点详图

用来详细表达某一节点部位的构造、尺寸、做法、材料、施工要求等。最常见的节点详图是外墙身剖面详图，它是将外墙的檐口、屋顶、窗过梁、窗台、楼地面、勒脚、散水等部位，按其位置集中画在一起构成的局部剖视图。

2. 房间详图

将某一房间用更大的比例绘制出来的图样，如楼梯间详图、厨房详图、浴室详图、厕所详图等。一般说来这些房间的构造或固定设施都比较复杂，均需用详图表达。

3. 构配件详图

表达某一构配件的形式、构造、尺寸、材料、做法的图样，如门窗详图、雨篷详图、阳台详图、壁柜详图等。

为了提高绘图效率，国家和某些地区编制了建筑构造和构配件的标准图集，如果选用这些标准图集中的详图，在图纸中用索引符号注明，不再另绘详图。

8.6.3 外墙身剖面详图

外墙身详图实际上是建筑剖面图的局部放大图，它表达房屋的屋面、楼层、地面和檐口构造、楼板与墙的连接、门窗顶、窗台和勒脚、散水等处构造的情况，是施工的重要依据。

多层房屋中，若各层的情况一样时，可只画底层、顶层或加一个中间层来表示。画图时，往往在窗洞中间处断开，成为几个节点详图的组合。有时，也可不画整个墙身的详图，而是把各个节点的详图分别单独绘制。详图的线型要求与剖面图一样。

在详图中，一般应注出各部位的标高、高度方向和墙身细部的大小尺寸。图中标高注写有两个数字时，有括号的数字表示在高一层的标高。从图中有关图例或文字说明，可知墙身内外表面装修的断面形式、厚度及所用的材料等。

图 8-18 所示为外墙身详图，最上部分为屋顶、女儿墙节点图，中间分别为标高为3.000、6.000、9.000、12.000、15.000 高程的楼面、窗台窗顶的构造节点详图，最下部

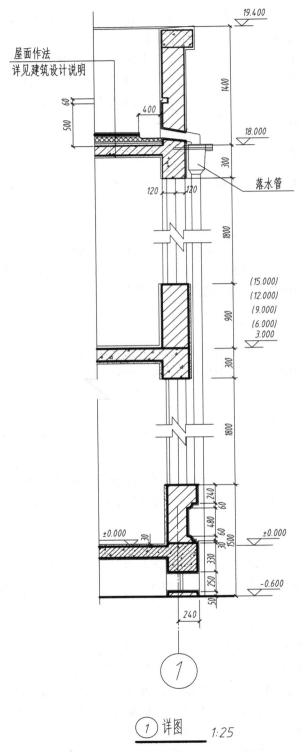

屋面作法
详见建筑设计说明

落水管

19.400

18.000

±0.000

-0.600

① 详图　1:25

图 8-18　外墙身详图

分为地面、勒脚、散水的构造节点详图。

根据剖面图的编号，对照平面图上相应的剖切符号，可知该剖面图的剖切位置和投影方向。图中注上轴线的编号，表示这个详图适用于①号轴线的墙身。也就是说，在轴线Ⓐ~Ⓖ的范围内，①号轴线的任何地方，墙身各相应部分的构造情况都相同。

从檐口部分，可了解屋面的承重层，女儿墙、防水、保温及排水的构造。

在本详图中，屋面的承重层是现浇钢筋混凝土板，按2%的珍珠岩保温层找坡。屋面为有组织排水，天沟设置在女儿墙内(内排水)，并通过女儿墙所留孔洞(雨水口兼通风口)，使雨水沿雨水管集中排流到地面。雨水管的位置和数量可从立面图或平面图中查阅。

在详图中，对屋面、楼层和地面的构造，采用多层构造说明方法来表示和在建筑设计总说明中进行说明。

从楼板与墙身连接部分，可了解各层楼板(或梁)的构造及与墙身的关系。

如本详图，楼层板为现浇钢筋混凝土板，在每层的室内墙脚处做一高150mm细石混凝土踢脚板，以保护墙壁，从图中的说明可看到其构造做法。踢脚板的厚度可等于或大于内墙面的粉刷层。如厚度一样时，在其立面投影中可不画出其分界线。

从勒脚部分，可知房屋在-0.600处作20mm厚防水砂浆防潮层。底层与地面之间架空，并设有高250mm的通风口。

8.6.4 楼梯详图

两层及以上的房屋，必须设置楼梯。一般楼梯由楼梯段、休息平台(包括平台板和梁)和栏杆(或栏板)等组成。最常见的楼梯形式是双梯段的并列楼梯，又称双跑式楼梯或双折式楼梯。在一般住宅楼的设计中，多采用现浇或预制的钢筋混凝土楼梯。楼梯详图一般由楼梯平面图、剖面图和节点详图组成。

1. 楼梯平面图

楼梯平面图实际是各层楼梯的水平剖面图，水平剖切平面应通过每层上行第一梯段及门窗洞口的任一位置。当某些楼层水平剖面图相同时，可以只画出其中一个平面图，称其为标准层平面图。

(1)底层平面图 当水平剖切平面沿底层上行第一梯段及单元入口门洞的某一位置切开时，便可以得到底层平面图或一层平面图，如图8-19(a)所示。

(2)标准层平面图 由于二到六层水平剖切平面相同，所以只需画其中一层的水平剖面图。将水平剖切平面沿二层上行第一梯段及梯间窗洞口的某一位置切开，便可得到如图8-19(b)所示的二层平面图。

(3)七层平面图和顶层平面图 当水平剖切沿六层和顶层门窗洞口的某一位置切开时，便可得到如图8-19(c)(d)中所示的七层平面和顶层平面图。

在底层平面图中，还应注出楼梯剖面图的剖切位置和投影方向。

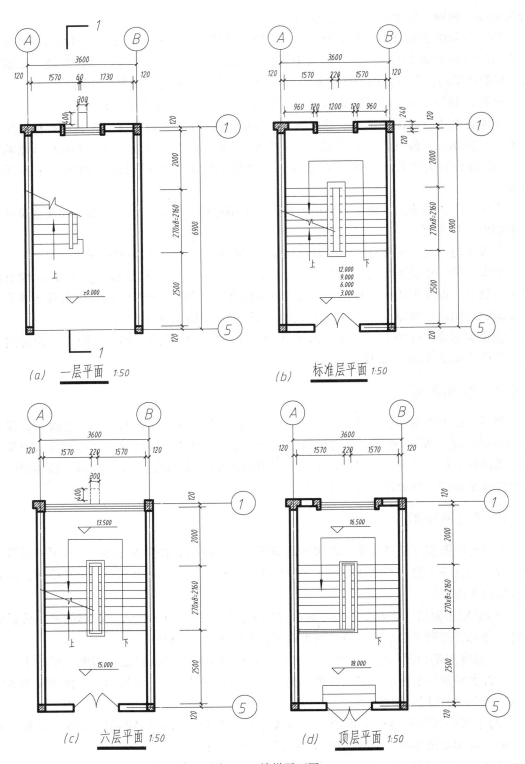

(a) 一层平面 1:50

(b) 标准层平面 1:50

(c) 六层平面 1:50

(d) 顶层平面 1:50

图 8-19　楼梯平面图

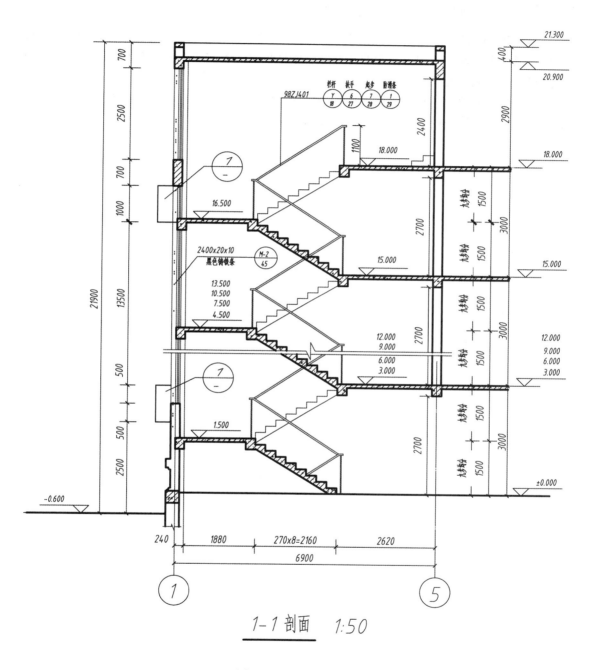

1-1 剖面 1:50

图 8-20 楼梯剖面图

2. 楼梯剖面图

图 8-20 所示为 1—1 楼梯剖面图。它的剖切位置和投影方向已表示在图 8-19（a）的底层平面图之中。该剖面图主要表明各梯段、休息平台的形式和构造。由图可以看出，这是一个现浇钢筋混凝土板式楼梯，每层有两个梯段。

在楼梯平面图中，每梯段踏步面的个数均比楼梯剖面图中对应的踏步个数少一个，这是因为平面图中梯段的最上面一个踏步面与楼面平齐。

第9章　建筑结构图

在房屋建筑、水工建筑、道路桥梁建筑等土木工程中，都要由各种受力构件(也称结构构件)组成结构系统，以承担建筑物自重和它上面的各种荷载。常见的结构构件有：板、梁、柱、支撑、桁架、基础等。所用材料有：砖、石、混凝土、钢筋混凝土、钢材、木材等，本章主要介绍钢筋混凝土结构和钢结构图。

9.1　钢筋混凝土结构图

混凝土是由水泥、石子、砂和水，按一定比例配合，经养护硬化后得到的一种坚硬的人工建筑材料。它承受压力的能力(称抗压强度)很高，而承受拉力的能力(称抗拉强度)却很低，容易因受拉而断裂。为了充分利用两种材料的不同特性，在构件的受拉区放入一定数量的钢筋，使其承担拉力，而在受压区混凝土则承担压力，从而大大提高了这种混合材料组成的构件的综合承载能力。这样把混凝土和钢筋这两种材料组合成一体，使混凝土主要承受压力，钢筋主要承受拉力，就形成了钢筋混凝土结构。

9.1.1　钢筋混凝土构件图的内容

1. 配筋图

把混凝土假想成透明体，显示构件中钢筋配置情况，然后用图线画出，这样的图称为配筋图，配筋图一般包括配筋平面图、配筋立画图和配筋断面图。

钢筋在混凝土中一般是将各号钢筋绑扎或焊接成钢筋骨架或网片。如图 9-1 所示的钢筋混凝土梁，在下部布置有承受拉力的受力筋(其中在接近梁端斜向弯起的弯起筋承受剪力)，在上部布置起架立作用的架立筋，各钢筋通过承受剪力的箍筋(一般沿梁的纵向每隔一定距离均匀布置)捆绑在一起而被固定。

图 9-2 中可看到板的钢筋骨架：下面是受力筋，在支座处上面是构造筋，这两种钢筋都靠分布筋固定位置。

配筋图要表达组成骨架的各号钢筋的品种、直径、形状、位置、长度、数量、间距等，是钢筋混凝土构件图中不可缺少的图样，必要时，还要把配筋图中的各号钢筋分

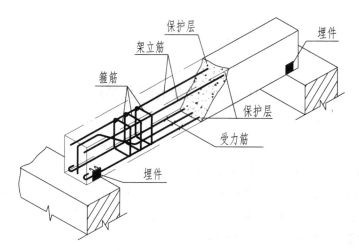

图 9-1　钢筋混凝土梁的结构示意图

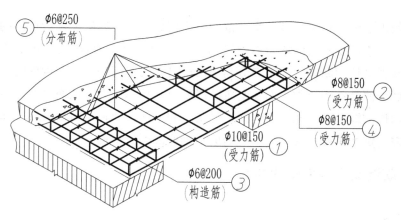

图 9-2　钢筋混凝土板的结构示意图

别"抽"出来。画成钢筋详图(也称抽筋图),并列出钢筋表(反映钢筋各种情况的汇总表)。

2. 预埋件图

由于构件连接、吊装等需要,制作构件时常将一些铁件预先固定在钢筋骨架上,并使其一部分表面露出在构件外表面,浇筑混凝土时便将其埋在构件之中,这就叫预埋件,如图 9-1 中的埋件。通常要在配筋图中标明预埋件的位置,预埋件本身也应另画出埋件详图,表明其构造。

9.1.2 配筋图中钢筋的一般表示方法

1. 图线

在配筋图中，为了突出钢筋，构件轮廓线一般用细线绘制，钢筋用单线粗线画出，钢筋的横断面用涂黑的圆点表示，不可见的钢筋用粗虚线、预应力钢筋用粗双点画线画出。

2. 钢筋的编号

为了便于识别，构件内的各种钢筋应予以编号，编号采用阿拉伯数字，写在直径为 6mm 的细线圆中。编号圆画在引出线的端部，如图 9-2、图 9-3 所示。

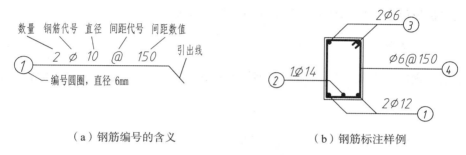

（a）钢筋编号的含义　　　　　　　（b）钢筋标注样例

图 9-3　钢筋的编号方式

3. 钢筋的种类代号

在编号引出线的文字说明中，应用钢筋的种类代号标明该编号钢筋的种类。常用钢筋的种类代号列于表 9-1 中。

表 9-1　常用钢筋代号

钢筋种类(热轧钢筋)	代号	直径 $d(mm)$	强度标准值 $f_{yk}(N/mm)^2$
HPB235(Q235)	Φ	8~20	235
HRB335(20Mnsi)	Φ	6~50	335
HRB400(20MnsiV,20MnsiNb,20MnTi)	Φ	6~50	400
RRB400(K20Mnsi)	$Φ^R$	8~40	400

表 9-1 中 HPB235 为光圆钢筋（俗称圆钢），HRB335 为带肋钢筋（俗称螺纹钢），RHB400 为热处理钢筋。普通钢筋宜采用 HRB400 级和 HRB335 级钢筋，也可采用

HPB235 级和 RRB400 级钢筋，当采用本表未列入的冷加工钢筋及其他钢筋时，应符合专门标准的规定。

　　圆钢（HPB235）一般采用的直径为 6.5、8、10、12，再粗的就不常用了，一般用作箍筋。

　　钢筋标注各数值的顺序及含义如图 9-3(a)所示。

　　图 9-3(b)的标注样例中，②号钢筋是一根直径为 14mm 的 HRB335 钢筋，④号钢筋是 HPB235 钢筋，直径为 6mm，每 150mm 放置一根，其中"@"为间距符号，表示均匀布置。

4. 保护层

　　钢筋在构件中不能裸露，要有一定厚度的混凝土作为保护层，以保护钢筋不被锈蚀，如图 9-1 所示。保护层还可起防火作用及增加混凝土对钢筋的黏结力。一般情况下梁柱保护层厚度 25～30mm，板保护层厚度 10～15mm，保护层厚度在图上一般不需标注。各种构件混凝土保护层厚度的具体要求可参见钢筋混凝土规范。

5. 钢筋的图例

　　为了增强钢筋与混凝土的黏结力，钢筋两端做成弯钩，直筋和箍筋的弯钩形式如图 9-4 所示。

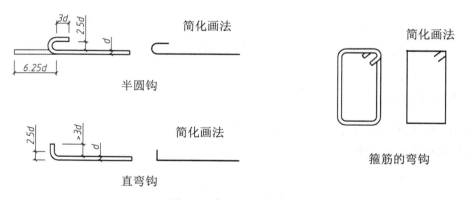

图 9-4　常见的钢筋弯钩

　　构件中的钢筋，有直的、弯的、带钩的、不带钩的等，这都需要在图中表达清楚。表 9-2 列出了一般钢筋的常用图例。其他如预应力钢筋、焊接网等可查阅有关标准。

6. 钢筋表

　　钢筋混凝土构件图画好后，还要制作钢筋统计表，简称钢筋表，以便更清楚地反映钢筋型式、数量等，方便施工下料。

　　钢筋表的样式可参考表 9-3：

表 9-2　一般钢筋常用图例

序号	名　称	图　例	说　明
1	钢筋横断面	●	
2	无弯钩的钢筋端部	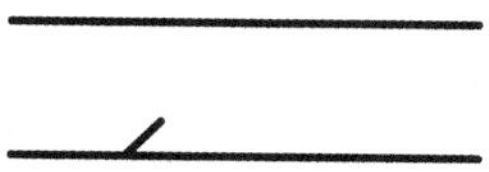	下图表示长短钢筋投影重叠时可在短钢筋的端部用 45° 短画线表示
3	带半圆形弯钩的钢筋端部		
4	带直钩的钢筋端部		
5	带丝扣的钢筋端部		
6	无弯钩的钢筋搭接		
7	带半圆形弯钩的钢筋搭接		
8	带直钩的钢筋搭接		
9	花篮螺丝钢筋接头		

表 9-3　钢筋表样表

构件名称	钢筋编号	钢筋规格	钢筋简图	单根长度（mm）	根数	总长度（m）	重量（kg）	备注

7. 钢筋的画法

在钢筋混凝土结构图中，钢筋的画法还要符合表 9-4 的规定。

表 9-4　钢筋画法

序号	说　　明	图　　例
1	在平面图中配置双层钢筋时，底层钢筋弯钩应向上或向左，顶层钢筋则向下或向右	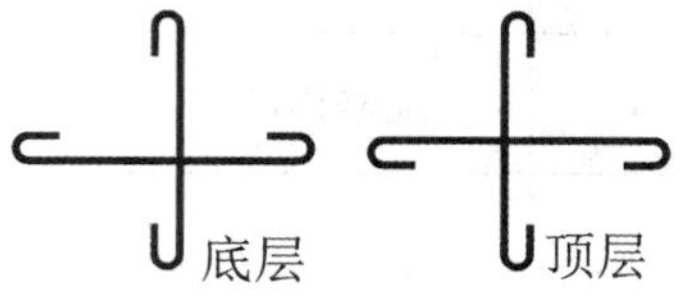 底层　顶层
2	配双层钢筋的墙体，在配筋立面图中，远面钢筋的弯钩应向上或向左，而近面钢筋则向下或向右。（GM－近面，YM－远面）	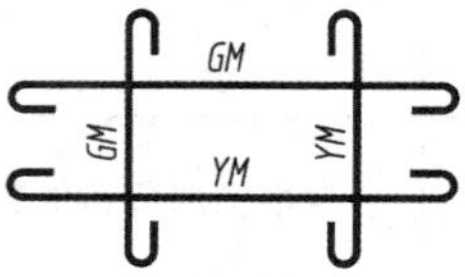
3	如在断面图中不能表示清楚钢筋布置，应在断面图外面增加钢筋大样图	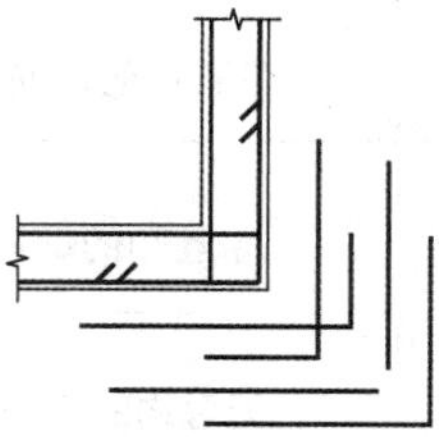
4	图中所示的箍筋、环筋，如布置复杂，应加画钢筋大样及说明	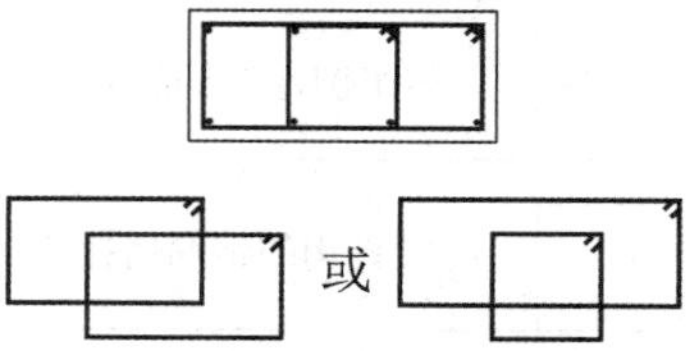 或
5	每组相同的钢筋、箍筋或环筋，可以用粗实线画出其中一根来表示，同时用横穿的细线表示其余的钢筋、箍筋或环筋，横线的两端带斜短划表示该号钢筋的起止范围	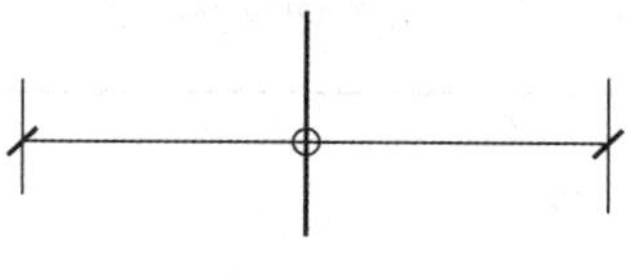

9.1.3　钢筋混凝土构件图举例

1. 现浇混凝土板

如图 9-2 所示的现浇钢筋混凝土板，纵、横向尺寸都比较大，可仅用配筋平面图表达，如图 9-5 所示。其中用中粗虚线表示的是板下支座(墙或梁)的不可见轮廓线。①号钢筋是直径为 10mm 的 HPB235 钢筋，两端带有向上弯起的半圆弯钩，间距是 150mm；②号钢筋直径为 8mm，间距 150mm；③号钢筋是支座处的构造筋，在板的上层，钢筋端部直钩弯向下，直径 6mm，间距 200mm，伸入支座的部分用尺寸标出来；④号钢筋是中间支座的负弯矩钢筋，布置在板的上层，钢筋端部直钩弯向下，直径 8mm，间距 150mm，跨过支座的长度用尺寸标出来。这几号钢筋都是 HPB235 钢筋。由于分布筋一般都是直筋，其作用是固定受力筋和构造筋的位置，施工时根据具体情况按规范放置，一般是 $\phi 4 \sim \phi 6$，@250~300，所以现浇钢筋混凝土板的配筋平面图中，可不画出分布筋。

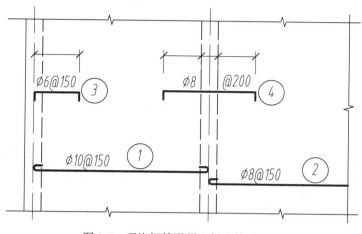

图 9-5 现浇钢筋混凝土板配筋平面图

2. 钢筋混凝土梁

对于梁、柱等比较细长的构件，常用配筋立面图并配以若干配筋断面图表达。图 9-6 是一单跨简支梁 L 的配筋图，其构造示意图如图 9-1 所示。

图 9-6 中 L(150×250) 为该梁的配筋立面图。梁的轮廓用细实线绘制，可表明梁的构造长度。各号钢筋用粗实线画出，箍筋也可用中粗线画出并采用的简化画法(只画出其中的几个)。同时标出全部钢筋的编号，共有四种钢筋：①号钢筋在梁的下部，是直筋贯穿整个梁，在其端部带有向上弯的半圆形弯钩；②号钢筋是弯起筋，其中间段位于下部，靠近两端时斜向 45°弯起至上部，到梁端又垂直向下弯至梁底；③号钢筋在梁的上部，是不带弯钩的直筋，也贯穿在整个梁中；④号钢筋是箍筋，沿整个梁均匀排列。

同时，还需要绘制梁不同部位的断面图，用于表示截面形状、各钢筋的横向位置和箍筋的形状，图 9-6 中的 1—1、2—2 是该梁的两个配筋断面图。为了表达更清楚，断面图可以用较立面图大的比例，断面轮廓用细实线画，断面内要显示箍筋形状及截断的钢筋横断面，不能画表示混凝土的材料图例。

1—1 断面表明中间段情况，梁的截面形状是矩形，①号钢筋是两根，在梁下部的两角各放置一根；②号钢筋放置在梁底部的中间，只一根；③号钢筋也是两根，分置在梁上部的两角处；④号钢筋是箍筋，矩形，两端有 135°弯钩。

2—2 断面表达两端段情况，除②号钢筋已弯至上部外，其他钢筋位置没有变化。钢筋的弯起部分不必取断面，因钢筋混凝土设计规范规定，一般弯起钢筋必须处于梁的纵向

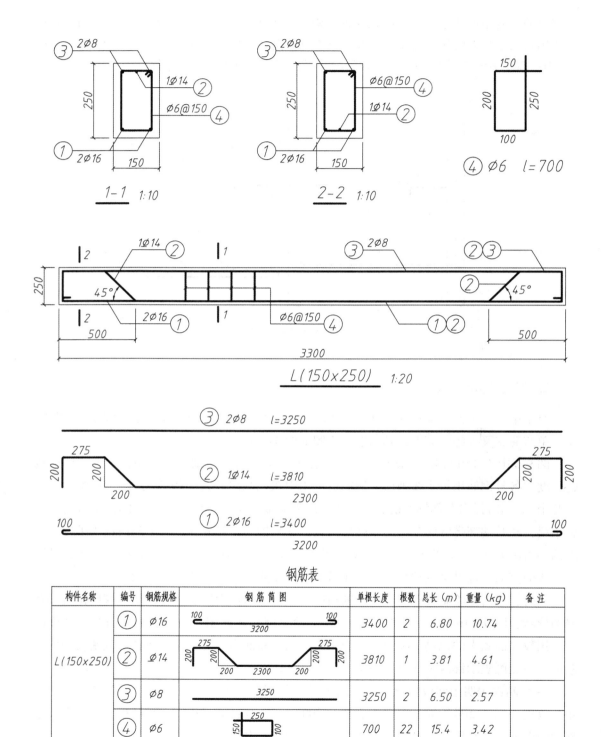

钢筋表

构件名称	编号	钢筋规格	钢筋简图	单根长度	根数	总长 (m)	重量 (kg)	备注
L(150x250)	①	Ø16	100 ┐ 3200 ┌ 100	3400	2	6.80	10.74	
	②	Ø14	275/200 200 2300 200 275/200	3810	1	3.81	4.61	
	③	Ø8	3250	3250	2	6.50	2.57	
	④	Ø6	150 250 100 200	700	22	15.4	3.42	

图 9-6　单跨简支梁结构图

平面内，它的横向位置在 1—1 和 2—2 中已完全表达清楚。

此外，钢筋的品种、直径、根数、间距等，一般也是在断面图的编号引出线上注明。

图 9-6 中还画出了各号钢筋详图（抽筋图）。一般抽筋图都要画在与立面图（或平面图）相对应的位置，从构件的最上部（或最左侧）的钢筋开始依次排列，并与立（平）面图中的同号钢筋对齐。同一号钢筋只画一根，在钢筋线上面注出钢筋的编号、根数、品种、直径及下料长度 l（下料长度等于各段长度之和）。如③号钢筋因无弯钩，其下料长度为梁的构造长度减去两端保护层厚度（设为 25mm），即 $l = 3300 - (25 \times 2) = 3250$。②号钢筋为弯起筋，其下料长度为 $l = 2300 + (280 + 275 + 200) \times 2 = 3810$，其中每段长度都是外包尺寸，如图 9-7（a）所示。①号钢筋两端有半圆形的 180° 弯钩，弯钩长度规定为 6.25 倍该钢筋直径，所以钢筋的下料总长度为 $l = 3200 + (6.25 \times 16) \times 2 = 3400$。④号箍筋详图反映其成型尺寸，箍筋的成型尺寸一般指内缘尺寸如图 9-7（b）所示，其下料尺寸 $l = 150 + 200 + 100 + 250 = 700$。

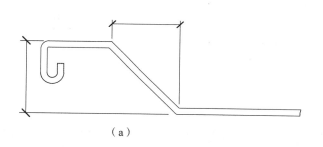 

（a）　　　　　　　　　　　　　　（b）

图 9-7　钢筋尺寸示意图

在图中各种弯钩及保护层的大小，都可凭估计画出，不必精确度量。

图 9-6 中的钢筋表是为了便于统计用料而绘制的，也可以另页写出，并根据需要增加若干项目。

9.2　钢结构图

钢结构是由各种型钢如角钢、工字钢、钢板等经焊接或用螺栓、铆钉连接而成，常用于大跨度、高层建筑及工业厂房中。

9.2.1　常用型钢及表示方法

1. 型钢的图例及标注方法（表 9-5）

表 9-5 型钢的图例及标注

序号	名 称	截 面	标 注	说 明
1	等边角钢	∟	∟ $b×t$	b 为肢宽 t 为肢厚
2	不等边角钢	∟	∟ $B×b×t$	B 为长肢宽 b 为短肢宽 t 为肢厚
3	工字钢	I	I N Q I N	N 为工字钢的型号 轻型工字钢时加注 Q 字
4	槽 钢	⊏	⊏ N Q ⊏ N	N 为槽钢的型号 轻型槽钢时加注 Q 字
5	钢 板	——	$\dfrac{-b×t}{l}$	$\dfrac{宽×厚}{板长}$
6	圆 钢	⊘	$\varnothing d$	d 为直径
7	钢 管	○	$DN××$ $d×t$	内径 外径×壁厚

2. 连接形式

1)焊接和焊缝代号

在焊接钢结构图中,必须把焊缝的位置、形式和尺寸标注清楚。焊缝按规定采用"焊缝代号"来标注。焊缝代号由带箭头的引出线、图形符号、焊缝尺寸和辅助符号组成,如图 9-8 所示。

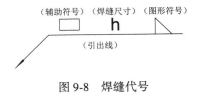

图 9-8 焊缝代号

常用焊缝的图形符号和辅助符号如表 9-6 所示。

2)螺栓连接

螺栓连接操作简单,拆装方便,其连接形式可用简化图例表示,见表 9-7。

9.2.2 钢屋架结构图

钢屋架结构图主要有屋架简图、屋架立面图和节点详图。

表 9-6　常用焊缝的图形符号和辅助符号

焊缝名称	焊缝形式	图形符号	符号名称	焊缝形式	辅助符号	标注符号
V 型	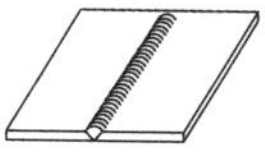	V	三角焊缝符号	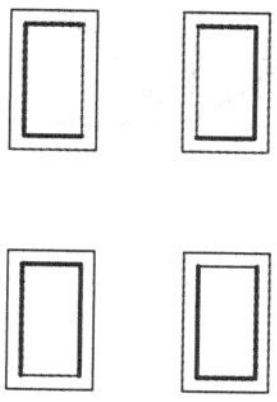	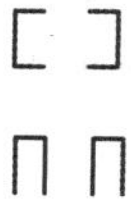 [ ]	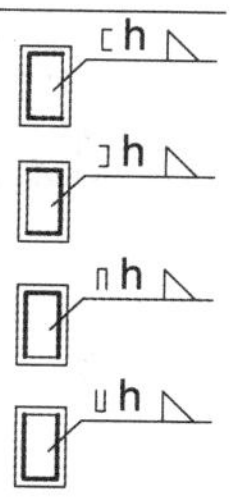
I 型	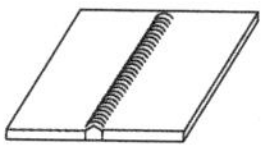	||				
贴角焊	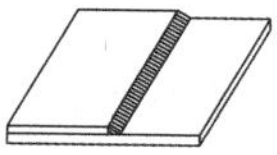	 △	周围焊缝符号	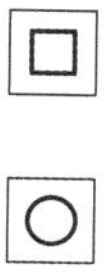		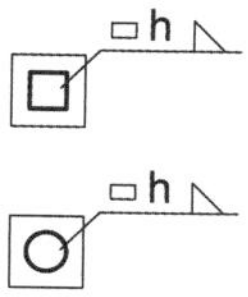
塞焊	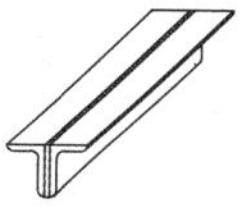	▽	现场安装焊缝符号			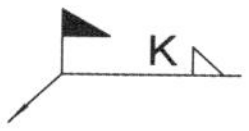 K

表 9-7　螺栓、螺栓孔图例

序号	名　称	图　例	说　明
1	永久螺栓	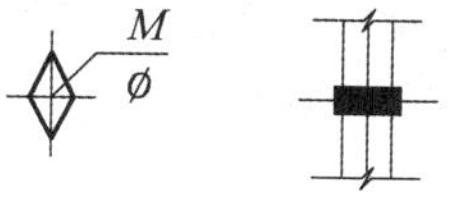 $\dfrac{M}{\varnothing}$	
2	安装螺栓	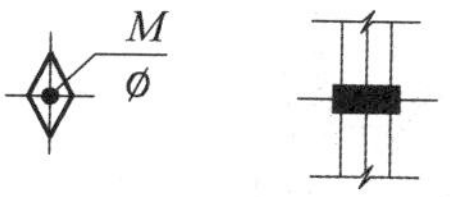 $\dfrac{M}{\varnothing}$	1.细"+"线表示定位线 2.M 表示螺栓型号 3.$\varnothing$ 表示螺栓孔直径
3	圆形螺栓孔	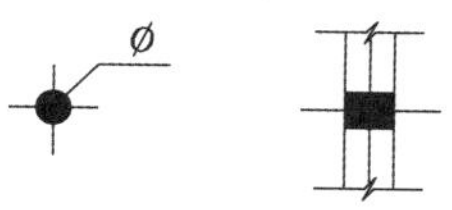 $\varnothing$	

　　图 9-9 是某仓库钢屋架简图用单线图表示，一般用粗(或中粗)实线绘制，采用较小比例(1∶200)绘制。从定位轴线的编号可以知道屋架位于Ⓐ~Ⓒ轴线之间，各杆件几何轴线长度沿杆件直接标出。

　　图 9-10 是钢屋架局部的立面图，它包含屋架上弦投影图、屋架立面图、下弦投影图三部分。立面图中杆件或节点板轮廓用粗(或中粗)线绘制，其余为细线。由于屋架的跨

237

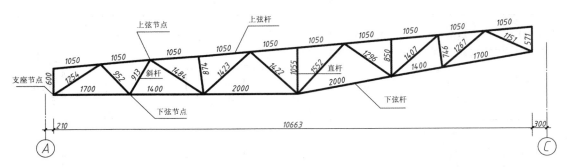

图 9-9　钢屋架简图

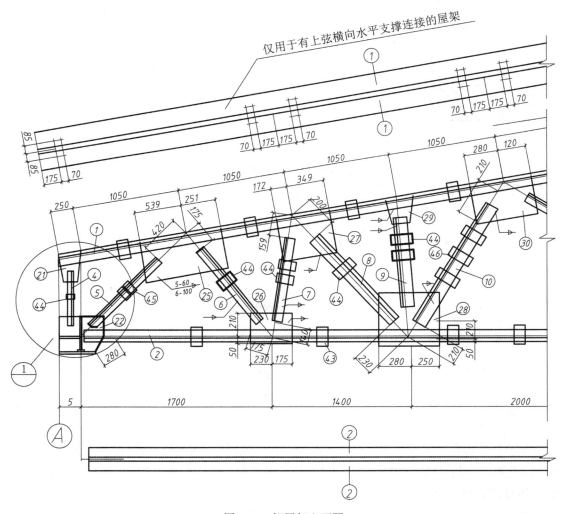

图 9-10　钢屋架立面图

度和高度尺寸较大，而杆件的截面尺寸较小，所以通常在立面图中采用两种不同的比例绘制，屋架轴线用较小比例，如 1∶50；而杆件和节点用较大比例，如 1∶25。

从立面图可以看出，屋架的上、下弦分别由若干根杆件通过节点板焊接而成，再用一些直杆和斜杆经节点板将上、下弦相连构成屋架。杆件、节点板应编号并标注定位尺寸。支座节点采用较大比例另绘详图表示，如图中㉒号节点板。由于钢屋架是对称的，可采用对称画法，即只需画出一半屋架图。

图 9-11 是钢屋架支座节点详图，采用 1∶20 的比例绘制，由详图可知，屋架上、下弦的连接方式。1—1 剖面表示支座垫板㉓为 360×420 的矩形板，㉒位于其前后对称面处并用支撑板⑳焊接。㊽是螺帽垫，屋架通过㉓与柱顶焊接再用螺栓固定。2—2 剖面表示杆件由两个相同的角钢组成，两角钢之间用塞焊与节点板相连。

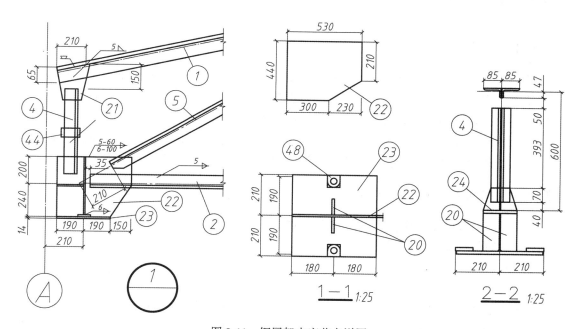

图 9-11　钢屋架支座节点详图

在钢屋架结构图中一般还附有注明了组成杆件的各型钢的截面规格尺寸、长度、数量和质量等内容的材料表(本书略去)，所以在屋架图中只注出各杆件的编号，而不需注出截面尺寸。

第 10 章　建筑设备图

设备施工图包括给排水施工图、供暖通风施工图和电器施工图。

10.1　给水排水施工图

10.1.1　简介

给排水工程是现代城市建设的重要基础设施之一，它包括给水工程和排水工程两个方面。给水工程是指水源取水、水质净化、净水输送、配水使用等工程。排水工程是指污水排除、污水处理、处理后的污水排入江河湖泊等工程。

给水排水工程都由各种管道及其配件和水的处理、贮存设备等组成，分为室内给排水施工图和室外给排水施工图，本章重点介绍与房屋建筑有关的室内给排水施工图。

10.1.2　给排水制图的一般规定

绘制给排水施工图应遵守国家最新颁布的《给水排水制图标准》以及《房屋建筑制图统一标准》中的各项基本规定。

1. 图线

新设计的各种排水和其他重力流管线采用粗实线(线宽为 b)；新设计的各种排水和其他重力流管线的不可见轮廓线采用粗虚线(线宽为 b)；新设计的各种给水和其他压力流管线，原有的各种排水和其他重力流管线的不可见轮廓线采用中粗实线(线宽为 $0.75b$)；新设计的各种给水和其他压力流管线及原有的各种排水和其他重力流管线的不可见轮廓线采用中粗虚线(线宽为 $0.75b$)；给水排水设备、零(附)件的可见轮廓线用中实线(线宽为 $0.50b$)；给水排水设备、零(附)件的不可见轮廓线用中虚线(线宽为 $0.50b$)；建筑物的可见轮廓线用细实线(线宽为 $0.25b$)；建筑物的不可见轮廓线用细虚线(线宽为 $0.25b$)。

2. 比 例

厂区(小区)平面图：1∶2000、1∶1000、1∶500、1∶200；
室内给水排水平面图：1∶300、1∶200、1∶100、1∶50；
给水排水系统图：1∶200、1∶100、1∶50 或不按比例；

部件、零件详图：1：50、1：40、1：30、1：20 1：10、1：5。

3. 标高

（1）标高以"米"为单位，宜注写到小数后第三位。

（2）管道应标注起点、转角点、连接点、变坡点、交叉点的标高；压力管道宜标注管中心标高；室内外重力管道宜标注管内底标高；必要时，室内架空压力管道可以标注管中心标高，但图中应加以说明。

（3）室内管道应标注相对高程。

（4）平面图、系统图中，管道标高应按图 10-1 的方式标注。

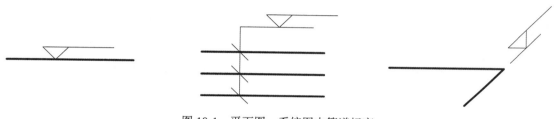

图 10-1　平面图、系统图中管道标高

4. 管 径

（1）管径尺寸以毫米为单位。

（2）低压流体输送用镀锌焊接钢管、不镀锌焊接钢管、铸铁管、硬聚氯乙烯管、聚丙烯管等，管径应以公称直径 DN 表示（如 DN15、DN50 等）；耐酸陶瓷管、混凝土管、钢筋混凝土管、陶土管（缸瓦管）等，管径应以内径 d 表示（如 $d320$、$d250$ 等）。

（3）焊接钢管、无缝钢管等，管径应以外径 $D×$壁厚表示（如 $D110×4$、$D150×4$ 等）。

（4）单管的管径标注如图 10-2（a）所示，多管的管径标注如图 10-2（b）所示。

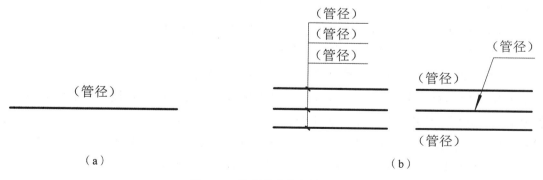

（a）　　　　　　　　　　　　　　　　　（b）

图 10-2　单管及多管的管径标注

5. 编号

（1）当建筑物的给水进口、排水出口的数量多于一个时，一般应系统编号。标注方式如图 10-3 所示。

（2）建筑物内穿过楼层的立管，其数量多于一个时，宜用阿拉伯数字编号。标注方式如图 10-4 所示。

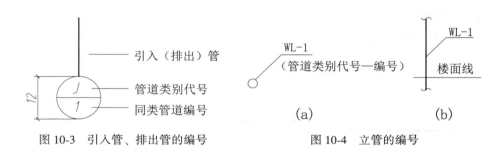

图 10-3　引入管、排出管的编号　　　　图 10-4　立管的编号

6. 图例

建筑给水排水施工图中最常用的图例见表 10-1。

10.1.3　室内给排水系统的组成

室内给排水系统的组成示意如图 10-5 所示。

室内给水工程的任务是将自来水从室外管网引入室内，并输送到各用水龙头、卫生器具、生产设备和消防设备处，并保证提供水质合格、水量充裕、水压足够的自来水。其组成如下：

（1）给水进户管：从室外给水管网将自来水引入房屋内部的一段水平管道，一般还附有水表和阀门。

（2）室内给水管网：室内给水管网包括水平干管、立管和支管。

（3）配水附件：包括各种配水龙头、闸阀等。

（4）升压设备：当用水量大或水量不足时，需要安装水泵、水箱等设备。

布置室内给水管网时，应考虑给水立管靠近用水量大的房间和用水点，管系选择应使管道最短，并便于检修。根据室外供水情况（水量和水压等）和用水对象，以及消防对给水要求，室内给水管网可布置成环状或树枝状，对于不许断水的重要建筑应采用环状管网（给水干管首尾相接且有两根进户管），一般民用房屋常采用树枝状管网。

表 10-1 给排水图例

名称	图例	说明	名称	图例	说明
管道	—— J —— —— RJ —— —— RH —— —— W —— —— YW —— —— T —— —— Y ——	用汉语拼音字头表示管道类别 生活给水管 热水给水管 热水回水管 污水管 压力污水管 通气管 雨水管	自动冲洗水箱		
			截止阀	DN≥50　　DN<50	
			放水龙头		左为平面 右为系统
			室外消火栓		
管道固定支架		支架按实际位置画	洗涤盆		水龙头数量按实际绘制
多孔管			台式洗脸盆		
排水明沟		箭头指向下坡	浴盆		
存水弯			污水池		
立管检查口			大便器		左为蹲式 右为坐式
清扫口		左为平面 右为系统	圆形化粪池	HC	HC 为化粪池代号
通气帽		左为伞罩 右为网罩	水表井		
圆形地漏		左为平面 右为立面	阀门井 检查井		左为圆形 右为矩形

　　室内排水工程的任务是将房屋内的生活污水、生产废水等尽快畅通无阻地排至室外管渠中去，保证室内不停积与漫漏污水，不逸入臭气，不污染环境。其组成如下：

　　(1)排水横管：连接卫生器具和大便器的水平管段称为排水横管。连接大便器的水平横管的管径不小于 100，且流向立管方向有 2% 的坡度。

　　(2)排水立管：使污水向下排至底层。管径一般为 100，但不能小于 50 或小于所连接的横管管径。立管在底屋和顶屋应有检查口。

　　(3)排出管：将室内排水立管的污水排入检查井的水平管段称为排出管。其管径应大于或等于 100，向检查井方向应有 1%~2% 的坡度。

　　(4)通气管：在顶屋检查口以下的一般立管称为通气管。通气管使室内污水管道与大气相通，既可排除有害气体，又可防止管道内产生负压。

　　(5)排水附件：包括存水弯、地漏、检查口等。

　　(6)卫生器具：常用的卫生器具有：大便器、小便器、浴盆、水池等。

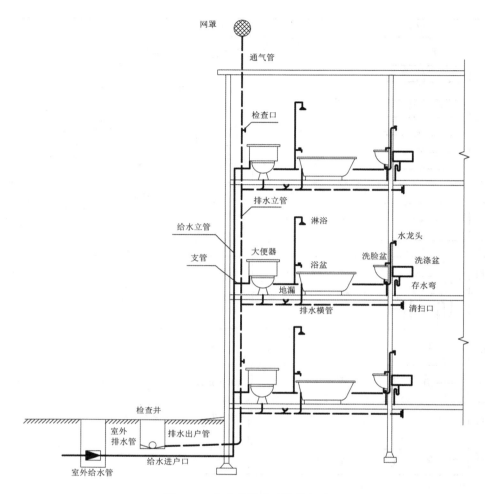

图 10-5　室内给排水系统的组成

布置室内排水管网，立管应尽量靠近污物、杂质最多的卫生设备（如大便器、污水池），要便于安装和检修，横管应有坡度，并斜向立管，排出管应选最短途径与室外管道连接，连接处应设检查井。

10.1.4　给水排水施工图的图示内容及图示方法

室内给水排水施工图包括室内给排水平面图、给排水系统图、详图及施工说明等。

现以某单位一幢住宅为例，如图 10-6 所示。该建筑每层楼梯的东西侧各有一住户，每户有两间卧室和一间客厅，另有厨房和厕所。显然厕所和厨房是用水房间，需要安装给水排水设施。

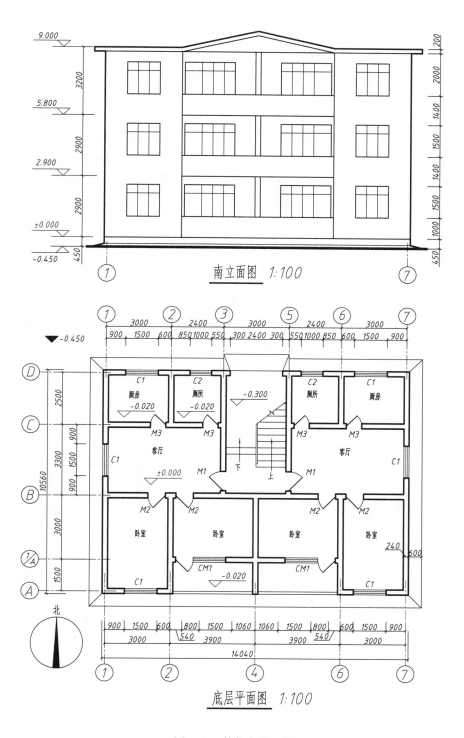

南立面图 1:100

底层平面图 1:100

图 10-6 某住宅施工图

1. 给水排水平面图

给水排水平面图表示房屋内给水排水管道及用水设备的平面布置情况，主要表达出：给水管网及排水管网的各个干管、立管、支管的平面位置、走向、立管编号和管道的安装方式(明装或暗装)；各种用水设备、管道器材设备(如阀门、地漏、清扫口、消水栓等)的平面位置；管道及设备安装的预留洞位置、预埋井、管沟等方面对土建的要求。

画图时用细实线画出建筑平面图(标明轴线编号)，与用水设备无关的细部，如窗台、门扇、门窗代号等省略不画，只标注轴线尺寸及室内外地面、楼面标高。图中管道、设备及配件一般采用图例符号表示，不必标注尺寸。暗装的管道与明装管道一样画在墙外，只需说明要暗装的部分。在同一平面图中，当有几根不同高度的管道重叠在一起时，可采用平等排列绘制。卫生比较简单时，可将给水与排水两个系统画在一个平面图中，当卫生设备比较复杂时，则应将两者分别用不同的平面图表示。

图 10-7 所示为房屋底层厕所和厨房的给排水平面图，为了图示清晰，采用较大比例绘制。房屋东西两住户内的卫生设施对称布置，厕所内设浴盆、大便器、洗脸盆各一个，同时预留了洗衣机的位置。厨房内有一个洗涤盆和一个污水池。底层厕所和厨房的地面标高均为 -0.020m。由于以上各层布置相同，这里略去了二、三层平面图。根据底层平面图注出的系统编号可知，给水系统有 J/1 和 J/2，排水系统有 W/1 和 W/2。

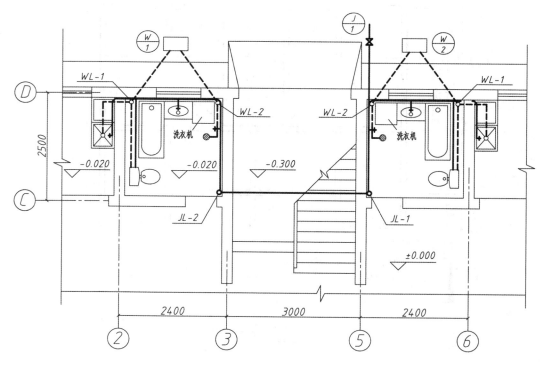

图 10-7　底层给排水平面图

2. 给水排水系统图

给水排水系统图表明建筑给水管网和排水管网上下、左右、前后之间的空间关系。一般采用"正面斜等轴测图"表示，y 轴与水平线成 45°角，三个轴向伸缩系数为 1，当 y 轴与水平线在 45°角面出现过多的前后投影重叠交叉的管线时，可改用 30°或 60°角绘制。

绘图比例与给水排水平面图相同，如管道系统比较复杂时可放大比例。图中标注各管径尺寸、立管编号、管道标高的坡度，并标明各种器材在管道系统中的位置。管道坡度无须按比例绘制，管径及坡度用数字标明即可。

图 10-8 为室内给水管道系统 J/1 的轴测图。给水进户管 DN40 上装有一闸阀，管中心标高为 −1.000m，沿轴线 ⑤ 穿外墙进入室内后，向上升至标高 −0.250m，继续向前延伸，到达轴线 ⑤ 处 J/1 处分为两路，一路 DN32 转弯向西，从地面下通过楼梯间至轴线 ③ 处，穿出地面后向上形成立管 JL-2；另一路 DN32 直接穿出地面后垂直向上形成立管 JL-1。这两根给水立管位于厕所间的门后墙角处，由下向上依次供水给一、二、三层。各立管在标高 0.900m 处，分出第一层用户支管 DN20 后，立管管径缩小为 DN25，在标高 3.900m 处分出第二层用户支管 DN20，立管再次变径为 DN20；在标高 6.900m 处，立管水平折向

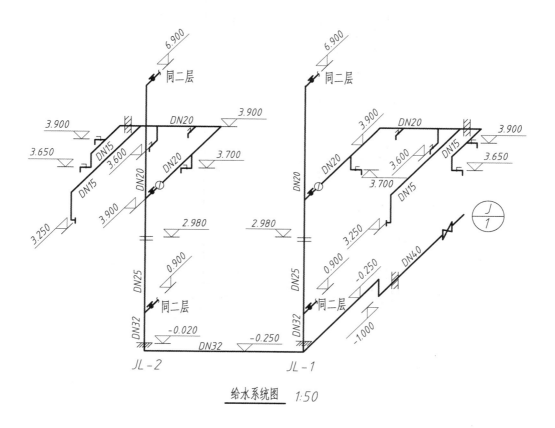

给水系统图   1:50

图 10-8   室内给水系统图

247

北，变径为第三层用户支管。各条用户支管的始端均安装有控制阀门及串接水表。系统图中只详细绘制了第二层的配水管网，第一层和第三层与第二层相同可省去不画，只在立管的分支处断开注明"同二层"。

在二层东侧住户配水管网中，用户支管标高为 3.900m 且水平布置，支管沿墙水平向北延伸并在洗漱台、大便器等需要处安装水嘴和阀门；墙角处分出一支 DN15 穿墙至厨房，在洗涤盆和污水池上方分别接水嘴。各水嘴和阀门标高在图中标出。

图 14-9 所示为室内排水管道系统 W/1 的轴测图，W/2 与 W/1 布置是对称且相同的，此处省去不画。

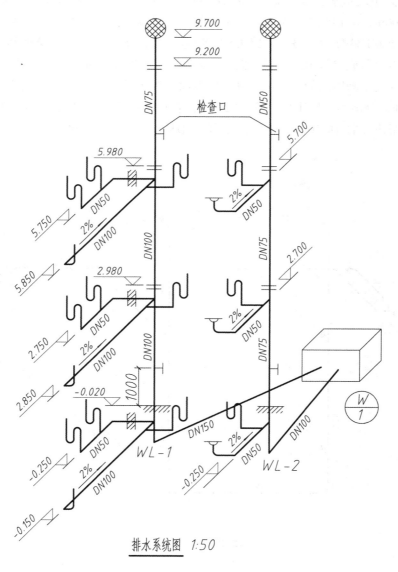

排水系统图　1:50

图 10-9　室内排水系统图

W/1 系统有两根排水立管 WL-1 和 WL-2。立管 WL-1 位于厕所间轴线 1/1 和 D 处。每层有两条横管与此立管相连接，一条横管 DN100 沿轴线 1/1 布置，排出大便器和浴盆污水，另一条横管 DN50 穿墙至厨房内的水池下，排出洗涤盆和污水池内的废水。污水、废水通过 S 形存水弯流向横管，然后排向立管。立管 WL-1 的管径为 DN100，上部通气管的管径缩为 DN75，通气管穿过屋顶后在顶端标高为 9.700m 处设网罩通气帽，立管的底端标高−0.600m 处接出户管 DN150，以 2% 的坡度通向检查井。

立管 WL-2 位于厕所间轴线③和 D 处。每层有一条沿轴线③布置的横管 DN50 与此立管相连接，洗漱盆和地漏的废水排入此横管，横管以 2% 的坡度斜向立管。立管的直径为 DN750，上端通气管为 DN50，底端接出户管 DN150，坡度为 2%，通向室外检查井。

两根立管在第二层和第三层均有离地面（或楼面）高度为 1000mm 的检查口，各层楼地面的标高和横管的标高均在图中标出。

10.1.5 室外给排水施工图简介

室外给排水工程的任务是将房屋内外的排水设施和管网连接起来，一方面向用户提供净水，另一方面将用户产生的污水输送至污水处理厂或排入自然水体。

室外给排水工程的范围可大可小，可以是一个城市完整的市政工程，或一个小区给排水工程，也可以只是为几幢建筑服务的局部范围。

室外给排水施工图主要是平面图，表明室内与室外的给水管网、排水管网的连接关系，给水管道和排水管道的房屋周围的布置形式，各段管道的管径、坡度、流向等，以及附属设施如阀门井、检查井、消火栓、化粪池等的位置。

10.2 室内采暖通风施工图

为了满足人们生活和工作的需要，常在建筑物中安装采暖和通风设施。

采暖工程是将热能通过热力管网从热源（锅炉房等）输送到各个房间，并在室内安装散热器，使房屋内在寒冷的天气下仍能保持所需的温度。

通风工程是通过一系列的设备和装置（空气处理器、风管、风口等），将室内污浊的有害气体排至室外，并将新鲜的或经处理的空气送入室内。能使房屋内部的空气保持恒定的温度湿度、清洁度的全面通风系统称为空气调节。

10.2.1 采暖通风制图的一般规定

采暖通风制图应遵守国家最新颁布的《暖通空调制图标准》中的有关规定。

1. 图线

采暖通风制图中常用图线在 0.35b 至 b 之间，根据用途线宽组 b＝0.18～1.0mm。

2. 比例

采暖通风制图中的比例可以按如下要求选用。

总平面图：1∶500、1∶1000；

总图中管道断面图：1∶50、1∶100、1∶200；

平、剖面图及放大图：1∶20、1∶50、1∶100；

详图：1∶1、1∶2、1∶5、1∶10、1∶20；

3. 图例

常用水、汽管道宜用如下代号表示：

R——（供暖、生活、工艺用）热水管；　　　Z——蒸汽管；

G——补给水管；　　　　　　　　　　　　X——泄水管；

N——凝结水管；　　　　　　　　　　　　L——空调冷水管；

LR——空调冷/热水管；　　　　　　　　　LQ——空调冷却水管。

采暖通风制图中常用图例见表 10-2。

表 10-2　采暖通风施工图的常用图例

名　称	图　例	说　明	名　称	图　例	说　明
供水（汽）管		用粗实线、粗虚线区分供水、回水时，可省略代号	砌筑风、烟道	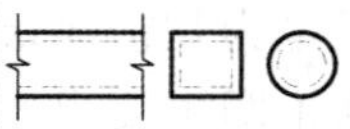	其余均为： 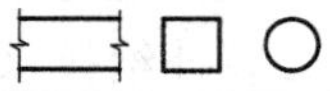
回（凝结）水管			检查孔测量孔	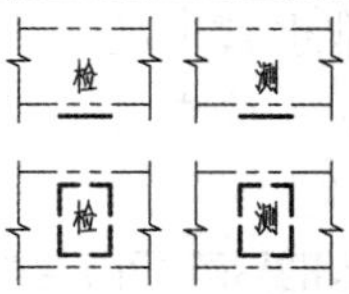	
绝热管					
弧形补偿器			矩形三通	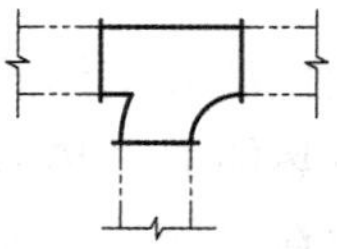	
止回阀		箭头表示允许流通方向			
阀门（通用）、截止阀	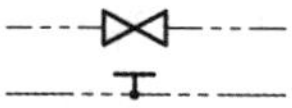		风口（通用）	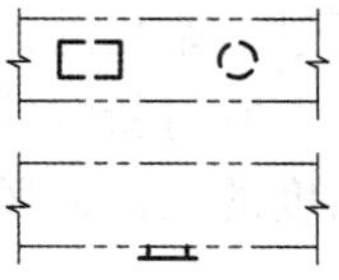	
固定支架	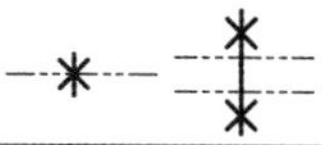	左为单管右为多管			
疏水器	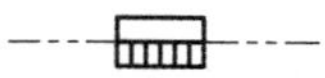		矩形散流器	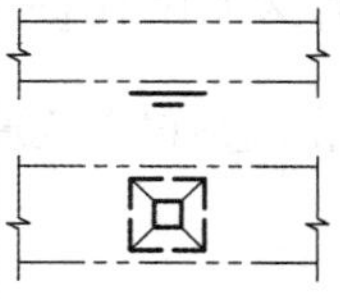	
散热器及手动放气阀	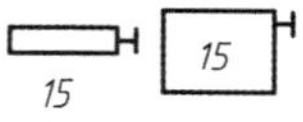	左为平面右为立面			散流器为可见时虚线改为实线
板式换热器	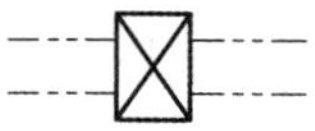		圆形散流器	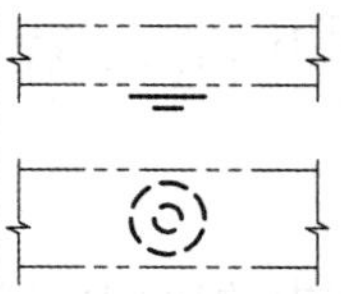	
水泵		左侧为进水，右侧出水			

10.2.2 室内采暖施工图

1. 室内采暖工程的组成

1）室内采暖管网

室内采暖管网分供热管和回水（凝结水）管网两部分。

（1）供热管网又包括：供热总管（与室外管网相连接并把热媒引入室内）、供热干管（从总管分支出来水平输送热媒）、供热立管（楼层间垂直输送热媒）、供热支管（从立管分支出来连通到各散热器）。

（2）回水管网包括：回水支管（将回水从散热器排至立管）、回水立管（将回水从顶层垂直向下排至底层）、回水干管（汇集回水至总管）、回水总管（连接室外管道，回水至锅炉房）。

2）散热器

使热媒中所含的热量散发到室内。常用的有铸铁翼型散热器和柱型散热器，以及钢制排管（光管）散热器和串片散热器等。

3）辅助装置

采暖管道各种辅助装置，如为消除因水受热膨胀而产生超压的膨胀水箱、排除管网中空气并防止堵塞的集气罐、防止管道热胀冷缩而产生过大应力的伸缩器、阻止蒸气逸漏并排出凝结水的疏水器等。

4）管道配件

采暖管道系统中还安装有各种管道配件，如各种类型的阀门，起着开启、关闭、调节、逆止等作用。

2. 采暖图样画法

采暖平面图和系统图是采暖施工图中的主要图样，图10-10和图10-11所示为住宅的采暖平面图和系统图，该工程为热水采暖系统，管道布置形式为上行下给单管同程式。

1）采暖平面图

采暖平面图主要表示室内各层采暖管网和散热设备的平面布置情况，一般只画出底层、标准层和顶层平面图，如果管道布置不同则应分层绘制采暖平面图，绘图比例和建筑平面图相同，必要时对采暖管道较复杂的部分，也可以画出局部放大图。

采暖平面图中为了突出管道系统，只需用细线画出房屋主要构配件（墙、柱、楼梯、门窗洞等）的轮廓和轴线，而各层供热总管、干管用粗实线表示，支管用中实线表示，回水（凝结水）总管、干管用粗虚线表示，散热器在采暖平面图中按规定的图例用中实线或细实线画出，并注写规格和数量，管道无论是明装或暗装，均不考虑其可见性，仍按此规定的线型绘制。在采暖平面图中一般还注出房屋定位轴线的编号和尺寸，以及各楼地面的标高等，管道的安装和连接方式可在施工说明中写清楚，一般在平面图中不予表示。

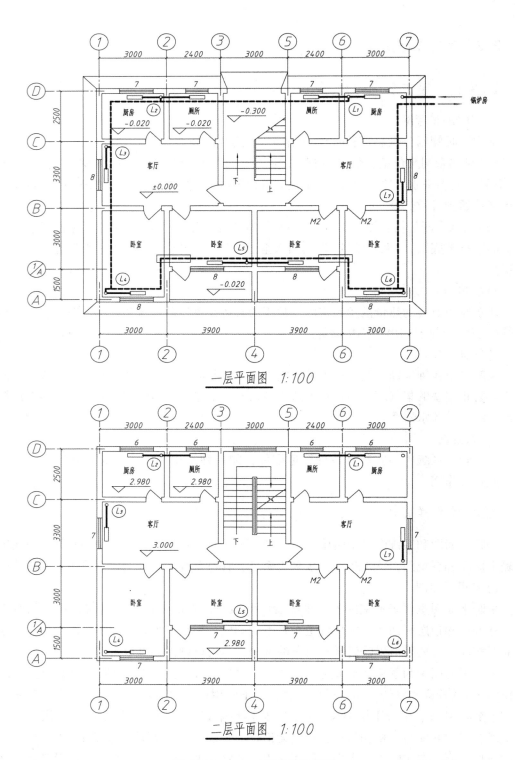

一层平面图　1:100

二层平面图　1:100

图 10-10　一、二层采暖平面图

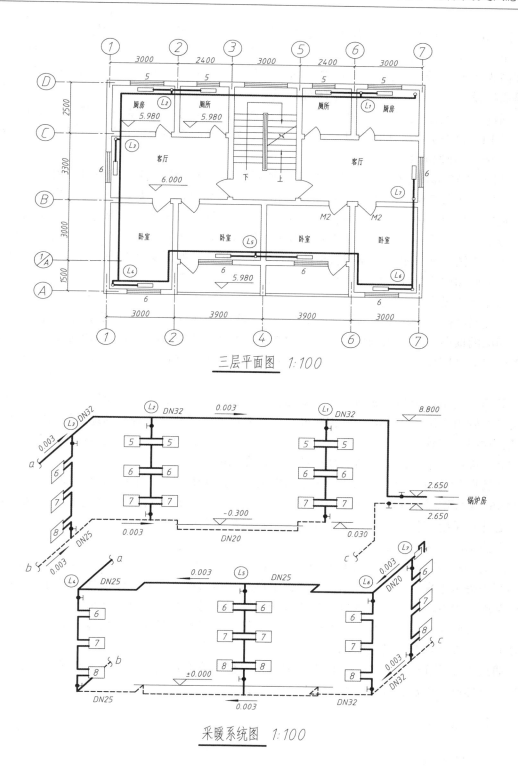

三层平面图 1:100

采暖系统图 1:100

图 10-11 三层采暖平面图和采暖系统图

图 10-10 所示为一层和二层的采暖平面图,在一层平面图中表示了供热总管由房屋的东北角架空进入室内,标高为 2.650m,在轴线⑦和 D 的墙角处竖直上行,穿过两层楼面至标高为 8.800m 处,然后沿外墙内侧布置,形成水平供热干管,干管的坡度为 0.003,在最高处设一卧式集气罐。在各采暖处共设七根立管,依次编号为 L1,L2,…,L7,各立管通向下面两层,支管从立管分出再与散热器相连,由散热器释放出热量。回水从支管依次经 L1 到 L7 立管流到底层回水干管,最后沿⑦轴线通至房屋东北角,然后抬头向上在标高 2.650m 处通向室外。

从图 10-10 和图 10-11 的一至三层采暖平面图中,可以看出各楼层房间内散热器的数量和位置。在第三层平面图中用粗实线画出供热干管的布置,以及干管与立管的连接情况,在二层平面图中,既没有供热干管也没有回水干管,只表示了立管通过支管与散热器的连接情况,在第一层平面图中用粗虚线画出回水支管的布置,以及支管与立管的连接情况。为了更清楚地表示散热器与管道的连接关系,还需绘制采暖系统图,各段管道的直径一般在平面图中不标注,而在系统图中标注出来。

2) 采暖系统图

采暖系统图一般按正面斜等测绘制。为了与平面图相对应,便于阅读与绘制,OX 轴与平面图的横向一致,OY 轴画成 45°方向斜线与平面图的纵横向一致,OZ 轴表达管道和设备的安装高度尺寸。有时为了避免管道的重叠,可不严格按比例画,适当将管道伸长或缩短。

管道的线型选用和平面图一样,供热管用粗实线表示,回水管用粗线虚线表示。当空间交叉的管道在图中相交时,在相交处应将被遮挡的管线断开,若有的地方管道密集投影重叠,这时可在管道的位置断开,然后引出绘制在图纸其他位置。散热器用中实线或细实线按其立面图例绘制,散热器的规格数量应注在图中。

各管段均需注出管径,如 DN32,DN15,无缝钢管应用"外径"×"壁厚"表示,如 $D114×5$。横管需标注坡度,如 $i=0.003$。在立管的上方或下方注写立管编号,必要时在入口处注写系统编号。除此以外,还需注出各层楼面和地面的标高。

在图 10-11 所示系统图中,总管为 DN32,干管依次为 DN32,DN25,DN20,立管均为 DN20,支近均为 DN15(一般图中可不注而在施工说明中写出)。管道上各阀门的位置也在图中表示出来,如在采暖出入口处,供热总管和回水总管上都设有总控阀门,每根立管的两端均设有阀门,集气罐排气管的末端也设有阀门。本系统图在绘制时,前后两部分采用了断开画法,以避免投影重叠表示不清。供热干管在 a 处断开,回水干管在 b 处和 c 处断开,将前半部分下移后绘制。

通过采暖平面图和系统图,可以了解房屋内整个采暖系统的空间布置情况,对于某些局部的具体施工做法,还需要绘制有关的施工详图。

10.2.3　通风施工图

1. 通风工程的组成

(1) 风机:用于输送气体的电机,常用的有离心式风机和轴流式风机。

（2）送风管和排风管：用于输送气体的管道，常用薄钢或塑料板制成，一般为圆形或矩形，断面尺寸较大，也可用砖砌成风道。

（3）空气处理设备：各种类型的空调器，可对空气进行过滤、除尘、净化、加热、制冷、加湿、减湿等处理。

（4）阀门：通风系统上安装有各种阀门，用来调节通风量的大小。

（5）附件：在通风管上还安装有风口、散流器、吸风罩、排风帽等附件。

2. 通风施工图的画法

通风施工图一般包括平面图、剖面图、系统图和详图。

图 10-12 所示为某房屋的通风平面图和剖面图，图 10-13 所示为系统图。该房屋是单

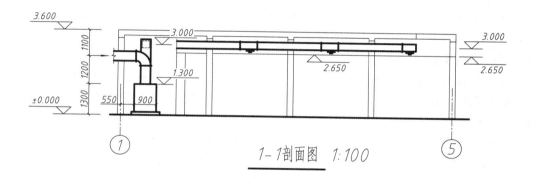

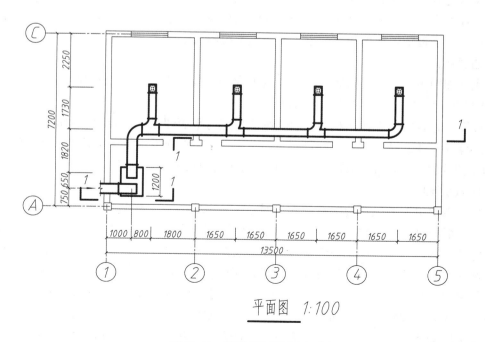

图 10-12　通风平面图和剖面图

255

层建筑，有四个房间，由通风系统负责送风。空调器设在走廊的左边尽头，进风口在室外①轴线墙的屋檐下，标高为 2.500m，空气经过处理后由风管进入室内再向下通至空调器。从空调器出来的送风总管向上到标高为 3.000m 处，进入屋面顶棚内，风管拐弯后由左向右沿隔墙内侧布置，形成送风干管，干管再与四根支管相连，分别通至各房间中部，然后向下与散流器相连，散流器把新鲜的空气均匀吹向室内，房屋通过门窗自然排风。

1）通风平面图

通风平面图主要表示通风管道和设备的平面布置情况，一般采用和建筑平面图相同的比例，为了把风管的布置表示得更清楚，也可采用较大的比例。

绘图时房屋建筑的主要轮廓，如有关的墙、梁、柱、门、窗、平台等构配件用细线，图中注出相应的定位轴线和房间名称。通风管道一般采用双线画法，外轮廓线用粗实线绘制，风管法兰盘用中实线表示，对于圆形风管用细点画线画出其中心线。风管上的异径管、三通管弯头等也应画出。在较小比例的图中或系统图中，风管可用单线画法。主要的工艺设备如空调器、风机等的轮廓用中实线绘制，其他部件和附件如除尘器、散流器、吸风罩等用细实线绘制。

通风平面图中风管应注其中心线与轴线间的距离，还需注出各段的断面尺寸，如矩形风管的断面尺寸在平面图中表示为"宽×高"，在剖面图中表示为"高×宽"，对于各设备和部件要标注编号。

多根风管在视图上重叠时，可根据需要将上面（或前面）的风管断开，以显露出下面（或后面）的部分，断开处必须用文字说明。在空间交叉的两根风管，视图中的相交处不可见的风管轮廓线可画成虚线或省略不画出虚线。

当建筑物有多个送风、排风或空调系统时应标注编号进行区分，编号宜采用系统名称的汉语拼音首字母加阿拉伯数字表示，如送风系统的编号为 S—1，S—2，S—3，…

2）通风剖面图

通风剖面图主要表示管道和设备在高度方向的布置，它实质上是通风系统的立面图。如图 10-12 所示，1—1 采用的是阶梯剖面图。

剖面图表达内容与平面图相同，故其画法规定与平面图相同，绘图比例也一致。在剖面图中要标注设备、管道中心（或管底）的标高，必要时还要标注这些部位距该层楼面（或地面）的高度尺寸。房屋的屋面、楼面、地面等的标高一般也需标出。

3）通风系统图

系统图表示出该通风系统的整体布置情况，一般是采用 45°的斜等测绘制的轴测图，绘图比例一般与剖面图一致，风管采用单线画法，用粗实线绘制，主要设备用中或细实线按外形轮廓绘制，各部件用中或细实线按图例绘制。在系统图中需注出风管各段的断面尺寸，要标注主要部位的标高、设备标高、楼地面标高等，以及标注各设备和部件的编号。

从图 10-13 中可以看出通风工程部分的主要尺寸，空调器外形为 900×1200×1200，顶面标高为 1.300m。通风管的断面形状为矩形，进风管为 500×500，送风管的断面高度不变而宽度逐段变化，总管、干管、支管分别为（宽×高）500×300，400×300，300×300，进风口处标高为 2.500m，水平送风干管标高为 3.000m，送风口标高 2.650m。在系统图中通风管各部分的定位尺寸也进行了详细标注。

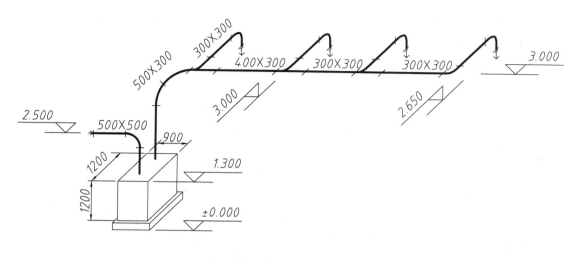

通风系统图 1:100

图 10-13 通风系统图

10.3 建筑电气施工图

房屋建筑内需要安装各种电气设备，如家用电器、照明灯具、电源插座、动力设备等，将这些电气设施的布置、安装方式、连接关系和配电情况表示在图纸上，就是建筑电气施工图。一套完整的建筑电气施工图包括首页图、电气系统图、动力与照明平面图、设备材料表等，绘图时按工程需要适当选择。本章主要介绍最常用的室内电力照明施工图。

10.3.1 电气施工图的一般规定

绘制建筑电气施工图应同时遵守《房屋建筑统一制图标准》和《电气制图标准》中的有关规定。

1. 导线的表示法

在电气图中每一根导线画一条线表示，如图 10-14（a）所示，当导线很多时可用单线表示，在单线上同时加画相应数量的斜短线或注写数字表示导线的根数，如图 10-14（b）和（c）所示，这种画法由于简便，所以最常用。

2. 电气图形符号

电气线路中有各种元器件、装置、设备等，它们都用电气图形符号表示以简化绘图。建筑电气施工图中常用的图形符号见表 10-3。

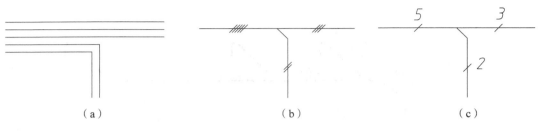

图 10-14　导线的基本表示法

表 10-3　建筑电气制图常用符号

图　例	名　称	图　例	名　称	图　例	名　称
	动力照明 配电箱		单极开关 （明装）		普通照明灯
	照明配电箱		单极开关 （暗装）		防水防尘灯
KWH	电度表		延时开关		壁灯
	刀开关		拉线开关		球形灯
	熔断器		单相插座 （明装）		花灯
	管线引向符号 （引上、 引下）		单相插座 （暗装）		单管荧光灯
	管线引向符号 （由上引来、 由下引来）		吊式电风扇		双管荧光灯

3. 电气文字符号及标注

电气图中还常用文字代号注明元器件、装置、设备等的名称、性能、状态、位置和安装方式等。如"L"表示相线，"PE"表示保护接地等。线路和照明灯具的标注形式也有具体规定。由于篇幅所限，此处省略。具体规定参见有关标准。

10.3.2　室内电力照明平面图

室内照明平面图是电力照明施工图中的基本图样，主要表达室内供电线路的敷设位置和方式、导线的规格和根数，灯具、插座等各种设备的数量、型号及平面布置情况。照明平面图中的建筑部分采用与房屋的建筑平面图相同的比例绘制，其中电气部分（如各种设备）采用统一图形符号绘制，线路、设备在空间的距离可不完全按比例绘制，而设计说明中表明。

照明平面图中房屋的平面形状和主要构配件（如墙柱、门窗等）用细线简要画出，并标注定位轴线的编号和尺寸。配电箱、照明灯具、开关、插座等均按图例绘制，供电线路采用单线表示不考虑其可见性，用粗实线（或中粗实线）绘制。在同一层有关的电气设施（包括线路）不管位置高低，均绘制在该平面图中。对于多层房屋，如果各层照明布置相同可只画标准层照明平面图，如果有区别则应分层绘制照明平面图。在照明平面图中还应该按规定对所有的灯具、供电线路（如进户线、干线和支线）等进行标注。

图 10-15 所示为住宅的一层照明平面图，电源进户线由楼梯间地下引入，总配电箱

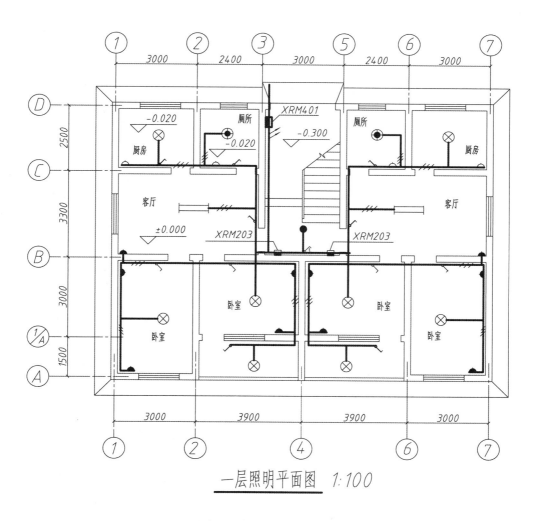

一层照明平面图 1:100

图 10-15 一层照明平面图

XRM401 暗装于楼梯间轴线③的墙内，从总配电箱出来的一层供电干线沿墙敷设至东西两家用户分配电箱 XRM203，分配电箱暗装于楼梯间墙内。楼梯间安装有一盏 25W 玻璃球形吸顶灯，并由墙上的延时开关控制。两路用户电源线分别穿墙进入各户室内，在客厅装有一盏双管日光灯，由门边开关控制；两间卧室各装有两盏白炽灯，也由门边开关控制；厨房有一盏白炽灯，用拉线开关控制；厕所装有一盏防水灯吸顶灯，由门边开关控制。各房间内均安装有单相电源插座，厨房、厕所内为明装，其余为暗装。

一般的房屋除了绘制电力照明平面图外，还需要画出配电系统图，来表示整个照明供电线路的全貌和连接关系。配电系统图是由各种电气图形符号用线条连接起来，并加注文字代号而形成的一种简图，它不表明电气设施的具体安装位置，所以它不是投影图，也不按比例绘制。各种配电装置都是按规定的图例绘制。由于篇幅和专业所限，此处略去。

第11章　建　筑　阴　影

11.1　阴影的基本概念

11.1.1　阴和影的形成

如图 11-1 所示，物体表面直接受到光线照射的明亮部分，称为阳面；不受光线照射的阴暗部分，称为阴面(简称为阴)。阴面和阳面的分界线，称为阴线。由于物体是不透光的，照射在阳面上的光线被物体阻挡，使得物体本身或其他物体原来迎光的阳面上出现了阴暗部分，称为影子或落影(简称为影)。影子的轮廓线，称为影线。影子所在的面，称为承影面，承影面可以是平面也可以是曲面，但必须是阳面。阴与影合并称为阴影。

阴线上的点称为阴点，影线上的点称为影点，影点是照于阴点上的光线延长后与承影面的交点，即为阴点的影子，而影线实为阴线的影子。

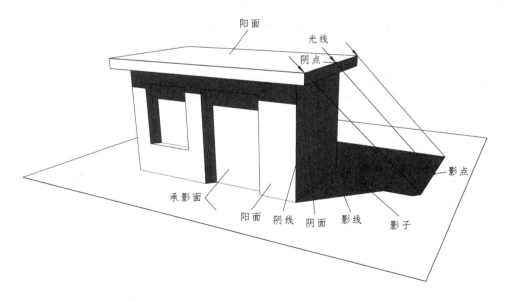

图 11-1　阴影的形成

11.1.2　投影图中的阴影

在建筑图样中，对所描述的建筑物加绘阴影，可以极大增强图形的立体感和真实感。这种效果对正投影图尤为突出，如图 11-2 所示，根据屋檐落在墙面、门窗上影子的位置，可以看出凸凹的不同变化而具有立体感。

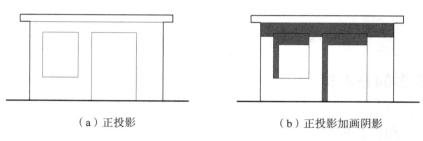

　（a）正投影　　　　　　　　　　（b）正投影加画阴影

图 11-2　正投影图中的阴影

在正投影图中加绘阴影，实际是根据已知的投影图，画出阴和影的正投影，一般简单说成是画物体的阴和影，在作图时着重画出阴影的准确几何轮廓，而不需表现明暗强弱变化。

11.1.3　常用光线

建筑物上阴影，主要是由太阳光产生的光线，可视为互相平行，称为平行光线。平行光线的方向可以任意设定，但为了作图及度量方便，在建筑图上加画阴影时，通常采用正立方体前方左上角，射至后方右下角的对角线的方向，即光线 L 由物体的左、前、上方射来，并使光线 L 的三个投影 l、l'、l'' 对投影轴都成 45°的方向，如图 11-3(a)所示，光线 L

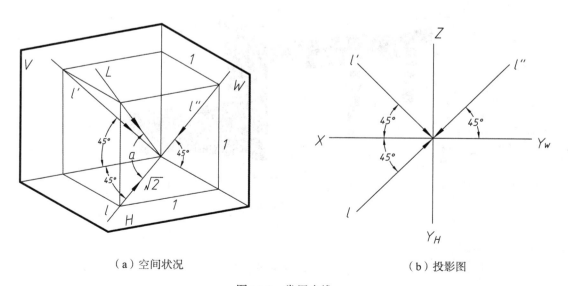

　（a）空间状况　　　　　　　　　　（b）投影图

图 11-3　常用光线

的投影图如图 11-3(b)所示,这种方向的平行光线,称为常用光线。

常用光线与三个投影面的倾角均相等,设倾角为 α,立方体边长为 1,则 $\tan\alpha = 1/\sqrt{2}$,可算得 $\alpha \approx 35°$。

11.2 点的落影

11.2.1 点落影的基本概念

空间一个点在任何承影面上的影子仍为一点,它实际是通过该点的光线与承影面的交点,即落影点。

在图 11-4 中,空间一点 A 在光线 L 照射下,落于承影面 P 上的影子为 A_P,实为照于 A 点的光线延长后与 P 面的交点。求点在承影面上的落影,实质上是求直线与面的交点。一点若在承影面上,其影子即为该点本身,如图 11-4 中的 B 点。

图 11-4 中的点 C,位于承影面 P 的下方,实际上 C 点不可能在 P 面上产生影子。现假设通过 C 点有一光线,与 P 面交于一点 $\overline{C}_P$,假想为 C 点的影子,以后把所有假想成的影子,均称为假影(虚影)。在以后的作图过程中,有时会利用假影来作图,一般情况下,不特别提出要作假影,而只要作真正的影子。

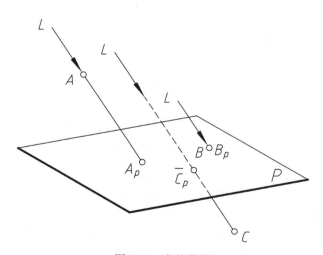

图 11-4 点的落影

一般约定,点的落影用与该点相同的大写字母标记,并加脚注标记承影面的字母,如 A_P、表示空间点 A 落在 P 面上,假影则在字母上方再加一横划表示。如果承影面不是以一个字母表示,则脚注应以数字 0,1,2,…表示。

11.2.2　投影图中点的落影

1. 承影面为投影面

当以投影面为承影面时，点的落影就是过该点的光线与投影面的交点(光线的迹点)。若有两个或两个以上的承影面，则过该点的光线先与某承影面交得的点，才是真正的落影点，后与其他承影面的交点，都是假影(虚影)。

从图 11-5(a)中看出，落影 A_v 的 V 面投影 a' 和 A_v 自身重合，其 H 面投影 a_v 则在 ox 轴上，a_v、a'_v 又分别位于光线 L 的投影 l、l' 上。因此，在图 11-5(b)中，求作点 A (a、a')的落影 A_v(a_v、a'_v)，首先自 a、a' 引光线的投影，l 和 ox 轴相交，交点 a_v 就是落影 A_v 的 H 面投影，由此可在 l' 上求得 a'_v，也就是落影 A_v 自身。如光线的投影 l、l' 继续延长，l' 则与 ox 轴交于 $\overline{a}'_h$，由此在 l 上可求得 $\overline{a}_h$，即点 A 在 H 面上的假影 $\overline{A}_h$。

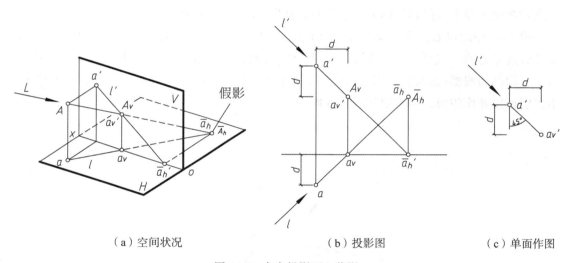

（a）空间状况　　　　　　　　（b）投影图　　　　　　（c）单面作图

图 11-5　点在投影面上落影

分析图 11-5(b)可看出，点 A 的落影 A_v 与其投影 a' 之间的水平距离和铅垂距离，都正好等于点 A 到 V 面距离，即投影 a 到 ox 轴的距离。因此，空间点在某投影面上的落影，与其同面投影间的水平距离和垂直距离，都正好等于空间点到该投影面的距离。

根据上述特性，在常用光线下，由点的一个投影及点到该投影面(承影面)的距离，即可直接作出点在该投影面上的落影，这种直接作图方法称为单面作图法。如图 11-5(c)所示，已知 a' 及点 A 到 V 面距离 d，先过 a' 作光线的影子 l'，再在右下方取水平或垂直距离等于 d 的一点 a'_v 即为所求落影。

2. 承影面为特殊位置平面

对于特殊位置平面，可利用其积聚性求落影点。

（1）点落影在投影面平面上，可以利用积聚性作图，且具有可量性，因此也可以采用单面作图法作图。

一点及其落于某投影面平行面上的影子，二者在该投影面上两投影之间的水平距离和垂直距离，等于该点到承影面之间的距离。

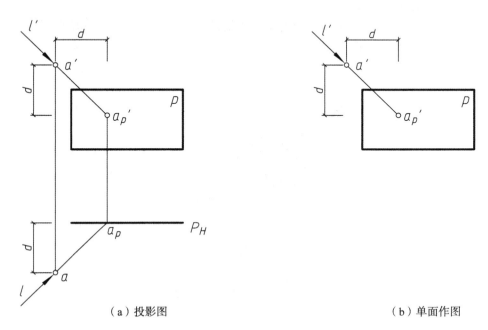

（a）投影图 　　　　　　　　　　　　　　　　　（b）单面作图

图 11-6　点在投影面平行面上落影

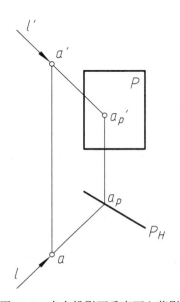

图 11-7　点在投影面垂直面上落影

（2）点落影在投影面垂直面上，可利用积聚性作图，但不具可量性。

3. 承影面为一般位置平面

应用画法几何中所学的求作一般位置直线与一般位置平面交点的方法，求出过点 A 的光线与承影面的交点，即为点 A 的落影。

如图 11-8 所示，包含光线作一铅垂面 P 为辅助平面，0 它与平面 ABC 交于直线 Ⅰ Ⅱ，Ⅰ Ⅱ 与光线的交点即为影子。

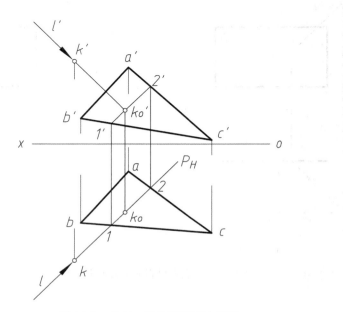

图 11-8　点在一般位置平面上落影

11.3　直线的落影

11.3.1　直线落影的基本概念

直线在承影面上的落影，为线上一系列点的影子的集合，也就是通过该直线的光线面与承影面的交线。因此，求作直线在某一承影面上的落影，实质上是求两个面的交线。

当承影面为平面时，直线的落影仍为直线，如图 11-9 中直线 AB。求作直线的落影，只要确定直线的两个端点或若干点在该承影面上的落影，然后连接成线，即为该直线的落影。当直线与光线方向平行，则其落影重影为一点，如图 11-9 中直线 CD。

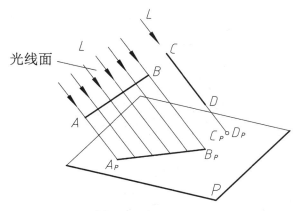

图 11-9　直线的落影

1. 直线在一个承影面上落影

直线落影于一个承影面时，只需分别求出两个端点的落影，然后连接起来即为所求。

图 11-10 中，先求 A 点在 H 面上落影 A_H，再求 B 点在 H 面上落影 B_H，然后将它们连接起来，即为所求。在投影图中落影 $A_H B_H$ 水平投影为 $a_h b_h$，与落影的空间位置重合，加粗线型表示，正面投影为 $a'_h b'_h$，在投影轴上可省略不画出。

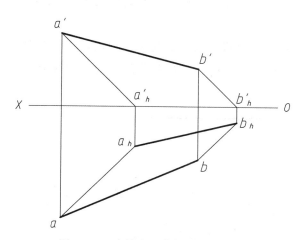

图 11-10　直线在一个投影面上落影

如果平面落影在一般位置平面上如图 11-11 所示，则可分别求出 K、F 两个端点在平面 ABC 上的落影点，然后再将它们连接起来，即可求得直线 KF 在平面 ABC 上的落影，在投影图中，用投影 $k_0 f_0$、$k'_0 f'_0$ 表示。

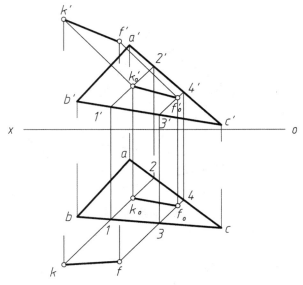

图 11-11　直线在一般位置平面上落影

2. 直线在两个承影面上落影

当直线落影于两个不同的承影面上时，则需要分段分别求出落于不同承影面上的影子。

图 11-12 所示是直线在两个投影面上的落影，利用点 B 的假影 $\overline{b}_h$ 与影点 a_h 相连，从而在 ox 轴上得到折影点 K，连线 A_HK、KB_V 就是所求的两段落影。

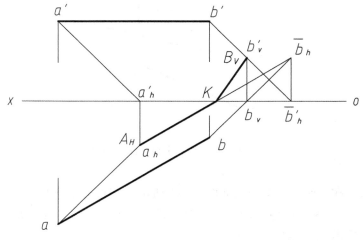

图 11-12　直线在两个投影面上落影

图 11-13 中的直线可以用返回光线法，先求出落影于两个不同承影面上时的分界点 K，再分别求出 A 点在 Q 面上的落影，B 点在 P 面上的落影，连接 $A_Q K_Q$、$K_P B_P$ 即求得两段在不同承影面上的落影。

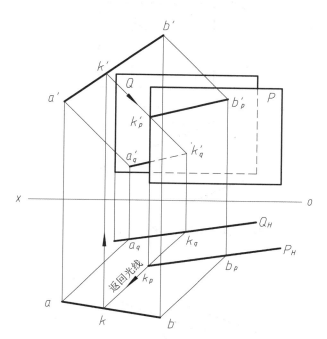

图 11-13 直线在两个相互平行的承影面上落影

11.3.2 直线落影的规律

直线的落影具有一定的规律，利用这些规律来作图，可以简化和提高作图的效率。

1. 平行规律

（1）直线平行于承影平面，则直线的落影与该直线平行且等长。

图 11-14 中，直线 AB 与 P 面平行，直线 AB 在 P 面上的落影 $A_P B_P$ 必然平行于 AB 直线本身，且等长。投影图中 $ab /\!/ P_H$，直线 AB 与其落影 $A_P B_P$ 的同面投影平行且等长。根据这样的分析，只需求出直线 AB 一个端点的落影如 a'_p，即可作出与 $a'b'$ 平行且等长的落影 $a'_p b'_p$。

（2）两直线互相平行，它们在同一承影平面上的落影仍表现平行。

图 11-15 中，AB 与 CD 是两平行直线，它们在 P 面上的落影 $A_P B_P$ 与 $C_P D_P$ 必然互相平行。它们的同面投影也一定互相平行。因此，可先求出其中一条直线的落影如 $a'_p b'_p$，则另一直线 CD，只需求出一个端点的落影 c'_p，就可作出与 $a'_p b'_p$ 平行的落影 $c'_p d'_p$。

（3）一直线在相互平行的各承影面上的落影相互平行。

图 11-13 中，AB 直线落影于两个相互平行的平面 P、Q 上，过直线 AB 的光平面与两

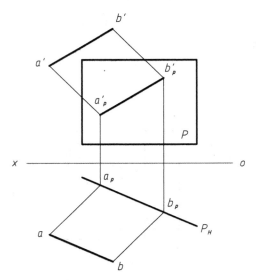

图 11-14　直线在其平行的平面上落影

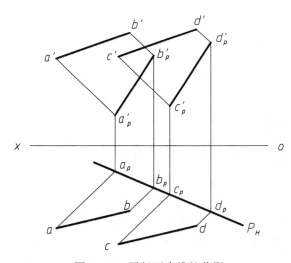

图 11-15　平行两直线的落影

个平面相交的交线必然互相平行，也就是两段落影互相平行，$A_Q K_Q /\!/ K_P B_P$，这两段落影的同面投影也相互平行。

2. 相交规律

（1）直线与承影面相交，直线的落影（或延长后）必然通过该直线与承形面的交点。

图 11-16 中，直线 AB 延长后与承影面 P 相交于 K 点，直线的落影延长后也必然与 K

点相交。作图时，只需求出该直线一个端点 A 的落影 $A_p(a_p 、 a'_p)$，将它连接到交点 K，即可确定落影直线的方向，然后再确定另一个端点 B 的落影即可。

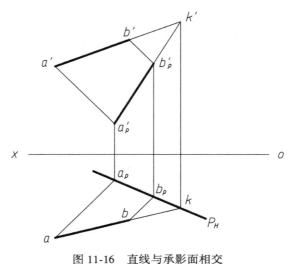

图 11-16　直线与承影面相交

（2）两相交直线在同一承影面上的落影必然相交，落影的交点就是两直线交点的落影。

图 11-17 中，直线 AB 和 CD 相交于 K 点，首先求出交点 K 的落影 $K_p(k_p 、 k'_p)$，则两直线上各求出一个端点的落影，如 a'_p 和 c'_p，然后分别与 k'_p 相连，即得两相交直线的落影。

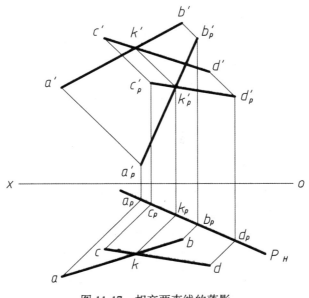

图 11-17　相交两直线的落影

（3）一直线在两个相交的承影面上的两段落影必然相交，落影的交点（称为折影点）必然位于两承影面的交线上。

图 11-18 中，直线 AB 在相交二平面 P 和 Q 上的落影，实际上是过 AB 的光平面与两承影平面的交线。作为影线的两条交线，与 P、Q 两面间的交线，必然相交于一点（即三面共面共点），这就是折影点 K_0。若延长 AB 直线与 P 平面交于 C 点，连接 a'_p 和 c' 两点，也可求得折影点 K_0。

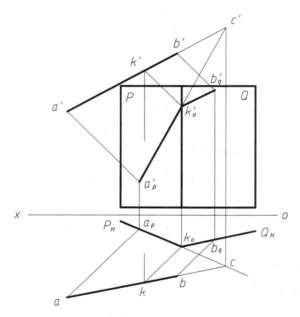

图 11-18　直线在相交两平面上的落影

如前图 11-12 中，是直线 AB 在两个投影面上的落影，图中利用 B 点在 H 面上的假影 $\overline{b}_h$ 与影点 a_h 相连，从而在 ox 轴上得到折影点 K。连线 $A_H K$ 和 $K B_V$ 就是所求的两段落影。

3. 垂直规律

（1）某投影面垂直线在任何承影面上的落影，此落影在该投影面上的投影是与光线投影方向一致的 45°直线，落影的其余两投影彼此呈对称图形。

（2）某投影面垂直线落影于由另一投影面垂直面所组成的承影面上时，落影在第三投影面上的投影，与该承影面有积聚性的投影呈对称形状。

（3）某投影面垂直线在与它平行的另一投影面（或其平行面）上的落影，不仅与原直线的同面投影平行，且其距离等于该直线到承影面的距离。

图 11-19 所示，铅垂线 AB 在地面、房屋墙面和屋顶上的落影，实际上就是通过 AB 线所引光平面与 H 面和房屋表面的交线。由于 AB 垂直于 H 面，包含 AB 直线的光平面是一个 45°方向的铅垂面，其 H 面投影具有积聚性，所以光平面与 H 面及房屋表面相交所得到

的落影，其 H 面投影表现为45°直线。落影的另外两个投影 $b'oc'od'oa'o$ 与 $b''oc''od''oa''o$ 呈对称图形。落影 $b'oc'od'oa'o$ 也与侧面投影中地面、墙面、屋面的积聚性投影呈成对称形状。落影于墙面的 DC 段，其正面、侧面投影中 $d'c'//d'oc'o$、$d''c''//d''oc''o$ 且两者距离 s 都等于 DC 到墙面的距离。

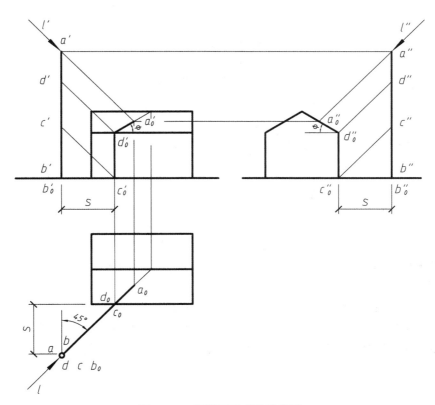

图 11-19 投影面垂直线的落影

11.4 平面的阴影

平面图形的落影是由构成平面图形的几何元素点、线的落影所围成，围成的区域本书规定涂浅黑色表示，即为影。平面有迎光的阳面，也有背光的阴面，阴面也规定需涂浅黑色表示，即为阴。这两部分合称为平面的阴影。

11.4.1 平面多边形的落影

（1）平面多边形的落影轮廓线（影线），就是多边形各边线的落影。

求作多边形的落影，首先作出多边形各顶点的落影，然后用直线顺次连接起来，即得多边形的落影。

图 11-20 所示为五边形落影的作图，整个平面图形均落影在 V 面上，所求出落影涂浅黑色表示。

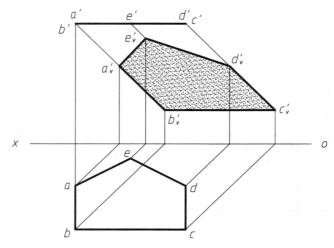

图 11-20　平面多边形在投影面上落影

（2）若平面多边形平行于承影平面，其落影与该多边形的大小、形状全同。它们的同面投影也相同。

图 11-21 所示为五边形落影于 P 面上。在 H 面投影中，两者是相互平行的铅垂面，五边形及其落影的 H 面投影均积聚成直线，它们的 V 面投影的形状和大小完全相同。落影被挡住的部分影线用虚线表示，该区域不涂黑，未被遮挡部分涂浅黑色表示。

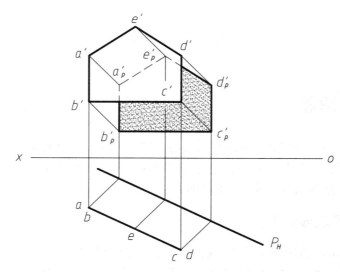

图 11-21　平面多边形在与其平行的平面上落影

若平面多边形及承影面平行于投影面，则多边形及其落影在该投影面上的投影均反映该多边形的实形。

（3）若平面多边形与光线的方向平行，它在任何承影面上的落影成一直线，且平面图形的两面均为阴面。

图 11-22 所示的五边形，平行于光线的方向，它在铅垂承影平面 P 上的落影是一条直线 D_pB_p。这时，平面图形上只有迎光的两条边线 EA 和 AB 被照亮，而其他部分均不受光，所以两侧表面均为阴面，作图时阴面的投影 $a'b'c'd'e'$ 涂浅黑色表示。

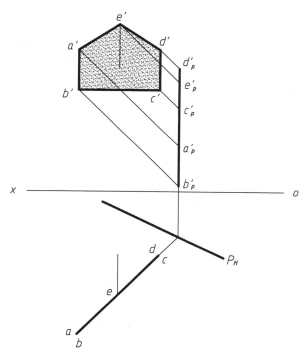

图 11-22　平面多边形平行于光线时的落影

（4）若平面图形落影于两个相交的承影面上，则应该注意求出影线在两承影面交线上的折影点。

图 11-23 中多边形落影于两个相交承影面 P 和 Q 上，可在 H 面投影中，运用返回光线确定影线上的折影点 K_0、J_0 从而完成作图。

图 11-24 是多边形落影于两个投影面上的例子，由于多边形平行于 H 面，故其落影在 H 面上的部分，与该多边形大小、形状相同。利用前面所讲的平行规律可以确定折影点的位置，如 CD 边上的折影点 K，可先求出 C 点在 H 面上的落影 c_h，再过 c_h 作 cd 的平行线，它与 ox 轴的交点即为折影点 K 的落影，返回光线即可确定 K 点的位置。

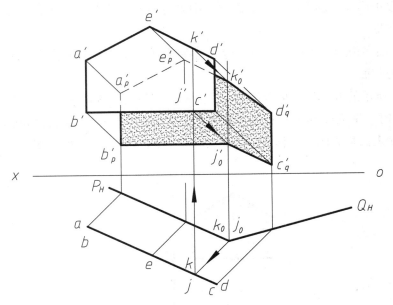

图 11-23　多边形落影于两相交平面上

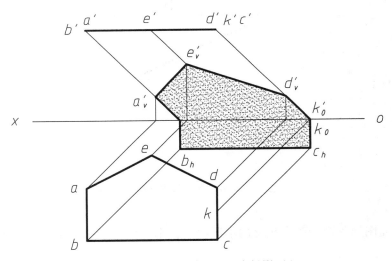

图 11-24　多边形落影于两个投影面上

11.4.2　平面图形阴面和阳面的判别

在光线的照射下，平面图形的一侧迎光，则另一侧必然背光，因而有阳面和阴面的区分。我们在正投影图中加绘阴影时，需要判别平面图形的各个投影，是阳面的投影还是阴面的投影。

（1）当平面图形为投影面垂直面时，可在有积聚性的投影中，直接利用光线的同面投影来判别。

如图 11-25(a) 所示，P、Q、R 三平面均为正垂面，其 V 面投影都积聚成直线，所以，只需判别它们的 H 面投影，是阳面的投影还是阴面的投影即可。从 V 面投影看出，位于 45°所示范围内的平面 Q，光线照射在 Q 面的左下侧，这成为它的阳面，当自上向下作 H 面投影时，所见却是 Q 面背光的右上侧面，故 Q 面的 H 面投影表现为阴面的投影。而 P 面和 R 面，其上侧表面均为阳面，故 H 面投影表现为阳面的投影。

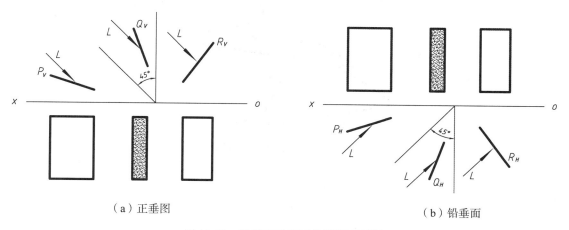

图 11-25   投影面垂直面的阴阳面判别

图 11-25(b) 中所示三平面均为铅垂面，由它们的 H 面投影进行分析，可以判明 Q 面的 V 面投影表现为阴面的投影，而 P 和 R 面的 V 面投影均表现为阳面的投影。

(2) 当平面图形处于一般位置时，若两个投影各顶点的旋转顺序相同，则两投影同为阳面的投影，或同为阴面的投影；若旋转顺序相反，则其一为阳面的投影，另一为阴面的投影。因为承影面总是迎光的阳面，所以，平面图形在其上的落影的各顶点顺序，只能与平面图形的阳面顺序一致，而与平面图形的阴面顺序相反。

如图 11-26 所示，作图判别时，可先求出平面图形在 H 面上的落影 $a_h b_h c_h$（涂浅黑色表示），它与平面图形的 H 面投影 abc 各顶点旋转顺序相同，故该平面图形的 H 面投影 abc 为阳面的投影，而该平面图形的 V 面投影 $a'b'c'$ 各顶点顺序与之相反，故该 V 面投影 $a'b'c'$ 为阴面的投影，也须涂浅黑色表示。

11.4.3   平面图形圆的落影

平面图形的轮廓是曲线时，则求作曲线上一系列具有特征的点的落影，并以光滑曲线顺次连接起来，即可得到该平面图形的落影。本书在此主要讨论圆的落影。

(1) 当平面圆平行于投影面时，它在该投影面上的落影与其同面投影形状相同，为反映实形的圆形。求作阴影时，可先作出其圆心的落影，然后量取该圆形的半径画圆即可，如图 11-27 所示。

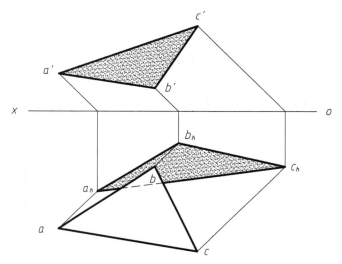

图 11-26　根据落影顶点顺序判别阴阳面

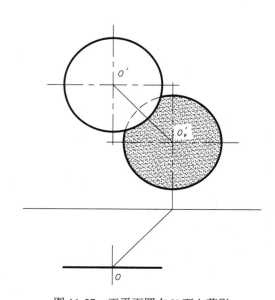

图 11-27　正平面圆在 V 面上落影

　　（2）当平面圆不平行于投影面时，其落影一般为椭圆形。圆心的落影成为落影椭圆的中心。

　　图 11-28 所示为一水平圆在 V 面上落影的作图过程。作图关键是利用圆的外切正方形来辅助作图，先求出圆心及外切正方形的落影，其次求出四个切点 A、B、C、D 及外切正方形对角线与圆上的 4 个交点Ⅰ、Ⅱ、Ⅲ、Ⅳ的落影，然后把这八个点用曲线光滑连接，即得圆的落影椭圆。

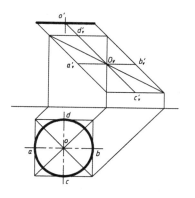 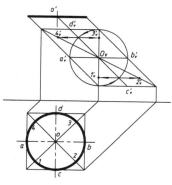 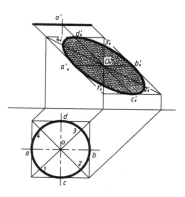

（a）作圆外切正方形及切点　　　（b）作外切正方形对角线上的点　　（c）曲线光滑连接八个点得椭圆

图 11-28　水平圆在 V 面上的落影

（3）在求作建筑阴影时，往往需要作出紧靠正平面的水平半圆的落影。如图 11-29（a）所示，只要解决半圆上 5 个特殊方位的点的落影即可。点 I 和 V 位于正平面上，其落影 $1'_v$ 和 $5'_v$ 与其投影 $1'$ 和 $5'$ 重合，圆周左前方的点 II，其影 $2'_v$ 落于中线上，正前方的点 III，其影 $3'_v$ 落于 $5'$ 的下方，右前方的点 IV，其影 $4'_v$ 与中线之距离两倍于 $4'$ 与中线之距离。将 $1'_v$、$2'_v$、$3'_v$、$4'_v$ 光滑连接起来，就是半圆的落影——半个椭圆。

正因为半圆上这 5 个特殊点，其落影也处于特殊位置，因此可单独在 V 面投影上利用半圆上特殊点，直接作出落影，如图 11-29（b）。

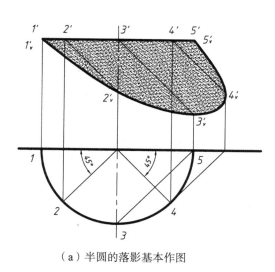 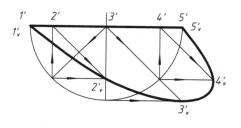

（a）半圆的落影基本作图　　　　　　　　　　　　（b）单面作图

图 11-29　半圆的落影

（4）圆落影在两个承影面上时，可以综合利用前面所讲方法完成作图。如图 11-30 所示，先利用平行特性作出圆在 V 面上的落影，并可求出落影圆与 ox 轴交点，得到折影点

1_h、5_h。圆在 H 面上的落影部分，增加 2、3、4 几个特殊位置的点，用基本作图方法求出落影点 2_h、3_h、4_h，然后将 H 面上落影点 1_h 至 5_h 用曲线顺次光滑连接，即得圆在 H 面上的落影部分。

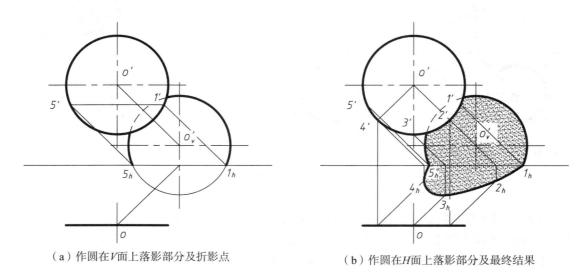

（a）作圆在 V 面上落影部分及折影点　　　　　　（b）作圆在 H 面上落影部分及最终结果

图 11-30　圆在两个承影面落影

11.5　平面立体及其所组成的建筑形体的阴影

11.5.1　平面立体的阴影

求作平面立体的阴影，首先识读立体的正投影图，将立体的各个组成部分的形状、大小及其相对位置分析清楚，进而逐一判明立体的各个棱面是阴面还是阳面，以确定立体的阴线，由阴面和阳面交成的凸角棱线才是阴线。

再分析各段阴线将落影于哪个承影面上，并根据各段阴线与承影面之间的相对关系，以及与投影面之间的相对关系，充分运用前述的落影规律和作图方法，逐段求出阴线的落影——影线。

最后，在阴面和影线所包围的轮廓内涂上浅黑色，以表示这部分是阴暗的。

1. 立体的棱面为特殊位置

当平面立体的棱面为投影面的平行面或垂直面时，可直接根据它们有积聚性的投影来判别阴阳面，从而确定出阴线，再作出其影线即可求得阴影。

图 11-31（a）所示放置于 H 面的四棱柱，在 H 面、V 面上落影，它的顶面、正面及左侧面受光而为阳面，背面、右侧面背光而为阴面，它们的分界线 EA、AB、BC、CG 就是阴线。其中 AB、BC 落影于 V 面，而 EA、CG 一部分落影于 H 面另一部分落影于 V 面，K、

N 分别为 EA、CG 上的折影点。

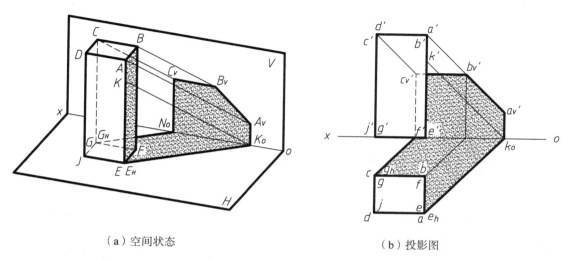

（a）空间状态　　　　　　　　　　　（b）投影图

图 11-31　四棱柱的阴影

图 11-31（b）投影作图时，在确定阴线 EA、AB、BC、CG（均为特殊位置直线）后，可利用前面所学直线落影规律，分段求出它们的落影（影线）。如 EA 为铅垂线，在 H 面上落影为 45°方向直线 $e_h k_0$，它与 ox 轴相交的交点为折影点 K_0，若返回光线可作出折影点在 EA 直线上的位置 K。铅垂线 EA 因与 V 面平行，所以它落影在 V 面上的影线 $k_0 a'_v // e'a'$，可过 k_0 平行于 $e'a'$ 作出 $k_0 a'_v$。阴线 CG 作法与此相同。其他两条阴线可直接求端点落影再连接起来，也可利用规律作出。

四条阴线的落影（影线）都求出后，将它们所围成区域涂浅黑色表示为影，四棱柱的阴面在投影图中积聚成了直线，无须涂黑表示。图 11-31（b）所示为最终作图结果。

2. 立体的棱面为一般位置

如果立体的各个棱面在投影图中没有积聚性，则直接根据其正投影图是难于准确地判别出哪些棱面是阳面、哪些是阴面，也就是不能确定哪些棱线是阴线。这时，就只能首先作出立体上各条棱线的落影，再根据影线反过来确定阴线，并从而判别各个棱面是阴面还是阳面。

图 11-32 为一个五棱锥落影在 H 面上时的情况。五棱锥的底面为水平面且向下故必为阴面，其他五个侧棱面不能直观地判断出阴阳面，为此，需先作出各条棱线的落影，然后再反过来判断。先作底面各边的落影，底面与 H 面平行，故它的影子 $A_H B_H C_H D_H E_H$ 形状和大小与底面相同，它们的 H 面投影也相同，即 $abcde$ 与 $a_h b_h c_h d_h e_h$ 完全相同；再作出顶点 S 的影子 s_h，它落影于 H 面，将 s_h 与 $a_h b_h c_h d_h e_h$ 各顶点相连即作出了五条侧棱的落影，这样五棱锥所有棱线的落影就求得了。而所有各棱线落影中构成最外轮廓的折线才是立体的影线，侧棱的落影中 $s_h a_h$、$s_h c_h$ 最靠外，故为影线，对应的棱线 SA、SC 即为阴线；底面上的

落影 a_he_h、e_hd_h、d_hc_h 最靠外，故也为影线，对应的底边 AE、DE、DC 也即为阴线。根据常用光线的照射方向，左前上方的面总是受光的，故侧棱面 SDE 肯定为阳面，由此推断与它相邻的侧棱面 SAE、SDC 也是阳面，而两条阴线 SA、SC 右侧的棱面 SAB、SBC 就为阴面了。

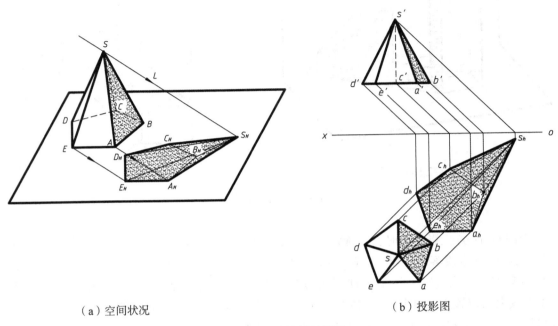

（a）空间状况　　　　　　　　　　　　　　　（b）投影图

图 11-32　五棱锥的阴影

3. 组合体的阴影

由基本几何体所构成的组合体，其上阳面和阴面的相交棱线，交于凸角时必是阴线；交于凹角时，除了光线平行于阴面外，则不是阴线，此时位于该阴面上的阴线有影子落于该阳面上。

立体上交于一条棱线的两个面，由于对光线方向的不同而有三种情况：①两个面都迎光时均为阳面；②都背光时均为阴面；③一个面迎光而为阳面，另一个面背光而为阴面。这时，当棱线为凸角时则为阴线；为凹角时，除了光线恰平行于为阴面的棱面，凹角成为阴线外，一般情况下不是阴线。如图 11-33 中的棱线 BC 处，因有影子落于自身的阳面 S 上而 BC 不是阴线，同样地，R 墙面与地面交成的凹角 DC 也不是阴线。

例 11-1　图 11-34 是一个组合体台座，求作它的阴影。

解　台座由上部四棱锥台座身和下部四棱柱台基构成，它们的后方和右方棱面为阴面，台基影子落于地面（H 面），座身落影于台基顶面、地面（H 面）和 V 面上。作图步骤如下：

（1）作出台基在地面上的影子，如图 11-34（a）。

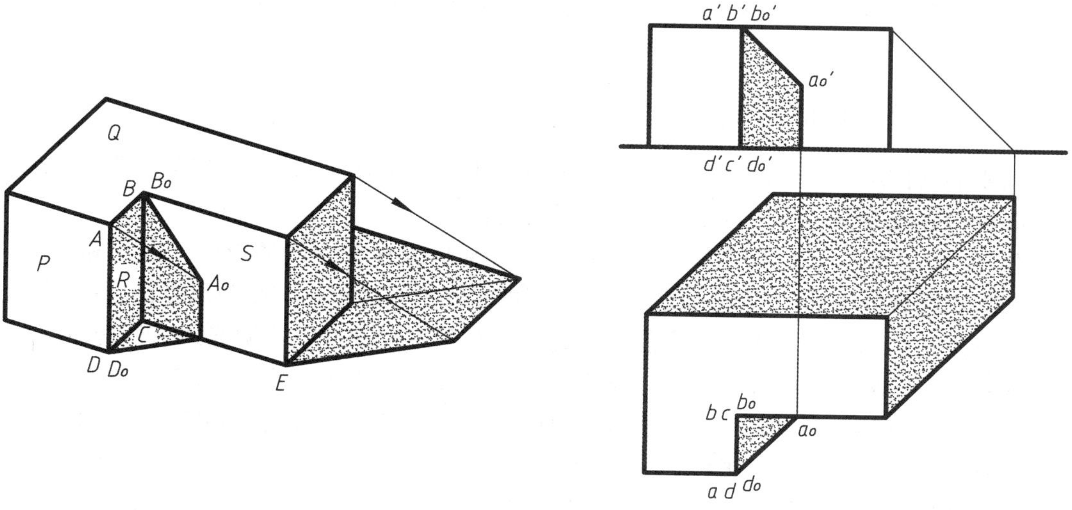

（a）空间状况　　（b）投影图

图 11-33　组合体的阴影

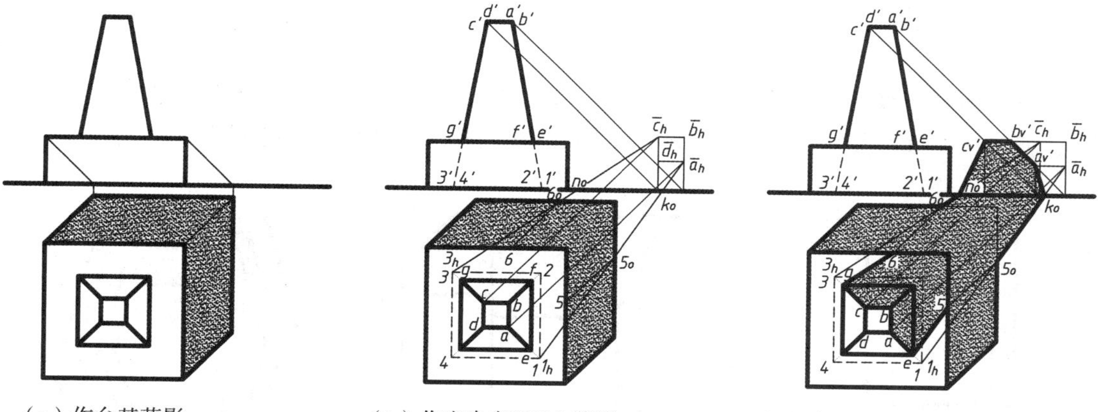

（a）作台基落影　　（b）作座身在H面上落影　　（c）完成台座阴影作图

图 11-34　棱锥台和台座的阴影

（2）如图 11-34（b）所示，座身假设扩大与 H 面相交有Ⅰ、Ⅱ、Ⅲ、Ⅳ四个交点，作出顶面 $ABCD$ 落在 H 面上的假影 $\bar{a}_h\ \bar{b}_h\ \bar{c}_h\ \bar{d}_h$，将它们相连可作得其在 H 面上的落影。影线 $\bar{a}_h\bar{b}_h$、$\bar{b}_h\bar{c}_h$在最外边缘，其对应的棱线 AB、BC 为阴线，同样影线 $\bar{a}_h1_h$、$\bar{c}_h3_h$也最靠外边，其对应的棱线 AⅠ、CⅢ也为阴线，其上 k_0、n_0为落于 H、V 面两个承影面上时的折影点。

（3）如图 11-34（c）所示，作出 ABC 在 V 面上的落影 $a'_v b'_v c'_v$，再将 a'_v、c'_v与折影点 k_0、n_0相连即得座身在 V 面落影。因台基顶面与地面平行，故棱线 AE、CG 在这两个承影面上落影分别相互平行，利用这个特性过 e、g 作 $\bar{a}_h1_h$、$\bar{c}_h3_h$平行线 $e5$、$g6$ 可得座身在台基上的落影；当然也可以由影线交点 5_0、6_0 返回光线求得 5、6 点。最后确定阴面，完成作图。

11.5.2　建筑形体的阴影

由平面立体组成的建筑物，作其阴影实质上就是确定阳面和阴面，识别出阴线，求作点和各种位置直线在各种位置承影面上落影的问题。

作图时：①首先要分析建筑物由哪些基本几何体组成，它们的形状、大小和位置关系；②判别阳面和阴面，找出阴线，确定落影的承影面；③根据阴线与承影面、投影面之间的位置关系，利用前面所讲直线落影的规律，并利用量度性、返回光线、假影等方法，作出阴线的影子即影线；④对于不能先判断的阴阳面，可先作出属于凸角处各棱线的影子，它们中的最外者即为影线，与之对应的棱线即为阴线，再由之可判断出阳面和阴面；⑤最后将阴面和影子涂上浅黑色。

一般情况下作建筑形体阴影时，为使图面简洁，可以不必画出光线，也可省略字母符号等标注。

以下分类所举常见建筑形体例子，不再对作图步骤详述，主要对其落影特征略加分析。

1. 窗 的 阴 影

投影面平行线的落影反映出距离关系，如图中 m、n、s，因此，只要知道这些距离大小，就能在 V 面投影中直接加绘阴影。图 11-35(b) 中 B、C 两点也可利用返回光线作出。

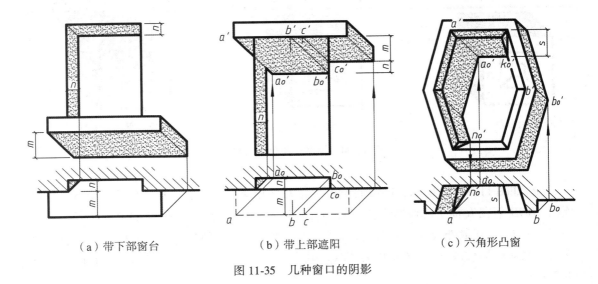

| （a）带下部窗台 | （b）带上部遮阳 | （c）六角形凸窗 |

图 11-35　几种窗口的阴影

图 11-35(c) 中的凸窗，作出 A、B 两点落影 a'_0、b'_0 后，可利用平行规律完成其他阴线落影；k'_0、n'_0 为折影点，由它们可作出落于窗口自身表面上的影子。

2. 门洞及雨棚的阴影

图 11-36 所示为喇叭口的门洞，带有斜向上翘的雨棚。AB 在墙面上的落影由假影 $\overline{B}_0$ 来确定，落影在门上的部分与墙面上部分相互平行。BC 的落影于三个两两相邻的承影面，可利用侧面投影确定折影点的位置，也可由水平投影用返回光线法来确定。DE 的落影与 AB 的落影是相互平行的。

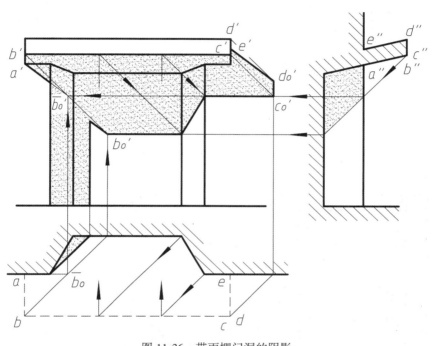

图 11-36　带雨棚门洞的阴影

3. 台阶的阴影

图 11-37 所示台阶，两侧有矩形挡板，左侧挡板的阴线是铅垂线 AB 和正垂线 BC。首先确定 B 点的落影位置，再根据直线落影的垂直规律、平行规律，作出 AB、BC 在台阶踏面和踢面上的落影。如铅垂线 AB，其落影的水平投影为 $45°$ 线 ab_0，正面投影中落在地面、踏面上的影子与这两承影面的积聚投影重合，落在踢面上的影子由于平行关系而与 $a'b'$ 保持平行。

图 11-38 所示台阶，两侧挡板阴线 AB、ME 为铅垂线，CD、FN 为正垂线，其落影可按前例解决。阴线 BC、EF 为侧平线，作图要复杂一些。

右侧阴线 EF 落影一段在地面一段在墙面，需作出折影点 K。在侧面投影中，按箭头方向运用返回光线法，即可求得 K 点。如若没有画出侧面投影时，可求 F 点落影于 H 面（地面）上的假影 $\overline{F}_H$，连接 E_H $\overline{F}_H$ 它与 ox 轴（墙角）交点即为 K 点。

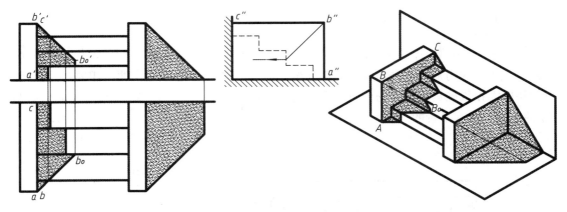

图 11-37 带矩形挡板台阶的阴影

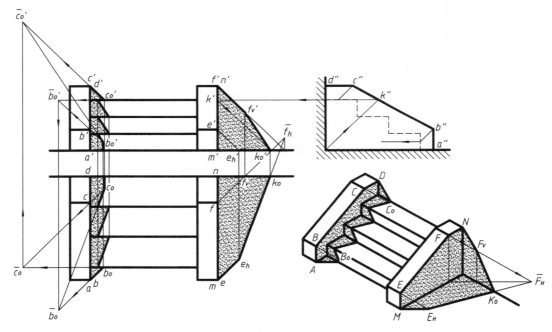

图 11-38 斜挡板台阶的阴影

左侧阴线 BC 落影于多个承影面(地面、踢面、踏面、墙面),其中地面、踏面相互平行,踢面、墙面相互平行,故在它们上的落影相互平行。在侧面投影中这些承影面具有积聚性,可运用返回光线法分段求出落影,此作法图中未画出,读者可行练习。

如若没有画出侧面投影时,可利用假影来求解。如图 11-38 所示,可求 C 点在第一个踢面上的假影 $\overline{c}_0$、 $\overline{c}'_0$,连接 $\overline{c}'_0 b'_0$ 即得 BC 在第一个踢面上的落影,以及踢面踏面相交处的折影点,同时也确定了在其他踢面、墙面上的落影方向。同样可求 B 点在第三个踏面上的假影 $\overline{b}'_0$、 $\overline{b}_0$,连接 $\overline{b}_0 c_0$ 即得 BC 在第三个踏面上的落影和折影点,也确定了在其他所有踏面、地面上的落影方向。最后根据它们的平行关系及踏面踢面相交处的折影点完成作图。

4. 坡顶房屋的阴影

坡顶房屋的形式有多种，这里以图 11-39 所示坡度较小、檐口等高两相交双坡顶房屋的落影为例。首先作点 B 在山墙面上的落影 b'_0，过 b'_0 作 $a'b'$ 及 $b'c'$ 的平行线，即得到斜线 AB 及 BC 在山墙上的落影。再作点 C 在右方正面墙上的落影 c'_1，过 c'_1 作 $b'c'$ 的平行线，影线 $b'_0 k'_0$ 与 $k'_1 c'_1$ 是 BC 落于两平行墙面上的影子，互相平行。

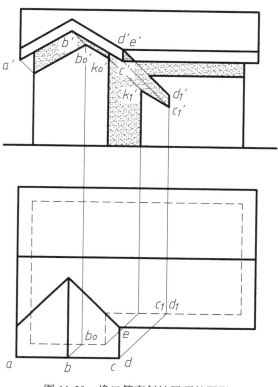

图 11-39　檐口等高斜坡屋顶的阴影

5. 烟囱的阴影

图 11-40 所示为坡屋面上不同位置烟囱的阴影，以最右侧烟囱为例，烟囱的阴线是 AB-BC-CD-DE 四段折线。阴线 AB 和 DE 为铅垂线，其落影在水平投影中均为 45°线，在正面投影中则反映屋面的坡度角 β。阴线 BC 平行于屋脊，也就是平行于屋面，它在屋面上的落影 $B_0 C_0 (b_0 c_0,\ b'_0 c'_0)$，与 $BC(bc,\ b'c')$ 平行。阴线 CD 是正垂线，其落影在正面投影中为 45°线，而水平投影则反映屋面的坡度角 β。根据以上分析，则不难求出它们的落影。

287

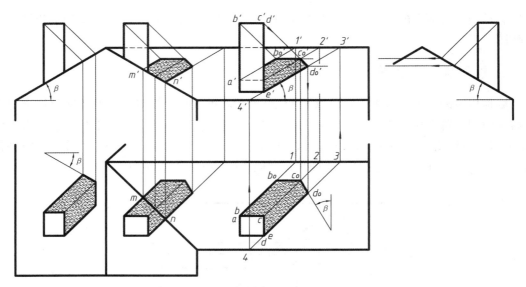

图 11-40 不同位置烟囱的阴影

作图时先求 D 点在屋面落影：在水平投影中过 d 点作 $45°$ 光线，它与屋脊、屋檐交于 3、4 两点，由此在正面投影中求得 $3'$、$4'$ 两点，连直线 $3'4'$，过 d' 作 $45°$ 光线与 $3'4'$ 相交得交点 d'_0，再向下作出水平投影 d_0，即为 D 点的落影。当然 D 点的落影也可由侧面投影求得。

B、C 两点落影作法与 D 点相同：过 b、c 作 $45°$ 线，与屋脊交于 1、2 点，由此在正面投影中得 $1'$、$2'$ 点，过 $1'$ 及 $2'$ 作 $3'4'$ 的平行线，再自点 b' 及 c' 作 $45°$ 光线与之相交，即可求得落影 b'_0、c'_0、b_0、c_0 各投影。

A、E 两点与屋面相交，落影与自身重合。

连接以上诸影点，得折线 $ab_0c_0d_0e$ 及 $a'b'_0c'_0d'_0e'$，就是烟囱在屋面上的落影。

图 11-40 中最左侧烟囱，落影所在的屋面为正垂面，利用屋面的 V 面投影的积聚性，可直接求得烟囱落影的 H 面投影。中间所示烟囱，它的落影一部分在正垂屋面上，一部分在侧垂屋面上，兼有两边烟囱的特点，作图时注意折影点 M、N 的位置。

11.6 曲面立体的阴影

建筑中常见的曲面立体主要有圆柱、圆锥、圆球和各种回转体，它们的阴影求作有诸多不同方法，本书在此仅讲述最常见圆柱的阴影作法。

11.6.1 圆柱的阴影

1. 空间分析

柱面上的阴线是柱面与光平面相切的素线。如图 11-41（a）所示，一系列与柱面相切的光线，在空间形成了光平面。这一系列光线与柱面的切点的集合，正是光平面与柱面相切的直素线，该直素线就是柱面上的阴线。切于圆柱体的光平面有两个，它们是互相平行的。因此，在圆柱上得到两条直素线阴线 *AB*、*CD*，这两条阴线将柱面分成大小相等的两部分，阳面与阴面各占一半。圆柱体的上底面为阳面，而下底面为阴面。作为圆柱面阴线的两条素线将上、下底圆周分成两半，各有半圆成为柱体的阴线。这样，整体圆柱的阴线是由两条直素线和两个半圆周组成的封闭线。

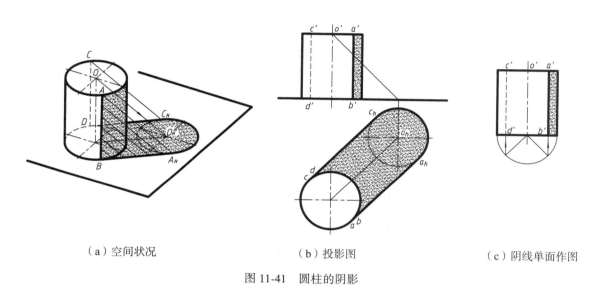

| （a）空间状况 | （b）投影图 | （c）阴线单面作图 |

图 11-41　圆柱的阴影

2. 投影作图

图 11-41(b)所示是处于铅垂位置的正圆柱。圆柱的 *H* 面投影积聚成一圆周。阴线必然是垂直于 *H* 面的素线，所以与圆柱面相切的光平面必然是铅垂面，其水平投影积聚成 45°直线，且与圆周相切。作图时，首先将圆柱顶面圆周在 *H* 面上的落影作出，因其整个落于 *H* 面且与 *H* 面平行，故作出圆心 *O* 点落影后，画同样大小的圆，再作两条 45°线，与圆周相切于 *b*、*d* 两点，即柱面阴线的水平投影，最后由此求得阴线的正面投影 *a'b'* 及 *c'd'*。从水平投影可看出，柱面的左前方一半为阳面，右后方一半为阴面。在正面投影中，*a'b'* 右侧的一小条为可见的阴面，需将它涂上浅黑色，不可见的阴线 *c'd'* 画成虚线。

3. 阴线单面作图

根据柱面上阴线位置的特定性，其阴线可以单面作图确定。如图 11-41(c)所示，在圆柱底边作半圆，过圆心引两条不同方向的 45°线，与半圆交于两点，由此交点确定圆柱面上的阴线。

11.6.2　柱面上的落影

当柱面垂直于某投影面时，利用柱面投影的积聚性，可直接求作线段（直线或曲线）在柱面上的落影。对于曲线可在其上取一系列的点，然后将各点落于柱面上的影点作出，再光滑连接起来，即得曲线在柱面上的落影；对于直线也可按此法求作，但若能应用直线落影规律，可使作图大为简化。

1. 矩形盖盘在圆柱面上的落影

图 11-42 所示为靠于墙面的半圆柱，顶部带有四棱柱盖盘。四棱柱上 AB、BC、CD、DE 为阴线，均为投影面垂直线，它们落影在墙面和圆柱面上。圆柱表面右侧有一条阴线落影在墙面上。

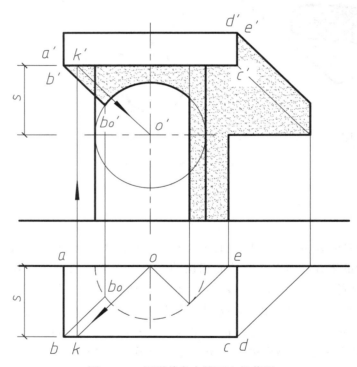

图 11-42　矩形盖盘在柱面上的落影

AB 为正垂线，根据直线落影垂直规律，落在墙面、柱面上的影子其正面投影为 45°直线，作图时先求 B 点落影，利用柱面水平投影的积聚性，可求得 B 点在它上面的落影 b_0、b'_0。

BC 为侧垂线，由直线落影垂直规律可知，落在柱面上的影子其正面投影与柱面积聚投影对称，即为一段圆弧，圆心位置可如图中箭头方向所示确定，落影在墙面上的部分与 BC 平行且距离等于它到墙面的距离 s。

其余阴线的作图也可按落影规律作出，此处不再赘述。

2. 圆盖盘在圆柱面上的落影

图 11-43 是一带有圆盖盘的圆柱。盖盘下底圆弧 *ABCDEF* 为阴线，其上有一段 *BCDE* 落影于柱面上，需利用柱面水平投影的积聚性，逐点求出 *B*、*C*、*D*、*E* 的落影，再将它们连接光滑起来，即得阴线 *BCDE* 的落影。

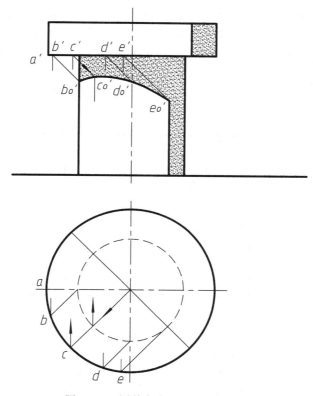

图 11-43　圆盖盘在圆柱面上的落影

作图时，首先应求作一些特殊的影点。在此图中，若通过圆柱轴线作一个光平面，则此形体被该光平面分成互相对称的两个半圆柱面，以此光平面为对称平面。圆盖盘上的阴线及其落在柱面上的影线，也以该光平面为对称平面。于是盖盘阴线上位于对称光平面内的点 C，与其落影 C_0 间的距离最短。因此，在正面投影中，影点 c_0 与阴点 c'_0 的垂直距离也最小。这样，影点 c'_0 就成为影线上的最高点，必须将它画出来。

还有落于圆柱最左轮廓素线上和最前素线上的影点 B_0 和 D_0，由于它们对称于上述的光平面，因此高度相等。当在正面投影中求得 b'_0 后，自 b'_0 作水平线与中心线相交，也可求得 d'_0。

此外，位于圆柱阴线上的影点 E_0 也需要画出。在水平投影中，作 45°线与圆柱相切于

点 e_0，而与盖盘圆周相交于点 e，由 e 求得 e'。自 e' 作 45°线，与引自点 e 的垂线（即圆柱的阴线）相交，即得 e'_0。以光滑曲线连接 b'_0、c'_0、d'_0、e'_0 各点，即得盖盘阴线在柱面上落影的正面投影。

3. 内凹半圆柱面上的落影

图 11-44 为内凹的半圆柱面。它的阴线是棱线 AB 和一段圆弧 BCD。D 点的水平投影是 45°光线与圆弧的切点 d。圆弧阴线 BCD 在柱面上的落影是一曲线。点 D 是阴线的端点，其落影即该点自身。B、C 两点的落影 $B_0(b_0$、$b'_0)$ 和 $C_0(c_0$、$c'_0)$ 是利用柱面水平投影的积聚性作出。将 b'_0、c'_0 及 d' 用曲线光滑连接，就是圆弧的落影。棱线 AB 落影于地面和柱面，K 点为折影点，AB 落影于地面上为 45°直线 ak_0，在柱面上的落影是与其自身相平行的直线 $b'_0k'_0$。

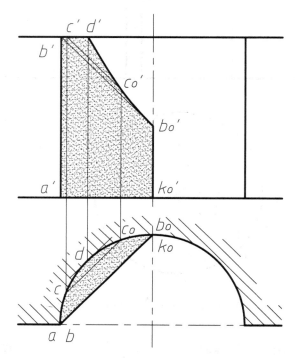

图 11-44　内凹半圆柱面上的落影

第 12 章 建 筑 透 视

12.1 透视的基本概念

在建筑设计过程中，常用透视图来表达设计对象的外貌，以便直观逼真地表达出建筑物来，如图 12-1 所示就是某图书馆的透视图。

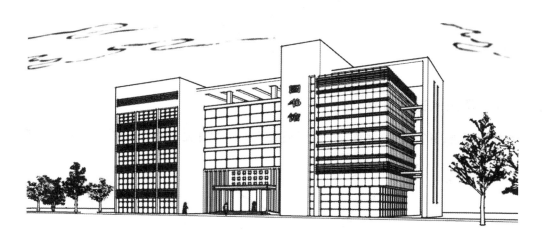

图 12-1　某图书馆透视图

12.1.1 透视的形成及特点

人们透过一个面来观察物体时，观察者的视线与该面相交而形成的图形，称为透视图。

透视是用中心投影法来绘制的，属于单面投影，所以也称为透视投影。它具有消失感、距离感、相同大小的形体呈现出有规律的变化等一系列的透视特性，能逼真地反映形体的空间形象。

透视图和透视投影常简称为透视。

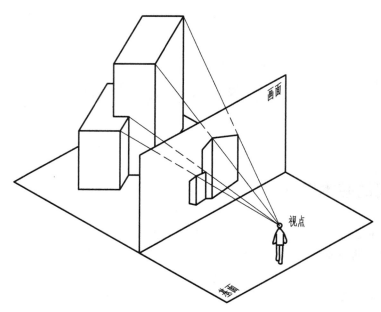

图 12-2　透视的形成

12.1.2　常用术语及符号

在学习透视图的作图方法前，必须了解透视图中的有关术语及规定，如图 12-3 所示。

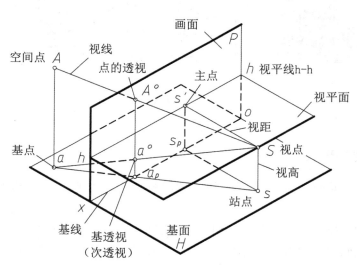

图 12-3　透视图的常用术语

基面（H 或 G）——放置物体或建筑物的水平地面。
画面（P）——绘制透视图的铅垂投影面。

基线(ox 或 g-g)——画面与基面的交线。

视平面——过视点的水平面。

视平线(h-h)——视平面与画面的交线。

视点(S)——观察者单眼所在的位置，即投射中心。

站点(s)——视点 S 在基面上的正投影，即观察者站立的位置。

主点(s')——视点在画面上的正投影。

视距——视点或站点到画面的距离，即 $Ss' = ss_p$。

视高——视点到基面的距离，即人眼离地面的高度。

视线——通过视点的直线，即投射线。

基点——空间点在基面上的正投影，即点 A 的水平投影 a。

12.2　点的透视

点的透视为过空间点的视线与画面的交点。点的基透视为过基点的视线与画面的交点。

如图 12-4 所示，空间点 A 与视点 S 所连接的视线与画面的交点 A° 即为点 A 的透视；通过基点 a 的视线与画面的交点 a° 为点 A 的基透视。

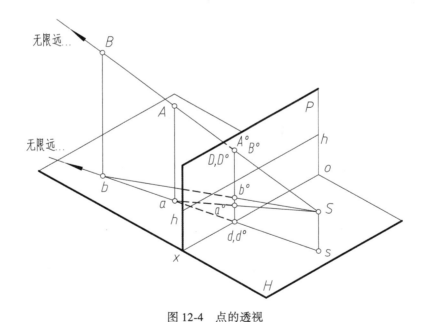

图 12-4　点的透视

在同一视线 SA 上所有点的透视都与点 A 的透视 A° 重合。如图 12-4 所示，点 B 的透视 B° 与 A° 重合，故仅有 A° 不能确定点 A 的空间位置，还需给出其基透视 a°。当空间点位于画面之后时，空间点越远离画面，基透视越接近视平线。

点在画面上时，其透视为该点本身。如图 12-4 中 D 点为画面上的点，其透视 D^o 与 D 重合为同一点，其基透视 d^o 与基点 d 重合为同一点。

图 12-3 中 $A^o a^o$ 为点 A 的透视高，与其真实高度 Aa 不相等。只有当点在画面上时，其透视高等于真实高，如图中 D 点，$Dd = D^o d^o$。

12.3　直线的透视

过视点且包含直线的视线平面与画面的交线，为直线的透视。如图 12-5 所示，视线平面 SAB 与画面 P 的交线 $A^o B^o$。

12.3.1　直线透视的几种情况

根据直线所处的空间位置，其透视有如下几种情况：

(1)直线的透视一般仍为直线，直线透视的端点就是空间直线端点的透视。直线上的点，其透视也在该直线的透视上。如图 12-5 所示 AB 直线，其透视为 $A^o B^o$，M 点为 AB 直线上的点，点 M 的透视 M^o 在 $A^o B^o$ 上。

(2)当直线通过视点时，其透视为一点。如图 12-5 所示 CD 直线的透视 $C^o D^o$ 重合为一个点。

(3)当直线在画面上时，透视为其本身。如图 12-5 所示 EF 直线的透视 $E^o F^o$ 与直线本身重合。

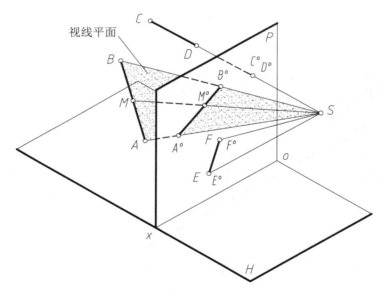

图 12-5　直线透视的几种情况

12.3.2 直线的透视与基透视

直线在基面上正投影的透视，为直线的基透视。直线上的点，其透视与基透视分别在直线的透视与基透视上。

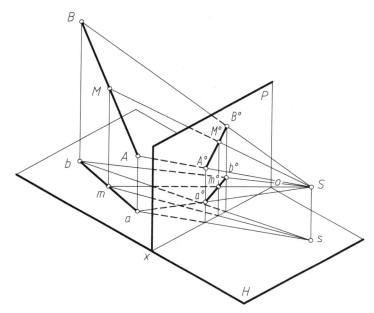

图 12-6 直线的透视与基透视

如图 12-6 所示 AB 直线的透视为 A^oB^o，AB 在 H 面上的正投影为 ab，其透视为 a^ob^o（基透视）。M 点在直线 AB 上，其透视 M^o 在直线 AB 的透视 A^oB^o 上，基透视 m^o 在 AB 直线的基透视 a^ob^o 上。

12.3.3 直线的分类及透视特征

根据直线与画面的是否平行分为两种，画面平行直线和画面相交直线。

1. 画面平行直线的透视特征

如图 12-7 所示，若直线平行于画面，则其透视与直线平行，且与基线夹角反映了直线对基面的倾角 θ，直线上点分线段与其透视分线段比例相等，其基透视平行于基线和视平线。

一组相互平行的画面平行线其透视相互平行，它们的基透视也相互平行，且平行于基线和视平线

2. 画面相交直线的透视特征

直线与画面的交点称为直线的画面迹点，直线上无限远离画面处点的透视称为直线的

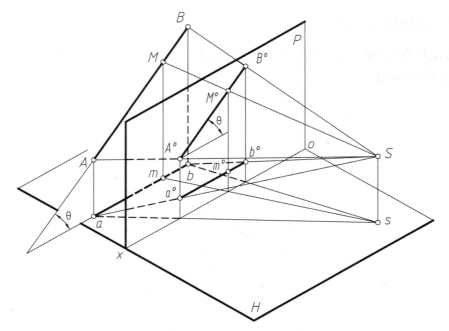

图 12-7　画面平行直线的透视特性

灭点。

　　如图 12-8 所示，直线 AB 延长后与画面 P 相交于 N 点，该点为直线 AB 的画面迹点。迹点的透视为其自身，迹点的基透视为其在基面上的正投影 n，且在基线 ox 上。直线的透视通过迹点，基透视通过迹点在基面上的正投影(迹点的基透视)。

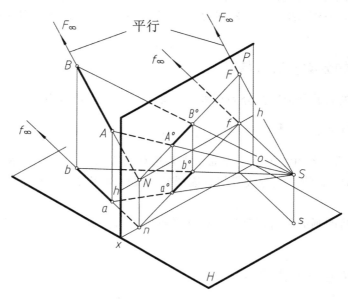

图 12-8　直线的迹点与灭点

在图 12-8 中，过视点 S 作与 AB 平行的视线，该视线可认为是过视点 S 与直线 AB 上无限远离画面处点的连线，它与画面的相交 F 点即为 AB 直线的灭点。从直线的迹点 N 到灭点 F 的连线 NF 是全长透视。

直线在基面上正投影的透视为直线的基透视，它上面无限远点的透视，称为基灭点，基灭点一定位于视平线上。如图 12-8 所示 f 点为 AB 直线的基灭点，它位于视平线 h—h 上，与该直线的灭点位于同一竖直线上。

画面相交直线透视的特征是：直线的透视通过灭点，直线的基透视通过基灭点，直线的灭点与基灭点处于同一铅垂线上；直线平行基面时，其灭点与基灭点重合。

一组相互平行的画面相交线有一个共同的灭点，其基透视有一个共同的基灭点。

12.4 透视的分类

长、宽、高三个主要方向线的灭点叫主向灭点，透视图按主向灭点的数量分类。

12.4.1 一点透视

画面与基面垂直，只有一个主向灭点为一点透视，也叫平行透视，如图 12-9 所示。

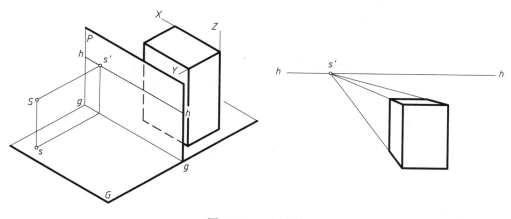

图 12-9 一点透视

12.4.2 两点透视

画面与基面垂直，有两个主向灭点为两点透视，也叫成角透视，如图 12-10 所示。

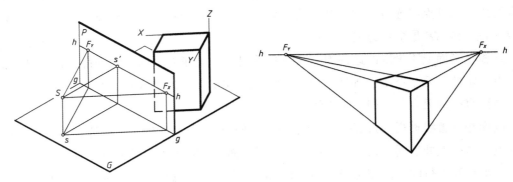

图 12-10　两点透视

12.4.3　三点透视

当画面倾斜于基面时，有三个主向灭点为三点透视，也叫斜透视，如图 12-11 所示。

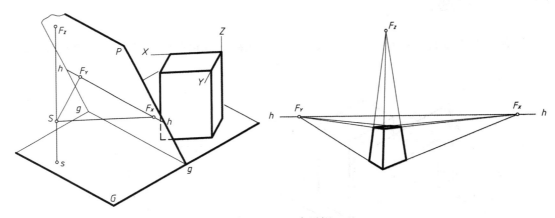

图 12-11　三点透视

12.5　透视图作法

透视作图的基本方法主要有视线法、交线法、量点法、网格法等，本节主要介绍视线法和交线法作图。

视线法是利用视线的投影作图，交线法是利用直线的交点作图。

对于画面平行线，作图时首先作出直线的迹点和灭点，确定直线的全长透视，再用视线法或交线法做出线段的端点。

12.5.1 基面上的直线透视作法

基面上的直线这里仅指画面相交线，不包括基面上的画面平行线。

如图 12-12 所示，基面 H 上直线 $AB(ab)$ 是与画面相交的直线，延长后得到交点 N (n)，即为迹点，它必定位于基线 ox 上，$N(n)$ 的透视为本身。

过视点 S 作与 AB 平行的视线 SF，它与画面 P 相交于 F 点，即为灭点，位于视平线 $h—h$ 上。灭点 F 在基面上的投影为 f 位于基线 ox 上，因视线 $SF // AB(ab)$，即平行于基面 H，故 SF 在基面上的投影 $sf // SF // AB(ab)$，且 $Ff \perp ox$。

连接 NF 即得到 AB 的全长透视。

全长透视确定后，再可用视线法或交线法在其上定出端点 A^o、B^o，即求得直线的透视 A^oB^o。

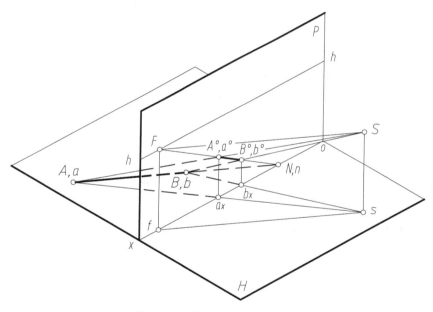

图 12-12 基面上直线空间状况

1. 视线法作图

根据以上作图分析，由已知条件先确定迹点和灭点。

如图 12-13 所示，在水平投影中延长 ab 与 ox 相交即得迹点 n，将 n 点垂直向上作到画面中的基线 $o'x'$ 上，得到画面迹点 N。再在水平投影中过站点 s 作 ab 平行线，与 ox 交点即为灭点的投影 f，将 f 点垂直向上作到画面中的视平线 $h—h$ 上，得到直线灭点 F。连接 NF 即得 AB 全长透视。

视线法是利用视线的投影作图，故在水平投影中连接 sa 作出视线 SA 的投影，它与 ox 交于 a_x 点，将 a_x 点垂直向上作到画面中与 NF 相交，交点即为 A 点的透视 A^o；同样的方法可做出 B 点的透视 B^o。

连接 A^oB^o 即得到 AB 直线的透视，因 ab 与 AB 重合，故 a^ob^o 与 A^oB^o 重合。

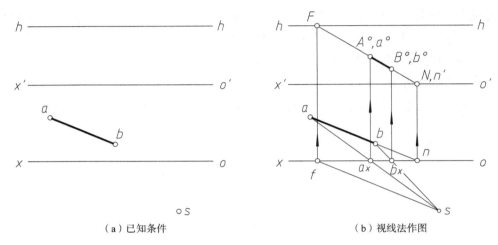

（a）已知条件　　　　　　　　　　　（b）视线法作图

图 12-13　视线法作图

2. 交线法作图

由同样的方法先确定迹点 N 和灭点 F，求出全长透视 NF，再根据交线法利用相交的关系作图。

如图 12-14 所示，在求出 NF 后，过 A 点在基面上作任意方向的画面相交线 AK 为辅

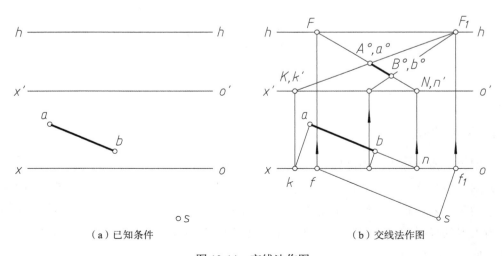

（a）已知条件　　　　　　　　　　　（b）交线法作图

图 12-14　交线法作图

助线，然后用同样的方法做出 AK 的迹点 K 和灭点 F_1，得 AK 的全长透视 KF_1，它与 NF 的交点即为 A 点的透视 $A^o(a^o)$。同样可过 B 点作相同方向的辅助线，得到 B 点的透视。这样利用两直线相交的交点便求得直线的透视。

在图 12-15(b) 中作图时，先在视平线 h—h 上任定一点 F 为灭点，连接 Fa^o 并延长到与基线 ox 相交，得交点 n，过 n 点向上作垂直线 nN，使其高度等于 H 即为真高线；再连接 NF，过 a^o 向上作垂直线与 NF 相交，交点 A^o 即为空间 A 点的透视。

12.5.2 真高线

由直线的透视特性可知，如果铅垂线位于画面上则其透视就是该直线本身，它能反映自身真实的高度，故称画面上的铅垂线为真高线。距画面不同远近的同样高度的铅垂线，它们的透视高度不同，但都可以利用真高线来求解透视高度。

如图 12-15(a) 所示，已知空间 A 点的基透视 a^o 及其高度 H，利用真高线求 A 点的透视 A^o。

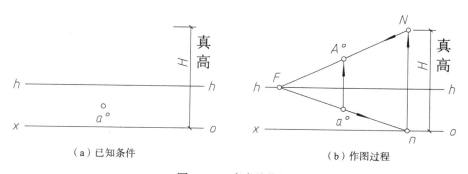

（a）已知条件　　　　　　　　　　（b）作图过程

图 12-15　真高线作图

图 12-15(b) 中，空间直线 AN 与 an 有相同的灭点 F，AN 与 an 为平行的两条水平线，因此在空间 $Aa=Nn$，故可利用真高线确定出透视图中某一点的透视高度。

12.5.3 平面图形的透视作法

作平面图形的透视，就是作构成平面图形的各轮廓线的透视。一般情况透视为多边形；当平面通过视点时，其透视积聚成一条直线；平面图形在画面上时，透视为图形自身。

作出基面上平面图形的透视，也称为透视平面图。作图方法可以采用视线法和交线法，这里以视线法为例，讲解作图步骤。

如图 12-16(a) 所示为基面上平面图形 $ABCDEM$ 在基面上的正投影 $abcdem$，在此给出画面 P 的位置和方向，站点 S 的位置，以及视距和视高。这些作为求透视平面图的已知条件。

为了作图方便，把画面放置为正立方向，平面图形倾斜，如图 12-16(b) 所示。最终

作出透视图的画面在这里放置在投影图下方位置(也可于投影图上方),作图步骤如下:

(1)在上面的投影图中作出两个主向灭点的投影 f_x、f_y,再向下作垂线到视平线 $h—h$ 上,得到画面中的灭点 F_x、F_y。

(2)在基线 ox 上确定 A 点的透视 A^o。

(3)连接 A^oF_y 得 AB 的全长透视,在投影图中将站点 s 与 b 点相连,并与画面相交于 b_p,再过 b_p 向下作垂线与 A^oF_y 相交,交点即为 B 点透视 B^o。用同样方法(此处不再赘述)可求出其余各顶点的透视 B^o、C^o、D^o、E^o、M^o 等。

(4)将求得各顶点透视连接起来,便得到平面图形的透视 $A^oB^oC^oD^oE^oM^o$,也就是透视平面图。

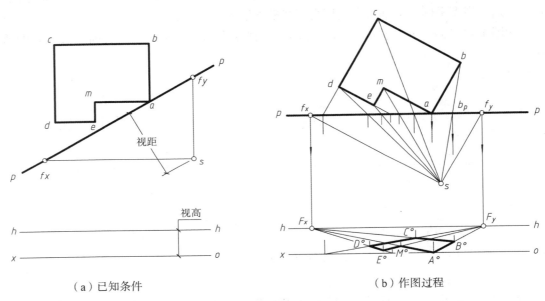

(a)已知条件　　　　　　　　　　　(b)作图过程

图 12-16　透视平面图的作图

12.5.4　平面立体构成的建筑形体的透视作法

平面立体的各表面都是平面,各棱线均为直线,由其构成的建筑形体也是如此,求它们的透视,实际上是求各条棱线的透视。

在这里,我们所求的立体的透视都先给出了平面图、立面图作为已知条件,故作平面立体的透视时,先根据已知平面图作出其透视平面图,再根据立面图利用真高线确定各顶点高度,即可做出立体的透视图。

如图 12-17 所示为给出的斜坡顶房屋的平面图和侧立面图,同时给出画面 P 的位置和方向,站点 S 的位置,以及视距和视高,以此为条件,作出斜坡顶房屋的透视图,下面具体讲述用视线法求其透视的作图方法,如图 12-18 所示。

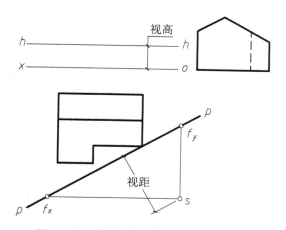

图 12-17　建筑形体透视作图的已知条件

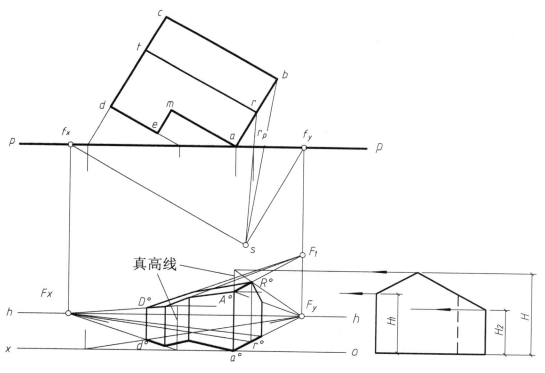

图 12-18　建筑形体的透视作图

　　首先，我们按照图 12-16 中求透视平面图的方法布置投影图及画面的位置，用相同方法作出斜坡顶房屋的透视平面图，并确定屋脊线 RT 在透视平面图中的位置 $t^\circ r^\circ$。

　　然后，在图 12-18 中过 a° 作真高线，在其上量取屋檐高度 H_1 确定 A°，量取屋脊线的高度 H 并与 F_y 连线，同时过 r° 作垂线与其相交，确定 R°。另外一侧也可以利用另一真高

线由 H_2 确定 D^o。其余各顶点的透视确定方法一样。

最后，连接各顶点，只需画出可见部分的轮廓线，即完成形体的透视图。

在图 12-18 中，我们还可看到空间相互平行的斜脊线有一个共同的灭点 F_1，先由一条斜脊线确定 F_1 后，也可以利用这个灭点作其余与之平行斜脊线的透视。

12.5.5　曲面立体的透视作法

曲面立体的表面包含有曲线和曲面，作其透视关键是要作出曲线部分的透视。曲线可以看成由一系列点构成，作它的透视时，就是做出一系列点的透视，然后将它们连接成曲线。

在建筑形体上以圆为形状特征的曲线与曲面最为常见。位于画面后面的圆的透视一般仍为圆或为椭圆。

1. 平行于画面的圆所构成的曲面立体

平行于画面的圆，其透视仍为圆，透视大小视圆平面距画面的远近而定。因此，圆的透视绘制只需求出圆心的透视位置及其对应半径的透视长。

如图 12-19 所示是一段轴线垂直于画面的圆管的一点透视作图，圆管中心距离地面高度为 H，其前后端面的轮廓均为平行于画面的圆。

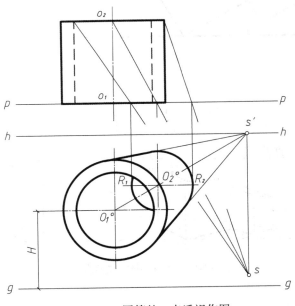

图 12-19　圆管的一点透视作图

圆管前端面位于画面上，其透视就是它本身。圆管的轴线和全部直素线均为画面垂直线，它们的灭点即为主点 s'。

圆管后端面的圆远离画面，其透视是半径缩小后的圆。作其透视时可根据视线法在轴线的透视上定出圆心 O_2°，在过圆心的中心线上定出后端面内的半径 $O_2^\circ R_1$，外圆半径 $O_2^\circ R_2$。最后用圆规完成后端面可见圆弧的透视作图。

2. 与画面相交的圆所构成的曲面立体

作与画面相交的圆的透视时，是要作出圆上一系列点的透视后连成曲线，一般将圆八等分后取等分点作图。

下面以包含圆柱面部分的圆拱门为例，讲述视线法作其两点透视。

图 12-20 所示为带有圆拱门洞墙体的投影图，同时给出画面、站点位置方向，视高、视距等已知条件，其透视作图重点是圆拱部分前后表面圆弧的透视。

为作图方便，我们调整平面图的放置位置和方向。首先，用视线法作出墙体外形轮廓的透视，同时作出门洞直线部分的透视，如图 12-21(a) 所示。

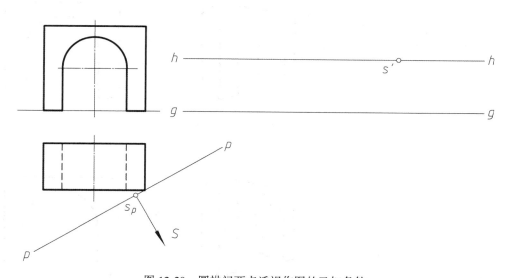

图 12-20　圆拱门两点透视作图的已知条件

然后，作圆拱门洞前表面圆弧的透视，即将半圆弧纳入于半个正方形中，作出半个正方形的透视，从而得到圆弧透视上的三个点 1°、3°、5°；再作出两条正方形的对角线与半圆弧交点的透视 2° 和 4°；最后将这五个点依次光滑地连接起来，就是圆拱门的前表面圆弧的透视，如图 12-21(b) 所示。

后表面圆弧的透视可用同法画出。也可在图中通过作过前表面圆弧透视上已知点所引的柱面素线的透视来确定，求得相应的点后依次连接并加深可见部分即可。

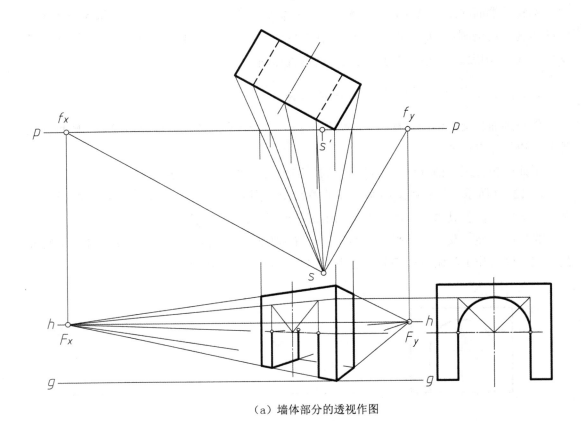

（a）墙体部分的透视作图

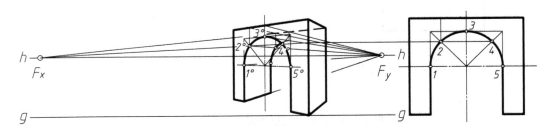

（b）圆拱门洞部分的透视作图

图 12-21　圆拱门两点透视作图步骤

第13章 水利工程图

13.1 水工图的基本规定

为了充分利用水资源，对自然界的水进行有效的控制和合理的调配，在河流上修建的一系列建筑物称为水工建筑物。水工建筑物根据其功能主要有挡水建筑物、发电建筑物、泄水建筑物、输水建筑物、通航建筑物等几种类型。由若干个不同类型的水工建筑物有机组合在一起，进行协同工作的综合体称之为水利枢纽。表达水工建筑物设计及施工过程的图样称为水工图。表达水利枢纽布置的图样称为枢纽布置图。

通过对本章知识的学习，培养学生了解水利水电工程基础制图标准，掌握水工图的基本规定、图样表达、尺寸标注及识读与绘制常见水工专业图的能力。

13.1.1 视图名称

1. 视图

如图 13-1 所示，在水利水电工程中规定，河流以挡水建筑物为界，在挡水建筑物上方的河流称为上游，在挡水建筑物下方的河流称为下游。观察者面向下游，左手边的河岸

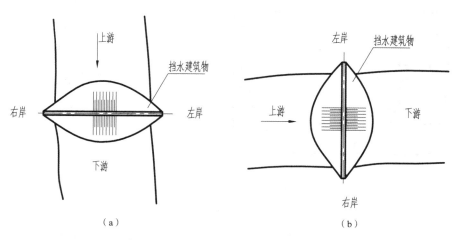

（a）   （b）

图 13-1　河流的上、下游和左、右岸图示

称为左岸，右手边的河岸称为右岸，图中箭头表示水流的方向。

在水工图中，通常用基本视图来表达水工结构，其中主视图、后视图、左视图、右视图一般称为立面图，立面图主要表达建筑物的立面外形。俯视图一般称为平面图，平面图主要表达建筑物的平面形状及布置。

水工图的命名也可以跟水流方向相关，当观察者的视线顺水流方向，站在建筑物的上游往下游看，所得建筑物的图样称为上游立面（视）图。当观察者的视线逆水流方向，站在建筑物的下游往上游看，所得建筑物的图样称下游立面（视）图。上、下游立面图主要表达建筑物上、下游立面的布置情况。

如图 13-2 所示，为某水闸闸室设计图，其形体的表达是由正立面图（纵剖面图）、平面图、上、下游立面图和 B—B 断面图几个图形组成。纵剖面图的剖切方向与水闸轴线平行，剖切位置在闸墩与边墩之间，主要表达水闸闸室组成部分的立面形状和底板建筑材料的情况；平面图主要表达水闸闸室的平面布置情况；上、下游立面图采用合成视图的表达方法，表达闸室上、下游立面的布置情况；B—B 断面图主要表达边墩挡土墙的断面形状。

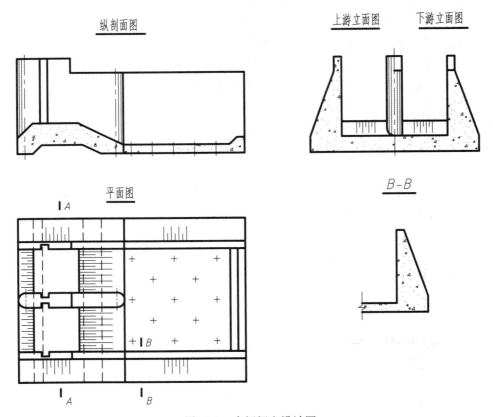

图 13-2　水闸闸室设计图

水工图中图名一般注写在视图的正上方，并在图名的下边画一条粗实线。水工图比例大小的选择，一般根据建筑物的大小、其复杂的程度及图幅大小而定，若整张图纸中只使用一种比例的，则比例统一注写在图纸标题栏内。当在图纸中使用不同比例时，应在图名之后或图名横线下方另行标注，比例的字高较图名字体小 1 号或 2 号。

2. 剖面图和断面图

在水工图中，剖面图和断面图主要用于表达建筑物的内部结构形状及位置关系，表达建筑物的高度尺寸及特征水位，表达地形、地质情况及所用建筑材料等。当剖切平面顺水流方向或跟建筑物的轴线平行时所得的视图，称为纵剖面图（或纵断面图），如图 13-2 中所示水闸闸室的纵剖面图。当剖切平面逆水流方向或跟建筑物的轴线垂直时所得的视图，称为横剖面图（或横断面图），如图 13-3 所示的 A—A 断面图即为水闸闸室段的横断面图。

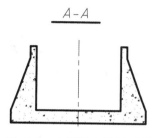

图 13-3　水闸闸室横断面图

3. 详图

在水工图中，经常出现建筑物的视图由于所采用比例较小，导致其局部结构表达不清晰的情况，这时可将该局部结构进行放大比例表达，称之为详图。详图可根据表达需要采用视图、剖面图、断面图等形式。详图需要进行标注，用细实线圆在形体上圈出需要放大的局部结构，用引出线指明详图的索引符号，同时对所绘制的详图用相同编号标注图名，并注写放大后的比例。其中，详图索引符号圆的直径为 13mm，用细实线圆绘制。详图图名圆的直径为 14 mm，用粗实线圆绘制。如图 13-4 所示为某闸墩闸门槽的详图表达。

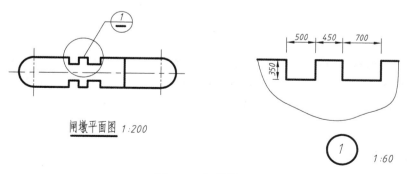

闸墩平面图 1:200

图 13-4　闸墩详图

13.1.2 图线用法

水工图中图线的标准分线型和线宽两种，图样中的线型应根据不同的用途采用对应的线型样式，其用途基本与土木建筑图样要求一致。对线宽的要求，根据《水利水电工程基础制图标准》(SL 73.1—2013)的规定，水工图中的线宽分为粗、中粗、细三种等级，其中粗线线宽为 b，中粗线宽度一般为 $b/2$，细线宽度一般为 $b/4$，b 的具体数值应根据图形大小依标准来进行选取。

除了上述常规图线用法外，在水工图中，粗实线既可用于表达可见的轮廓线，还可用来表示建筑物的结构分缝线(如沉陷缝、伸缩缝、施工缝等)或不同材料的分界线。如图 13-5 所示。

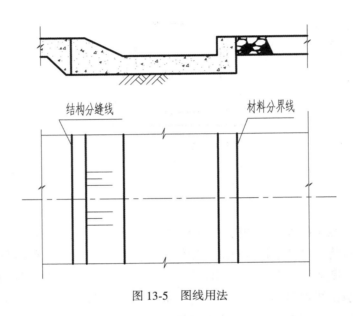

图 13-5 图线用法

13.1.3 常用符号表示

1. 水流方向

水工图中表示水流方向的符号，根据需要可按图 13-6 所示的符号式样来绘制。图线线宽一般取 0.35~0.5mm，B 的值一般取 13~15mm。在布置图幅时，对于过水建筑物如水闸、涵洞、溢洪道等建筑物的平面图，通常把水流方向选为自左向右。对于坝、电站的平面图，通常把水流方向选取为自上而下。

2. 指北针符号

水工图中的指北针符号，根据需要可按图 13-7 所示的三种形式绘制，其位置一般画在图形的左上角或右上角，箭头指向正北方向。

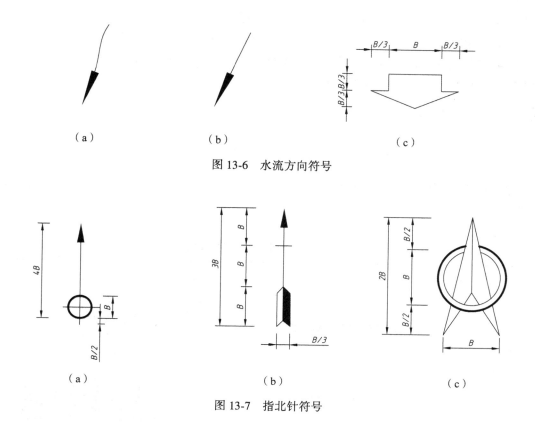

图 13-6　水流方向符号

图 13-7　指北针符号

3. 标高符号

水工图中标高用于表示建筑物、水位、地形等位置的高度，分绝对标高和相对标高两种。

水位标高的符号如图 13-8(a)所示，在立面标高符号下加三条等间距、渐缩短的细实线表示该位置水位高程，对特征水位的标高，应在标高符号前注写特征水位名称。

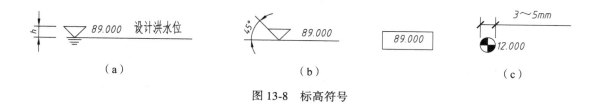

图 13-8　标高符号

立面图和铅垂方向的剖面图、断面图的标高符号如图 13-8(b)所示，采用等腰直角三角形，用细实线绘制，其高度 h 宜为数字高。在标注时，先沿被标注高度的水平轮廓线引出标注界线，标高符号的尖端指向标高界线并与之接触。标高数字以米为单位，标注在标高符号的右边，一般注写到小数点后第三位，在总布置图中可注写到小数点以后第二位。

零点的标高注成±0.000 或 0.00，负数标高数字前须加注"–"号。

　　平面图中的标高符号见图 13-8(c)，采用矩形方框内注写标高数字的形式，注写在被标注平面的范围内，方框用细实线绘制。或采用圆圈内画十字并将其中的第一、第三象限涂黑的标高符号，圆圈直径与字高相同。

13.1.4　水工图中常用图例

1. 常用建筑材料图例

　　水工图中常用建筑材料图例如表 13-1 所示，跟土木建筑制图中的建筑材料图例基本保持一致。

表 13-1　水工图常用建筑材料图例

序号	名称	图例	序号	名称	图例
1	自然土壤		7	干砌块石	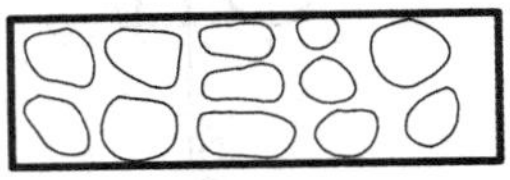
2	夯实土		8	浆砌块石	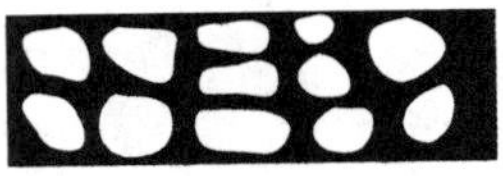
3	粘土		9	砂卵石	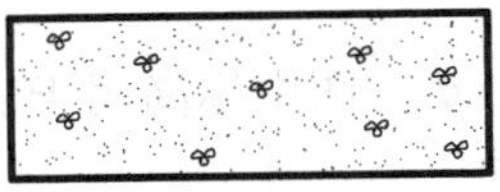
4	回填土	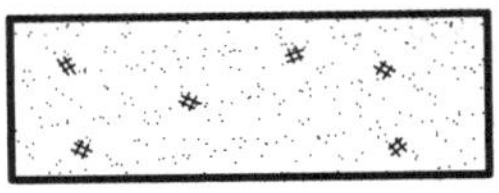	10	卵石	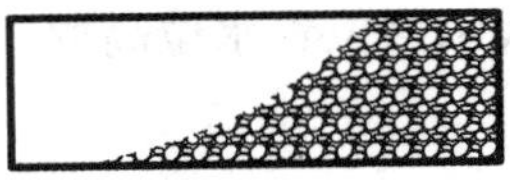
5	混凝土	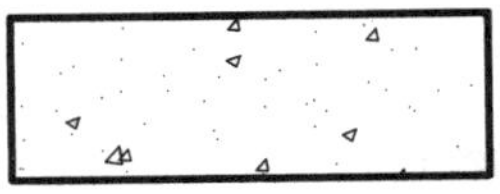	11	岩石	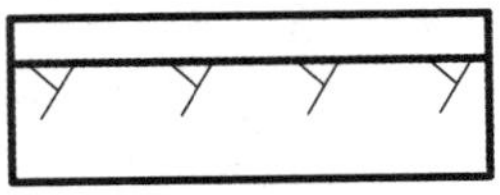
6	钢筋混凝土	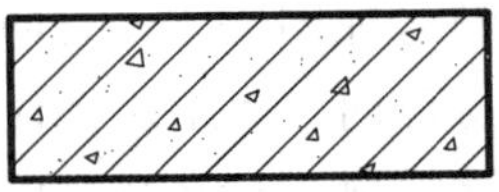	12	草皮	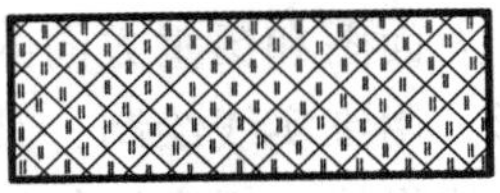

2. 常用平面图例

在视图中不需要详细表达的建筑物、建筑结构、建筑材料以及地形、地质情况等，可以通过图例表达。水工图中的平面图例主要用于规划图或施工总平面布置图中，在枢纽总布置图中的非主要建筑物也可以用图例表达。建筑物平面图例主要用于表达对应结构的位置、类型和作用，常见的水工建筑物平面图例如表 13-2 所示。

表 13-2 水工图常用建筑物平面图例

序号	名称	图例	序号	名称	图例	序号	名称	图例
1	水库	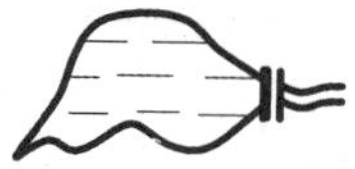	7	水闸	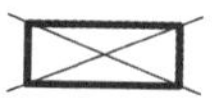	13	变电站	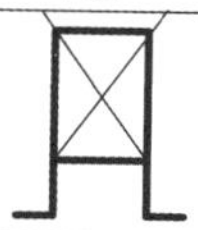
2	渡槽	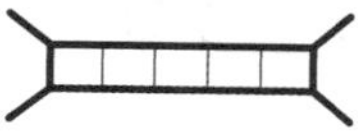	8	船闸		14	泵站	
3	混凝土坝		9	升船机	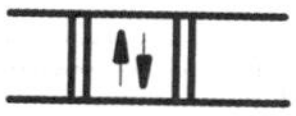	15	铁路桥	
4	土石坝	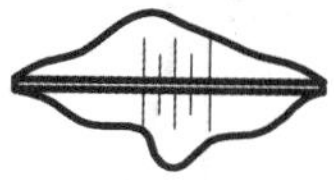	10	隧洞	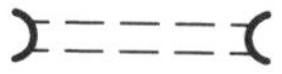	16	公路桥	
5	溢洪道	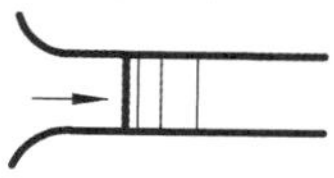	11	涵洞	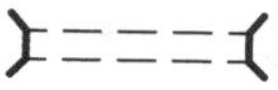	17	堤	
6	水电站	大比例尺  / 小比例尺 	12	渠道		18	护坡	

13.2 水工图的表达方法及尺寸标注

13.2.1 水工图的表达方法

1. 合成视图

对称或基本对称的图形，可将两个相反视向的视图或剖面图、断面图各画一半，中间以对称线为界，合成一个图形，这样的图形称为合成视图，这种表达方法在水工图中应用很广泛。对于建在河流上的水工建筑物，其上游部分的结构往往与其下游部分的结构不一样，因此建筑物的上游方向和下游方向需要同时表达，为了减少作图工作量，让图形布置更加紧凑，工程上往往采用合成视图的表达方法。

　　如图 13-9 所示，某水闸由进口段、闸室段和消能段三部分构成，结构前后对称。水闸设计图由纵剖面图、平面图、1—1 剖面图、2—2 剖面图和 3—3 断面图组成，其中 1—1 剖面图是在水闸进口段 1—1 处剖切后往下游方向投影，2—2 剖面图是在水闸消能段 2—2 处剖切后往上游方向投影，在设计图中将两个剖面图各画一半，合成一个视图，以清楚表达水闸上、下游立面结构布置情况。

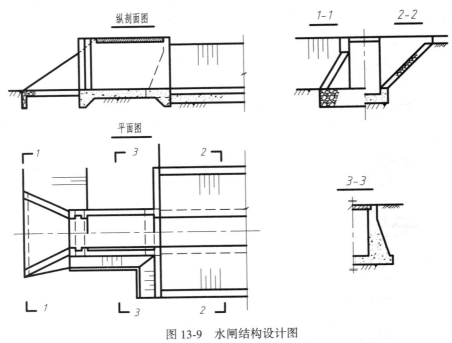

图 13-9　水闸结构设计图

2. 拆卸(掀土)画法

　　当视图(或剖面图)中所要表达的结构被建筑物的其他结构所遮挡时，可假想将其拆卸，然后再进行投影，称为拆卸画法，这种表达方法在水工图中应用较多。如图 13-9 所示，在绘制水闸闸室段平面图时，为了清晰表达被闸室工作桥桥面板遮挡的闸墩或闸底板的结构，在水闸的平面图中以对称线为界，将其前半部桥面板假想拆掉。

　　对于埋入地下被土遮挡的部分结构，也可以假想将填土掀开后表达。如图 13-9 所示，在绘制水闸平面图时，假想将水闸进口段翼墙及闸室挡土墙后的填土掀开，由此进口段翼墙与挡土墙的背面结构皆可见。在绘制时该部分图形的虚线表达变成实线表达，其对称部分结构图形的虚线则可省略，这样使其平面图的表达更为清晰。

3. 分层画法

当建筑物或其某部分结构的布置有层次时，其形体的表达往往按照其构造层次进行分层绘制，相邻层用波浪线分界，并用文字注写各层结构的名称。如图 13-10 所示为混凝土坝施工中常用的真空模板，为了清晰表达模板分层材质的情况，在表达时采用了分层画法。

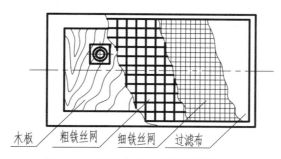

木板　粗铁丝网　细铁丝网　过滤布

图 13-10　混凝土真空模板的分层画法

4. 展开画法

当建筑物的轴线(或中心线)为曲线或折线时，可以沿轴线展开为直线后，再绘制成视图、剖面图或断面图，并在图名后加注"展开"两字，或写成"展视图"。

如图 13-11 所示，某一侧有分水闸的弯曲渠道，其中心线为曲线，沿曲线的 *A—A* 剖面图为展开剖面图。将剖切后的建筑物向柱面(与剖切平面重合)作正投影，然后将该柱面展开。为了读图和绘图方便，在这种展开视图中某些局部结构仍按实际尺寸标注，如图中闸墩的厚度和闸孔宽度。

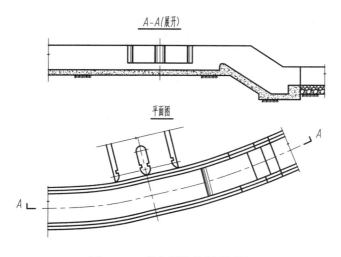

图 13-11　弯曲渠道的展开画法

5. 连接画法

对于水工图中较长的图形，在不影响视图清晰表达的前提下，可以分成两部分绘制，中间用连接符号（带有字母的折断线）表示连接，并用大写字母进行编号。如图 13-12 所示某边坡的连接画法。

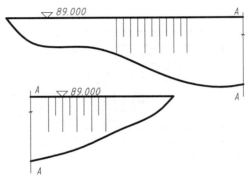

图 13-12　连接画法

6. 简化画法

1）对称图形的简化画法

水工图中，对称结构的图形可以对称轴为界，画其一半或四分之一的视图，并在对称轴上加注对称符号。如图 13-9 所示水闸设计图中的 3—3 断面图就采用了对称图形的简化画法，只画出了被剖切部分的一半视图，主要用来表达两侧挡土墙的结构。

2）相同要素的简化画法

对于建筑物中的多个完全相同且连续排列的构造要素，可在图样两端或适当位置画出少数几个要素的完全形状，其余部分以中心线或中心线交点表示，并标注相同要素的数量。在图样中按规律分布的细小结构，也可只做标注或以符号代替。如图 13-2 所示水闸闸室结构图中，底板排水孔采用了相同均布结构的简化画法，用符号"+"号代替。

3）断开图形的简化画法

当较长构件沿长度方向形状相同或按一定的规律变化时，可采用断开画法绘制，只画出物体的两端部分，断开处以折断线表示，注意在标注时应该标注实长。如图 13-13 所示，某斜坡的断开画法。

13.2.2　水工图的尺寸标注

水工建筑物一般体量较大，且细部结构多，为了便于读图和施工，在同一张图纸内，同一结构的尺寸允许在几个视图中重复标注。重复标注的尺寸根据结构的重要性及施工要求而定，但不能重复过多，以免影响视图表达的清晰。

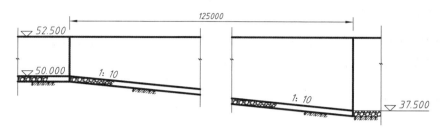

图 13-13 断开简化画法

在水工图中标注的尺寸单位，其中标高、桩号、总布置图以米为单位，流域规划图以公里为单位，其余尺寸以毫米为单位，若采用其他尺寸单位时，则须在图纸中加以说明。

1. 桩号的标注

水工建筑物的布置一般与地形有关，在施工时分段进行，所以对于水闸、大坝、隧洞、渠道等水工建筑物的轴线的长度，可以采用"桩号"进行标注。标注形式为 $K\pm M$，其中 K 为公里数，M 为米数。起点桩号一般注为 0+000，顺水流方向起点的上游为负，标注成 $K-M$，下游为正，标注成 $K+M$。横水流方向，起点的左侧为负，右侧为正。如图13-14所示溢流坝段轴线方向的长度尺寸的确定采用了桩号标注的方式。

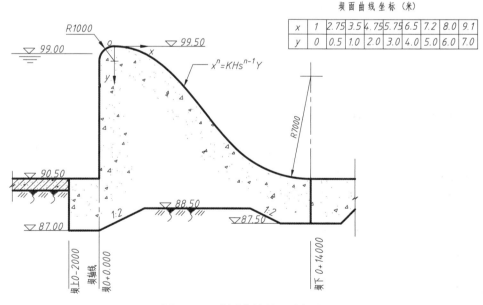

坝面曲线坐标（米）

x	1	2.75	3.5	4.75	5.75	6.5	7.2	8.0	9.1
y	0	0.5	1.0	2.0	3.0	4.0	5.0	6.0	7.0

图 13-14 非圆曲线的尺寸标注

桩号数字一般垂直于定位尺寸的方向或轴线方向注写，且标注在同一侧。当轴线为折线时，转折点的桩号数字应重复标注。当轴线转弯或转折时，需要标注轴线之间的夹角。

2. 非圆曲线的标注

水工建筑物的功能通常要使水流平顺通过，因此在建筑物中曲线曲面较多，且经常会出现非圆曲线的情况，如常见的溢流坝面曲线等。水工图中非圆曲线的标注一般采用数学表达式结合列表的形式进行表达。如图 13-14 所示溢流坝面曲线的表达，在曲线上标注了其数学表达式，同时用列表显示曲线上一系列控制点的坐标。

3. 坡度的标注

坡度是指直线上任意两点的高差与其水平距离之比，坡度的标注一般采用比例的形式，如图 13-15（a）所示，表达式为 $1:m$。当坡度较缓时，可用百分数表示，并用箭头表示下坡方向，如图 13-15（b）所示。坡度也可用直角三角形的形式标注，如图 13-15（c）所示。

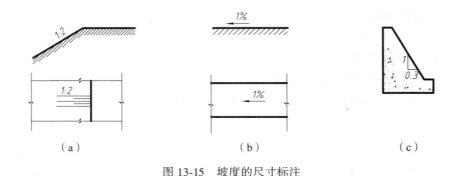

（a）　　　　　　　　　　（b）　　　　　　　　　　（c）

图 13-15　坡度的尺寸标注

13.3　水工图的阅读

水利工程图的阅读一般是采用"总体—局部—细节—总体"的循环，对于水工图一般先由枢纽布置图入手，到建筑结构图，由建筑物的主要结构到次要结构，在读懂各部分结构的基础上，构思整体的布置与结构形状。

13.3.1　水工图的阅读步骤

水工图的阅读通常可按以下步骤进行：

1. 概括了解

首先阅读水工图的标题栏和说明文字，查阅相关资料，了解水工建筑物的名称，该类建筑物常用的结构特点及组成部分，各组成部分所对应的作用等。查看工程图中建筑物的尺寸、采用比例及施工要求等信息，对工程图表达的内容有一个大致了解。

2. 视图表达

分析水工图中建筑物的视图表达情况，在形体表达时，总共采用了几个视图、剖面图、断面图和详图等，分析其对应的剖切位置、表达部位和观察方向，及各视图对应的作用；分析在建筑物的视图表达中，采用了哪些水工的规定画法和习惯画法，如合成视图、拆卸画法、简化画法等。

3. 形体分析

采用形体分析法和线面分析法，结合所给视图及对应表达方法，对水工建筑物的各组成部分逐一分析识读。分析水工建筑物的构造、形状、大小及各部分的相互位置关系等。同时，对建筑物各部分所使用的建筑材料和功能也要逐一识读。

4. 综合归纳

在分析清楚建筑物的各主要组成部分及细部结构的基础上，根据各主要组成部分的形状与位置关系，来构思水工建筑物的总体结构形状。

13.3.2　常见水工建筑物和结构

1. 水闸

水闸建造于河道或渠道中，安装可启闭的闸门，开启闸门可开闸放水，关闭闸门则可挡水，抬高上游水位，通过调节闸门启闭的大小，可以控制过闸的水流量。

水闸主要由上游连接段、闸室段、下游连接段三部分组成。上游连接段通常由上游护坡、上游护底、铺盖和上游翼墙等结构组成。其作用主要引导水流平稳进入闸室，防止水流冲刷河床，降低渗透水流对水闸的不利影响等。下游连接段主要由下游翼墙、消力池、下游护坡、海漫、下游护底及防冲槽等结构组成。

闸室段是水闸的主体部分，起控制水位、调节水量的作用。通常由闸门、闸墩、底板、胸墙、工作桥、交通桥等组成。闸门一般分检修闸门和工作闸门，用于控制上游水位和调节下泄流量。闸墩用于分隔闸孔、支撑闸门，同时用作桥墩支撑上部工作桥或交通桥。底板是闸室段的基础，它将上部结构的重量、底板自重及所承受的水重传给地基。胸墙设于工作闸门上部，辅助闸门挡水。工作桥用于安装闸门启闭设备，交通桥用于连接两岸交通。

2. 水工常见结构

翼墙是水工建筑物进出口处两侧的导水墙。常见形式有圆柱面翼墙、扭曲面翼墙和八字翼墙等。上游翼墙的作用是引导水流平顺地进入闸室；下游翼墙的作用是将出闸水流均匀地扩散，使水流平稳，减少对下游河床的冲刷。

铺盖是铺设在上游河床之上的一层保护层，紧靠闸室和坝体。其作用是减少渗透，保护上游河床，提高闸、坝的稳定性。

经闸、坝流下的水具有很大的冲击力，为防止下游河床受冲刷，保证闸、坝的安全，在紧接闸坝的下游河床上，常用钢筋混凝土做成消力池，消力池的底板称护坦，上设排水孔，用以排出闸、坝基的渗透水，降低底板所承受的渗透压力。

经消力池流出的水仍具有一定的能量，因此常在消力池后的河床上再铺设一段块石护底，用以保护河床和继续消除水流能量，这种结构称海漫。

13.3.3　阅读水闸设计图

1. 水闸组成

如图 13-16 所示进水闸，该闸由上游连接段、闸室段、下游连接段三部分组成。为了使水流平顺进入闸室，上游连接段迎水面翼墙为圆柱形八字墙。水闸的闸室为钢筋混凝土结构，由闸底板、闸墩、边墩、闸门、工作桥、交通桥等组成，闸室分两个闸孔，闸墩上铺设工作桥和交通桥，闸墩上游端面为圆柱面，下游端面为两段柱面拼接而成，闸墩上设置有工作闸门和检修闸门的门槽，配置平板闸门。下游连接段包括消力池和出口段，消力池的护坦前端设计斜坡降低护坦的高程，末端设计有消力槛，来消除下泄水流的能量。为了使水流平顺地进入下游渠道，消力池两侧的翼墙采用扭曲面的型式。出口段两侧采用八字形翼墙来降缓流速。

2. 视图

水闸的视图表达由平面图、纵剖面图、上下游立面图及若干断面图组成。

平面图表达水闸的范围、平面布置情况、各组成部分水平投影的形状及大小等，平面图中的虚线表示水闸两侧挡土墙埋入地面的情况。在水闸平面图，闸墩上部的工作桥和交通桥的桥面板采用了拆卸画法，只画出后半部的结构，前半部省略。平面图中水闸两侧挡土墙的结构采用掀土画法，前半部假想把上面覆盖的填土掀开，被遮挡部分结构虚线变实线。

如图 13-16 所示，A—A 为水闸纵剖面图，剖切方向与水闸轴线方向平行，主要表达水闸各组成部分的断面形状和建筑材料的情况。

1—1 和 2—2 剖面图采用合成视图的表达方法，表达水闸的上游连接段和闸室段上、下游立面的情况。1—1 剖切平面的位置在水闸的上游连接段，从上游向下游投影，表达连接段两侧的八字墙及底板的结构。2—2 剖切平面的位置在闸室段，从下游向上游投影，表达闸室段的工作桥、闸墩、边墩和闸底板的结构型式。

3—3 断面图采用对称结构的简化画法，其剖切平面在消力池和下游连接段的衔接处，表达该位置的断面情况和两侧的填土情况。

4—4断面图是剖切在上游连接段一侧的边墙处，表达该位置边墙的型式。边墙迎水面采用柱面，保证水流平顺进入闸室，边墙背水面采用锥面挡土。

结合进水闸的平面图、纵剖面图及若干剖面图和断面图进行综合阅读，可以完整清晰地了解水闸各组成部分的结构形状和大小，及各部分结构之间的相互关系和使用的建筑材料，进而了解水闸整体的结构布置情况。

3. 尺寸

水闸的尺寸标注包括高度方向和长度方向，高度方向是标注水闸各部分的高程尺寸。上游连接段的高程为 42.40m、工作桥的高程为 44.20m、闸墩的高程为 42.40m，下游连接段的高程为 42.20m，整个进水闸底板的高程均为 40.00m。长度尺寸和宽度尺寸的标注，如图 13-16 所示。

13.3.4 阅读大头坝坝顶设计图

1. 大头坝的组成部分

大头坝是由支墩上游部分向两侧扩展形成上游头部的支墩坝，一般用混凝土或浆砌石构造。大头坝的支墩内一般设有空腔，体型类似宽缝重力坝。如图 13-17 所示，为某溢流大头坝的坝顶设计图，其头部形式为圆头式，可以通过坝顶宣泄洪水。大头坝的溢流坝面为柱面，坝面曲线是通过溢流坝面曲线坐标表中的曲线坐标来确定。坝体内设有空腔，坝顶上设有闸墩，闸墩的上游端面为圆柱面，下游端面为斜椭圆柱面。

2. 视图

大头坝的结构由平面图、*A—A* 剖面图、上下游立面图及1—1断面图来进行表达。

如图 13-17 所示，平面图表达大头坝坝体和闸墩的平面布置情况，平面图中的虚线表示坝体内部的空腔结构。

A—A 剖面图主要表达大头坝的坝顶和闸墩组成部分的断面形状和各部分使用的建筑材料的情况。

大头坝的上、下游立面图各画一半，采用合成视图的表达方法，表达大头坝的头部型式和闸室的上、下游立面的情况。

1—1断面图主要表达大头坝内部空腔结构的断面情况。

结合大头坝的平面图、剖面图及断面图进行综合阅读，可以完整清晰地了解大头坝各组成部分的结构形状和大小，及各部分结构之间的相互关系和使用的建筑材料，进而了解大头坝整体的结构布置情况。

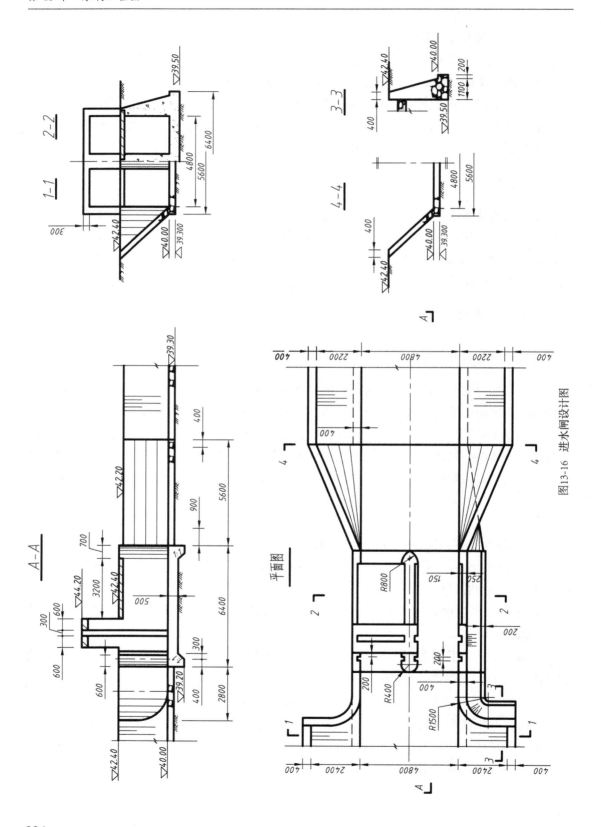

图13-16　进水闸设计图

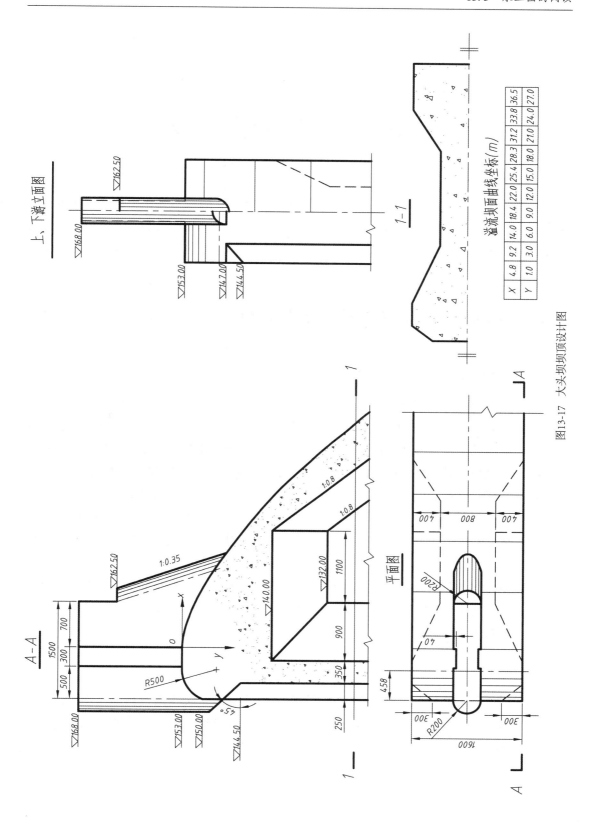

X	4.8	9.2	14.0	18.4	22.0	25.4	28.3	31.2	33.8	36.5
Y	1.0	3.0	6.0	9.0	12.0	15.0	18.0	21.0	24.0	27.0

溢流坝面曲线坐标(m)

图13-17 大头坝坝顶设计图

第 14 章　计算机绘图基础

本章以 AutoCAD2020 为软件平台，介绍 AutoCAD2020 的基本知识，包括常用的二维绘图命令、绘图工具的使用、图形编辑命令、图形的尺寸标注和文字的注释、基本的三维建模和三维编辑等内容，使学生能快速掌握 AutoCAD 软件的主要功能，来熟练绘制工程图形。

14.1　AutoCAD2020 基本概念与基本操作

14.1.1　AutoCAD2020 工作界面

用户正确安装 AutoCAD2020 应用程序后，会在桌面上自动建立 AutoCAD2020 的快捷方式图标，双击该应用程序图标，即可进入 AutoCAD 2020 的工作界面。默认的工作界面为"草图与注释"工作空间，默认颜色主题为"暗"，绘图区背景颜色为"黑"色。用户可以根据绘图需要和习惯来设置相应的主题和背景，在绘图区中单击鼠标右键，打开快捷菜单，选择"选项"命令，打开"选项"对话框，选择"显示"选项卡，在"窗口元素"区域的"颜色主题"中设置为"明"，再单击"窗口元素"区域的"颜色"按钮，打开"图形窗口颜色"对话框，在"颜色"下拉列表框中选择"白"色，确定并退出，设置完成后的工作界面如图 14-1 所示。

AutoCAD2020 采用了多窗口式的图形用户界面，默认工作界面主要由标题栏、菜单栏、工具栏、功能区、绘图区、十字光标、坐标系图标、状态栏、布局标签、命令行窗口及若干按钮和滚动条组成。

1. 标题栏

标题栏位于 AutoCAD2020 工作界面的顶端，用于显示系统当前运行的应用程序名和用户打开的图形文件名，当用户第一次启动 AutoCAD2020 时，默认打开的标准图形文件名为"Drawing1. dwg"。

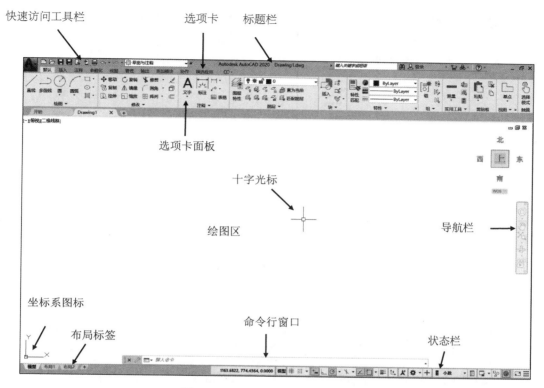

图 14-1 AutoCAD2020 工作界面

2. 菜单栏

如图 14-2 所示，在 AutoCAD2020 的快速访问工具栏中点击"草图与注释"右边的黑三角，可以在工作界面上显示菜单栏。菜单栏包含了"文件""编辑""视图""插入""格式""工具""绘图""标注""修改""参数""窗口""帮助"十二个菜单项(图 14-3)。单击菜单栏标题，便可弹出相应的下拉菜单。每一个下拉菜单内包含有许多菜单项，有的菜单项可以直接操作；有的菜单项的右边显示一个小三角，则表示包含下一级子菜单；有的菜单项后面带着一个省略号，表明激活该菜单将在屏幕上弹出该命令相应的对话框。用户也可以通过修改默认的菜单文件"acad.mnu"来定制需要的菜单项。

3. 工具栏

AutoCAD2020 的工具栏由一系列图标按钮组成，每个图标代表对应的功能，点击图标即可调用相应的命令操作。如图 14-4 所示，工具栏的显示可通过菜单栏中的"工具/工具栏/AutoCAD"来调用。也可在任意工具栏的空白处单击右键，打开工具栏选项板，选择对应要显示的工具栏选项。

327

图 14-2　AutoCAD2020 菜单栏的加载

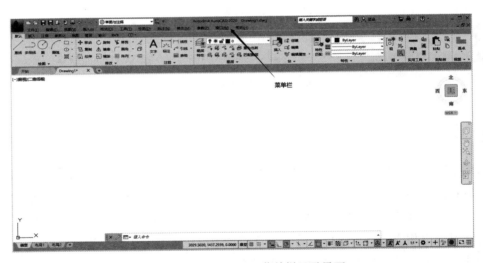

图 14-3　AutoCAD2020 菜单栏显示界面

4. 功能区

AutoCAD 2020 功能区由"默认""插入""注释""参数化""视图""管理""输出""附加模块""协作""精选应用"等一系列选项卡组成，这些选项卡被组织到面板，其中包含很多可用的工具和控件，提供了对应该面板相关的对话框的访问。如图 14-5 所示，为"默认"选项卡的显示面板。

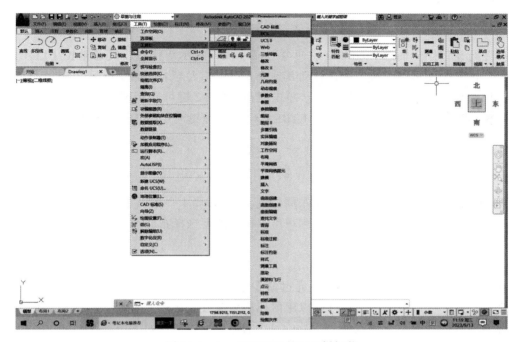

图 14-4 AutoCAD2020 的工具栏加载

图 14-5 "默认"选项卡显示面板

5. 状态栏

如图 14-6 所示，状态栏主要显示光标位置、绘图工具以及影响绘图环境的相关工具。在其左侧显示了当前十字光标的位置坐标，右侧则包含一组辅助绘图工具按钮，如："SNAP（捕捉）""GRID（栅格）""ORTHO（正交）"等。

图 14-6 AutoCAD2020 状态栏

在默认情况下，状态栏不会显示所有工具按钮，可以点击状态栏上最右侧按钮，选择从"自定义"菜单中显示的工具。状态栏上显示的工具会发生变化，具体取决于当前的工作空间以及当前显示的是"模型"选项卡还是"布局"选项卡。

6. 命令行窗口

命令行窗口用于输入 AutoCAD 的命令并显示操作提示等信息，其通常位于绘图区域的下方，由若干文本行组成。用户移动其拆分条可以扩大与缩小命令行窗口，拖动命令行窗口可以改变其在绘图区的布置位置。单击键盘上的 F2 键可以实现在命令行的绘图窗口和文本窗口之间的切换。用户使用"CTRL+9"的快捷键可以实现命令行窗口的显示与隐藏。

7. 布局标签

AutoCAD 系统包括一个模型空间布局标签，和"布局 1""布局 2"两个图纸空间布局标签。系统默认状态是打开模型空间，用户可以根据需要选择布局。

14.1.2　命令输入格式

在 AutoCAD 中，所有的操作都是通过命令来执行的，命令调用的方式取决于输入工具的选择。在命令调用时，用户既可以用鼠标从菜单或工具栏上拾取命令图标，也可以使用键盘直接在命令行窗口输入命令，AutoCAD 的命令输入格式如下：

命令：命令名↙

命令提示信息<缺省值>：命令选项或参数↙

AutoCAD 的命令输入不区分大小写，在命令提示信息的选项中会包含一个或多个大写字母，用户可选择相应的大写字母来实现对应的操作。所有的命令选项都放在"[ ]"里，各选项之间用符号"/"分隔。在尖括号"<>"内出现的数值为 AutoCAD 设置的默认值，当用户直接回车时，则默认该值被设为当前值。

在命令行窗口中直接回车可重复调用上一个命令。在执行命令时，可点击"Esc"键来取消和中止当前命令的执行。

14.1.3　绘图环境设置

当我们在手工绘图时，要先确定图纸规格、绘图比例与绘图单位等信息，然后再选择各种绘图工具进行图形绘制。同样，在使用 AutoCAD 绘图前，也要先设置坐标系、绘图单位、绘图界限、图层、颜色、线型、线宽等绘图环境，然后再进行下一步的绘图操作。

1. 设置绘图单位

调用方式：菜单"格式/单位"

命令：UNITS ↙

AutoCAD 打开图 14-7 所示"图形单位"对话框，用户可在该对话框内设置长度单位的类型：建筑制、小数制、工程制、分数制、科学制，缺省设置为小数制，长度单位的精度缺省设置为 0.0000；设置角度单位的类型：十进制、度/分/秒制、百分度、弧度制、勘测制，缺省设置为十进制，精度是 0；该对话框还可设置基准角度方向，其缺省设置指向正东方，默认缺省角度方向逆时针为正，顺时针为负；可设置插入图形的缩放单位及当前图形中光源强度的单位。

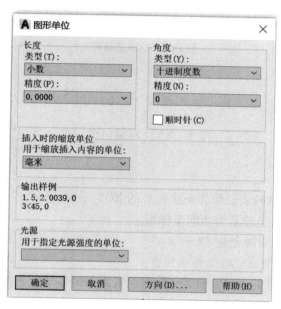

图 14-7 "图形单位"对话框

2. 设置绘图界限

绘图界限即图纸幅面的大小，在 AutoCAD 中通过定义一个矩形区域来表示绘图界限。

调用方式：菜单"格式/图形界限"

命令：LIMITS ↙

重新设置模型空间界限：

指定左下角点或[开（ON）/关（OFF）]<0.0000，0.0000>：（指定矩形区域的左下角点坐标）↙

指定右上角点或<420.0000，297.0000>：（指定矩形区域的右上角点坐标）↙

当用户选择"ON"选项时，用户设置的绘图边界有效，绘图时不允许超出绘图边界；当选择"OFF"选项时，则设置的绘图边界无效，允许用户绘图时超出绘图边界。

3. 坐标系设置

AutoCAD 提供了两种类型的坐标系：世界坐标系（WCS）与用户坐标系（UCS）。世界坐标系是一个符合右手法则的直角坐标系，这个坐标系中的点是由唯一的 X、Y、Z 坐标确定，它是 AutoCAD 的默认坐标系。在绘图时，为了便于定位，AutoCAD 也允许用户根据绘图需要建立自己的坐标系，并重新设置新坐标系的坐标原点和坐标轴的方向，即用户坐标系。

调用方式：菜单"工具/新建 UCS"或 UCS 工具栏(图 14-8)

图 14-8　UCS 工具栏

命令：UCS ↙

前 UCS 名称：＊世界＊

指定 UCS 的原点或［面(F)/命名(NA)/对象(OB)/上一个(P)/视图(V)/世界(W)/X/Y/Z/Z 轴 ZA］<世界>：

主要选项说明：

F——选择一个实体的表面作为新坐标系的 XOY 平面。

NA——恢复已命名坐标系为当前坐标系。

OB——通过选择的对象创建 UCS。

P ——恢复到前一次设立的坐标系位置。

V——新建的坐标系的 X、Y 轴所在的面设置为与屏幕平行，其原点保持不变。

W——恢复为世界坐标系。

X/Y/Z——原坐标系平面分别绕 X/Y/Z 轴旋转形成新的坐标系。

Z 轴——指定 Z 轴方向形成新的坐标系。

4．图层的设置

在 AutoCAD 中，每一个图形对象都具有相对应的颜色、线型、线宽等属性，这些非几何特征的属性一般可以通过图层来管理和设置。

1)图层的概念及特点

图层就像一层无厚度的透明图纸，不同的图层之间完全对齐叠在一起，形成一张完整的视图。每个图层都具有各自的颜色、线型、线宽及打印样式等属性，并且处于某种指定状态，如"打开/关闭""冻结/解冻""锁定/解锁"等。

AutoCAD 的图层具有以下几个特点：用户可以在一幅图中指定任意数量的图层，对每个图层上的图形对象的数量没有限制；每一个图层都有对应的图层名及其对应的线型、颜色等属性。当开始绘制一幅新图时，AutoCAD 自动生成一个名为"0"的默认图层，该层的属性可以被修改，但不能删除；用户只能在当前图层中绘图；用户可以对图层状态进行设置，以决定图层中图形对象的可见性与可操作性。

2)图层特性管理器

用户在使用图层功能之前，先要根据绘图的需求，建立相应的图层，并设置图层的各项属性，如颜色、线型、线宽等。

调用方式：菜单"格式/图层"或"图层"面板中的"图层特性"按钮

命令：LAYER ↙

命令调用后，AutoCAD 弹出"图层特性管理器"对话框（图 14-9）。在该对话框内用户可创建新的图层、删除图层、选择当前图层及设置图层的颜色、线型、线宽等属性。

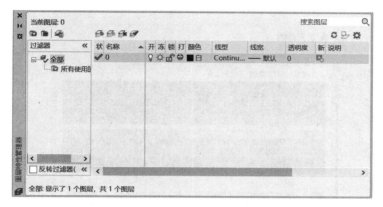

图 14-9 "图层特性管理器"对话框

"图层特性管理器"主要选项说明：

（1）"过滤器"列表框：用于设置是否在列表框中显示与过滤规则相同的图层。当复选框"反转过滤器"打钩，则在列表框内显示与过滤规则相反的图层。

（2）图标含义：

——新建图层。缺省设置图层名为"图层 1"，用户可以修改层名。

——建立新图层，然后在所有现在布局视口中将其冻结。

——删除用户选定的图层。但当前层、依赖外部参照的图层以及包含有图形对象的图层和"0"层不能被删除。

——设置用户选定的图层为当前图层，也可通过双击图层名来设置当前层。

（3）"图层列表区"：显示已设置图层及其特性，用户可通过点击列表上对应的特性图标来修改图层特性，列表区主要功能如下。

（1）控制图层状态。

开/关——设置图层上对象是显示还是关闭。如果打开，则图层上对象可以在屏幕上显示。如关闭，则图层仍是图形的一部分，但图层上对象不能被显示或绘制出来。

冻结/解冻——图层被冻结，则该层上的图形既不能在屏幕上显示，也不参与图形之间的运算。被解冻的图层刚好与之相反。对于复杂的图形而言，这种设置可以加快全图的显示速度，当前图层不能被冻结。

锁定/解锁——设置图层是否锁定，以避免图层上的对象被误编辑。AutoCAD 允许用户锁定图层，被锁定图层上的图形可以显示，但不能对其进行编辑和修改。当前图层可以被关闭和锁定，但不能被冻结。

打印/不打印——设置图层是否可以打印图形。

（2）设置图层颜色。

用户单击指定图层对应的颜色图标，打开"选择颜色"对话框（图 14-10）。对话框包含多种颜色设置方式，用户可以在"颜色"编辑框中输入颜色号，也可用鼠标直接在调色板上拾取某种颜色。AutoCAD 将 7 种标准颜色带放在对话框的下方，其缺省的颜色设置为白色。

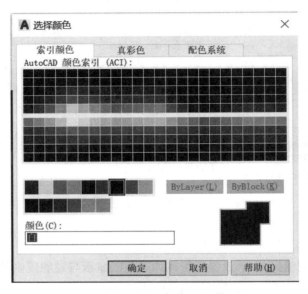

图 14-10　"选择颜色"对话框

（3）设置图层线型。

AutoCAD 为用户提供了多种标准线型，放在"acadiso.1in"文件里，其缺省设置只在文件中加载了连续线型（Continuous）。当用户需要使用其他线型时，首先要加载该线型到当前图形文件中。单击该图层的线型选项，打开"选择线型"对话框（图 14-11），单击"加载"按钮，弹出"加载或重载线型"对话框（图 14-12），框中列出了 AutoCAD 预定义的标准线型，拾取要加载的线型，单击"确定"按钮返回对话框，在加载后的线型列表中选择该线型，单击"确定"按钮，即可在指定图层上设置该线型。

图 14-11　"选择线型"对话框

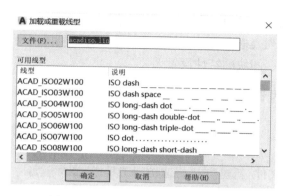

图 14-12 "加载或重载线型"对话框

在 AutoCAD 中非连续线型的显示受绘图时设置的图形界限的影响，可能会显示成连续线型。用户可以通过"LTSCALE"命令来设置图形的全局线型比例，调整图形中线型的显示效果。或在菜单栏"格式/线型"中打开"线型管理器"对话框，单击"显示细节"按钮，在"详细信息"选项卡里的"全局比例因子"文本框内设置。

（4）设置图层线宽。

AutoCAD 缺省的线宽设置是"默认"，线宽显示是细实线。如果用户需要其他尺寸线宽，单击该图层的线宽选项，打开"线宽"对话框（图 14-13），在列表里选择一种线宽尺寸，再单击"确定"按钮，即可改变指定图层上对象的线宽。

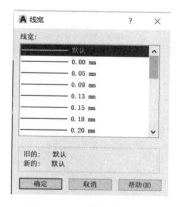
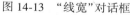

图 14-13 "线宽"对话框

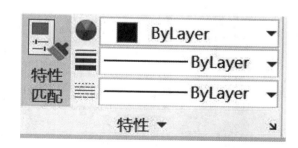

图 14-14 "特性"面板

当用户设置线宽值大于或等于 0.3mm 时，线宽列表中的线宽显示是粗实线，同时用户要打开状态栏上的"线宽"按钮，这时图形对象中粗实线线宽才能正确地显示出来。

在 AutoCAD 中，除了可以使用"图层特性管理器"设置对象特性之外，图形对象的颜色、线型、线宽的设置也可以在"默认"选项卡中的"特性"面板（图 14-14）中实现。在"特性"面板的下拉列表框中，"ByLayer"选项表示图形对象的特性与其所在图层的特性保持一致；"ByBlock"选项表示图形对象的特性与其所在图块的特性保持一致；如果在"特性"面板中对应的特性下拉列表框选择某一具体的对象特性，则随后所绘制对象的特性则保持不变，与图形所在图层、图块的特性设置无关。

14.1.4　图形文件的管理

1. 新建图形文件

调用方式：菜单"文件/新建"或"快速访问工具栏"图标 ▢

命令：NEW↙

快捷键：CTRL+N

AutoCAD 打开"选择样板"对话框（图 14-15），系统在列表框中列出一些预先设置好图层、标注样式、线型、文字等格式的标准样板文件，用户可以根据需要在此框中选择合适的样板文件。通常状况下"acad"或者"acadiso"两种空白样板文件使用较多，其中"acad"为英制，图形界限的尺寸为 12 英寸×9 英寸，"acadiso"为公制，图形界限尺寸为 420 毫米×297 毫米。AutoCAD 的样板文件是以".dwt"作为后缀，标准的图形文件是以".dwg"作为后缀。

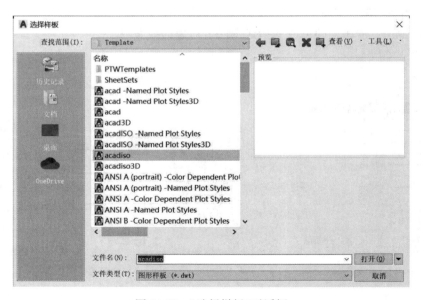

图 14-15　"选择样板"对话框

2. 打开已有的图形文件

调用方式：菜单"文件/打开"或"快速访问工具栏"图标 ▢

命令：OPEN ✓

快捷键：CTRL+O

AutoCAD 打开"选择文件"对话框，通过浏览框内的文件，可以快速选择要打开的文件。

3. 保存图形文件

调用方式：菜单"文件/保存"或"快速访问工具栏"图标 🖫

命令：SAVE ✓

快捷键：CTRL+S

AutoCAD 打开"图形另存为"对话框，用户可以选择一个合适的路径，并在"文件名"文本框中输入文件名即可。用户通过对 AutoCAD 系统变量"SAVETIME"的设置还可实现每隔多少分钟自动存盘一次，缺省设置为 120 分钟。

14.1.5 辅助绘图工具

在绘制图形时，往往需要我们精确定位图形对象的某些特殊点，如端点、中点、圆心等，在不知道该点坐标的情况下，可以使用 AutoCAD 提供的辅助绘图工具，快速准确地在屏幕上实现定位、绘制和编辑图形的功能。这些辅助绘图工具的打开与关闭，可通过点击状态栏上对应的按钮实现。辅助绘图工具选项的设置可以通过在状态栏上右击对应的工具按钮，然后打开对应的功能设置。

1. 栅格

栅格是显示在屏幕上一系列排列规则的点，它类似自定义的坐标纸，为用户提供了一个辅助的绘图空间，其显示的区域就是用户定义的绘图界限。用户单击状态栏上的"栅格"按钮或按 F7 键可以打开或关闭栅格显示，同时用户也可以自定义栅格点的间距和数量。

调用方式：菜单"工具/绘图设置"

命令：DSETTINGS ✓

系统打开"草图设置"对话框(图 14-16)，选择"捕捉与栅格"标签，其中"启用栅格"复选框用以控制是否显示栅格；"栅格 X 轴间距"和"栅格 Y 轴间距"用来设置 X 方向和 Y 方向的栅格间距值，如果它们的值为 0，则 AutoCAD 自动将其间距设置为捕捉栅格间距。

2. 捕捉

捕捉可以限制光标按指定的间距在屏幕上移动。在绘图时，为了准确地在屏幕上定位，用户可以利用栅格捕捉工具将十字光标锁定在屏幕上的栅格点。用户单击状态栏上的"捕捉"按钮或按 F9 键可以打开捕捉功能，同时用户还可以自定义捕捉间距与捕捉类型。

调用方式：菜单"工具/草图设置"

命令：DSETTINGS ✓

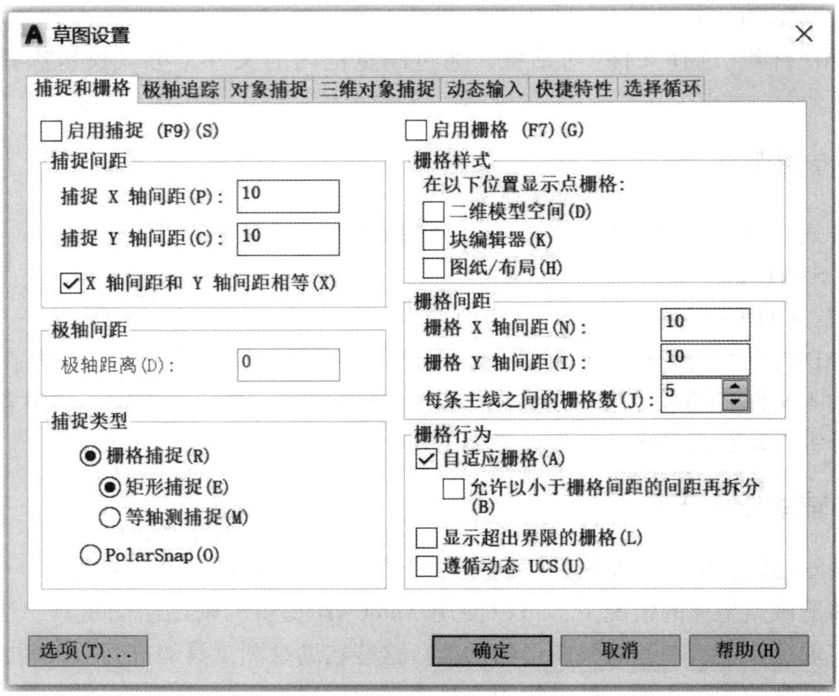

图 14-16　"草图设置"对话框

如图 14-16 所示，其中"启用捕捉"复选框用以控制栅格捕捉功能是否打开；"捕捉间距"选项卡用以设定 X 或 Y 方向的捕捉间距；"捕捉类型"选项卡用以设置捕捉类型，捕捉类型分为"栅格捕捉"与"PolarSnap（极轴捕捉）"两种，在"栅格捕捉"里分"矩形捕捉"和"等轴测捕捉"两种，系统默认为"矩形捕捉"方式。其中"等轴测捕捉"方式是绘制正等测图时的工作环境，在此环境下，栅格和十字光标线会呈绘制正等测图时的特定角度。当用户选择"极轴捕捉"时可以在"极轴间距"选项卡中设置极轴距离。

3. 对象捕捉

在利用 AutoCAD 绘图时，用户可以使用对象捕捉工具将十字光标迅速而准确地定位到图形对象的特征点，如圆的圆心、直线的中点、两图形对象的交点等。

调用方式：菜单"工具/草图设置"或打开"对象捕捉"工具栏

命令：OSNAP ↙

系统打开"草图设置"对话框，选择"对象捕捉"标签（图 14-17），其中"启用对象捕捉"复选框用于开启自动捕捉模式；"启用对象捕捉追踪"复选框用于开启自动追踪功能。对象捕捉模式各选项功能如表 14-1 所示。对象捕捉功能的启用只有当 AutoCAD 提示输入点时才能生效。

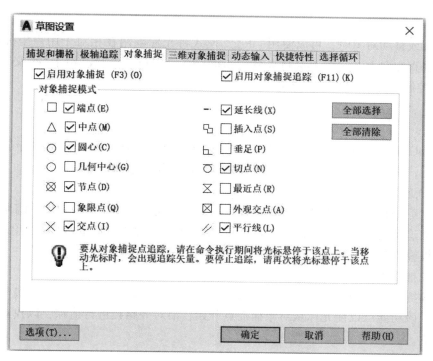

图 14-17　"对象捕捉"选项

表 14-1　对象捕捉模式功能表

捕捉模式	功　　能
端点	捕捉对象的端点
中点	捕捉对象的中点
圆心	捕捉圆或圆弧的圆心
节点	捕捉一个对象点
象限点	捕捉圆或圆弧的最近象限点(0°，90°，180°，270°)
交点	捕捉对象的交点
延伸	捕捉指定对象的延伸线上的点
插入点	捕捉文本对象和图块的插入点
垂足	捕捉与对象的正交点
切点	捕捉与圆或圆弧相切的点
平行	捕捉与对象平行路径上的点
最近点	捕捉对象上距光标最近的点
外观交点	捕捉图形对象的交叉点

4. 正交模式

当创建或移动对象时，可以使用"正交"模式将光标限制在相对于用户坐标系（UCS）的水平或垂直方向上，常用于绘制水平线和垂直线。用户单击状态栏上"正交"按钮或按 F8 键即可控制正交模式的开启或关闭。

5. 自动追踪

在 AutoCAD 中，用户可以指定按某一角度或利用点与其他图形对象的特定关系来确定点的方向，称为自动追踪。自动追踪分为极轴追踪和对象捕捉追踪。

1）极轴追踪

极轴追踪是利用指定角度的方式设置点的追踪方向。根据当前设置的追踪角度，引出相应的极轴追踪线进行追踪，以定位目标点。在"草图设置"对话框的"极轴追踪"选项卡可以设置极轴追踪的参数。

2）对象捕捉追踪

对象捕捉追踪是利用点与其他图形对象的特定关系来确定追踪方向，一般与对象捕捉配合使用。该功能可以使光标从对象捕捉点开始，沿对齐路径进行追踪，以找到用户需要的精确位置。

6. 动态输入

在 AutoCAD 中，用户通过点击状态栏上的"动态输入"按钮，可以在十字光标位置显示标注输入和命令提示等信息，从而更好地提高用户绘图的效率。

7. 模型/布局

"模型/布局"的控制按钮主要用于用户在模型空间与图纸空间之间的切换。

14.1.6　图形的显示控制

在使用 AutoCAD 绘图时，所绘制的图形都显示在视窗中，如果想清晰地观察一幅较大的图形或查看图形的局部结构时，会受到屏幕大小的限制。为此 AutoCAD 提供了多种显示控制命令，用户可以通过移动图纸或调整显示窗口的大小和位置来有效显示图形。

1. 缩放显示

ZOOM 命令用于对屏幕上显示的图形进行缩放，就像照相机的变焦镜头一样可放大或缩小当前窗口中图形的显示大小，而图形的实际尺寸并不改变。

调用方式：菜单"视图/缩放"或"缩放"工具栏（图 14-18）

命令：ZOOM ↙

定窗口的角点，输入比例因子（nX 或 nXP），或者

[全部（A）/中心（C）/动态（D）/范围（E）/上一个（P）/比例（S）/窗口（W）/对象

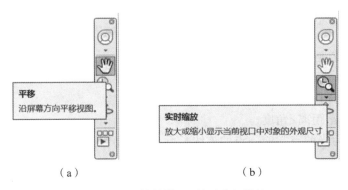

图 14-18　"缩放"工具栏

（O）］<实时>：a↙

主要选项说明：

指定窗口角点——定义一个矩形窗口来控制图形的显示，窗口内的图形将占满整个屏幕。

输入比例因子——图形以中心为基点按给定的比例因子放大或缩小，缩放时是以全部缩放时的视图为基准；如果比例因子后加"X"，则相对当前视图缩放，如果比例因子后加"XP"，则相对图纸空间缩放。

A——在当前视窗中显示全部图形，包括超出绘图边界的部分。

C——以指定图形的显示中心缩放。

D——动态缩放模式。

E——显示整个图形，使图形充满屏幕。

P——恢复当前显示窗口前一次显示的图形。

除此之外，直接回车即采用默认的实时缩放模式，此时屏幕光标变为放大镜符号，当按住鼠标左键垂直向下拖动光标可以缩小图形显示；相反，如果按住鼠标左键垂直向上拖动光标可以放大图形显示，其缩放比例与当前绘图窗口的大小有关。

2. 平移显示

调用方式：菜单"视图/平移"

命令：PAN↙

平移显示是在不改变图形显示缩放比例的情况下，通过在屏幕上移动图形来显示图形的不同部分。单击导航栏(图 14-19(a))上的"平移"按钮，光标变成手形，按住鼠标的左

（a）　　　　　　　　　　　　　　（b）

图 14-19　"导航栏"上的平移与缩放

键，移动鼠标，屏幕上的图形会随光标的移动而移动，以显示所需观察部分的图形。图形的"缩放"也可以利用屏幕上的导航栏实现(图 14-19(b))。

14.2　二维绘制命令

AutoCAD 为用户提供了一整套内容丰富、功能强大的交互式绘图命令集。其中二维绘图命令是绘图操作的基础，任何较为复杂的平面图形都可以看作由简单的点和线构成，均可使用 AutoCAD 二维绘图命令实现。

绘图命令的调用方式主要有四种：直接在命令行窗口输入绘图命令；从"绘图"菜单、"绘图"工具栏(图 14-20)或在"默认"选项卡的"绘图"面板中也可以调用绘图命令。

图 14-20　"绘图"工具栏

14.2.1　点的绘制

1. 坐标的输入方式

大部分 AutoCAD 命令在执行过程中需要精确定位，需要输入参数或点的坐标。点的坐标可以用直角坐标、极坐标或球面坐标表示。每一种坐标分别具有两种坐标输入方式：绝对坐标与相对坐标。绝对坐标是以原点(0，0，0)作为基点来定位的，相对坐标是以上一个操作点作为基点来定位的。当用户在输入点的坐标时，数值之间的逗号要求在西文模式下输入。

1)直角坐标

点的绝对直角坐标是当前点相对于坐标原点的坐标值，其输入格式是：

X，Y，Z

点的相对直角坐标输入格式是：

@X，Y，Z

其中 X、Y、Z 是当前点相对于上一个点的坐标增量。

2)极坐标

绝对极坐标与相对极坐标输入格式是：

距离<角度与@ 距离<角度

其中"距离"为当前点与前一点的连线长度，"角度"为该连线与 X 轴正向的夹角。

3)球面坐标

球面坐标输入格式是：

距离<角度 1<角度 2

其中，"距离"为该点与前一个点的连线长度；"角度 1"为该连线在 XY 面上的投影与 X 轴正向的夹角；"角度 2"为该连线与 XY 面的夹角。

2. 绘制点

1）设置点样式

AutoCAD 为用户提供了各种样式的点，用户可以通过改变系统变量"PDMODE"和"PDSIZE"的值，或打开"格式"菜单中的"点样式"对话框（图 14-21）来设置点的标记图案及点的大小。

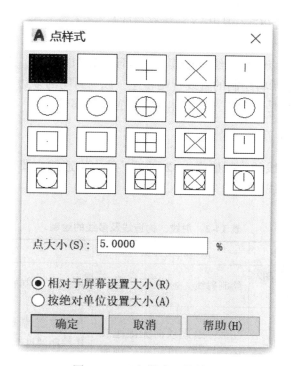

图 14-21　"点样式"对话框

2）绘制点

调用方式：菜单"绘图/点"或绘图工具栏上"点"按钮 ∴

命令：POINT ✓（快捷命令：PO）

指定点：（输入点的坐标）✓

3）绘制等分点与测量点

如果要在指定的图形对象上绘制等分点或测量点时，可从命令行窗口直接输入"DIVIDE"或"MEASURE"命令。或者在菜单栏中选择："绘图/点/定数等分或定距等分"，为了使点标记明显，一般是先设置点的标记图案及大小，然后再绘制等分点与测量点。

14.2.2　直线的绘制

1. 绘制直线段

调用方式：菜单"绘图/直线"或绘图工具栏上"直线"图标 ╱。

命令：LINE ↙（快捷命令：L）

指定第一个点：（输入直线段的起点坐标）↙

指定下一点或［放弃（U）］：（输入直线段的端点坐标）↙

指定下一点或［退出（E）/放弃（U）］：（输入下一直线段的端点坐标）↙

指定下一点或［闭合（C）/ 退出（X）/放弃（U）］：↙

主要选项说明：

逐步输入直线的端点，可以绘出连续的直线段。以"U"响应，表示取消先前画的一段直线。以"C"响应，表示将绘制的直线首尾相连，成为封闭的多边形。用此命令绘制的连续线段的每一条线段都是一个独立的实体，具有独立的属性。

2. 射线、构造线及多线的绘制

射线、构造线及多线的绘制如表 14-2 所示，其中构造线主要用于作图辅助线，多线往往用于房屋建筑物墙线的绘制。

表 14-2　射线、构造线及多线的绘制

命令	调用方式	功能及选项	主要选项说明
RAY	菜单："绘图/射线"	绘制射线	用 RAY 绘制的射线具有单向无穷性
XLINE（XL）	菜单："绘图/构造线"	功能：绘制双向无限延长的构造线，可用于绘图时的辅助线 选项：指定点或［水平（H）/垂直（V）/角度（A）/二分（B）/偏移（O）］	指定点-绘制通过指定两点的构造线；H-绘制通过指定点的水平构造线；V-绘制通过指定点的铅垂构造线；A-按指定角度绘制构造线； B-绘制等分一个角或等分两点的构造线； O-绘制与指定线平行的构造线
MLINE（ML）	菜单："绘图/多线"	功能：绘制由多条互相平行的直线组成的一个对象 选项：指定起点或［对正（J）/比例（S）/样式（ST）］	J-确定多线随光标的定位方式，AutoCAD 给出顶线、零线和底线三种定位方式； S-确定多线相对于定义线宽的比例； ST-选择当前多线样式

3. 二维多段线的绘制

"PLINE"命令用于绘制由不同宽度的直线或圆弧段组成的连续线段(图 14-22)。AutoCAD 把多段线看成一个单一的实体,并可用多段线编辑命令"PEDIT"对多段线进行编辑。

图 14-22   二维多段线

调用方式:菜单"绘图/多段线"或绘图工具栏上"多段线"图标

命令:PLINE ✓(快捷命令:PL)

指定起点:(输入起点坐标)✓

当前线宽为 0. 0000:(显示当前线宽)。

指定下一点或[圆弧(A)/半宽(H)/长度(L)/放弃(U)/宽度(W)]:(输入终点坐标)✓

主要选项说明:

指定起点——输入直线段的端点,并以当前线宽绘制直线段。

H /W——指定当前直线或圆弧的起始段、终止段的半宽或全宽。如果起始点与终止点的宽度不等,则可以绘制一条变宽度的直线,常用于绘制箭头。当 AutoCAD 的系统变量 FILLMODE = 1 时,线宽内部填实;FILLMODE = 0 时,线宽内部为空心。

U——取消先前绘制的一段直线或圆弧。

L——指定要绘制直线的长度,与先前所绘制的直线同方向或圆弧相切。

A——切换到绘圆弧状态,其各选项功能类似于用"Arc"命令绘制圆弧。

14.2.3 圆类图形的绘制

1. 圆的绘制

调用方式:菜单"绘图/圆"或绘图工具栏上"圆"图标

命令:CIRCLE ✓(快捷命令:C)

指定圆的圆心或[三点(3P)/两点(2P)/切点、切点、半径(T)]:

AutoCAD 中绘制圆的方式主要有以下六种:

圆心、半径/直径——根据输入的圆心、半径或直径创建圆。

2P——指定圆直径的两个端点来创建圆。

3P——指定圆周上的三个点来创建圆。

T——通过先指定两个相切对象，再给定圆的半径来创建圆（图 14-23）。

相切、相切、相切——绘制与三个图形对象相切的圆（图 14-24）。

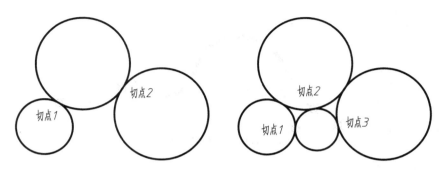

图 14-23　"T"圆弧创建方式　　　图 14-24　"相切、相切、相切"圆弧创建方式

2. 圆弧的绘制

调用方式：菜单"绘图/圆弧"或绘图工具栏上"圆弧"图标

命令：ARC ↙（快捷命令：A）

指定圆弧的起点或［圆心（C）］：

指定圆弧的第二个点或［圆心（C）/端点（E）］：

指定圆弧的端点：

主要选项说明：

AutoCAD 提供了 11 种绘制圆弧的方式，其中主要方式有 6 种（图 14-25），缺省使用三点法，即指定圆弧的起点（S）、圆弧上的一点（P）和圆弧的终点（E）。此外，还可利用圆心角（A）、弦长（L）、方向（D）等多种方式创建圆弧。用户在绘制圆弧时圆弧的曲率是遵循逆时针方向，所以要注意端点的输入顺序。

3. 椭圆与椭圆弧的绘制

调用方式：菜单"绘图/椭圆（椭圆弧）"或绘图工具栏"椭圆（椭圆弧）"图标

命令：ELLIPSE ↙（快捷命令：EL）

指定椭圆的轴端点或［圆弧（A）/中心点（C）］：

选项说明：

指定椭圆的轴端点——指定椭圆某一轴上的两个端点和另一半轴的长度来创建椭圆。

C——通过指定椭圆的中心、某一轴上的一个端点和另一半轴的长度创建椭圆。

A——切换绘制椭圆弧方式。

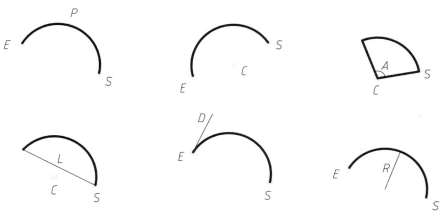

图 14-25　圆弧的主要绘制方式

4. 圆环的绘制

调用方式：菜单"绘图/圆环"

命令：DONUT↙

指定圆环的内径 <默认值>：

指定圆环的外径 <默认值>：

指定圆环的中心点或 <退出>：

若指定圆环的内径为 0，则可绘制出实心圆环。命令"FILL"用于控制圆环内是否填充。

14.2.4　样条曲线的绘制

用户可以使用"SPLINE"命令绘制通过一系列给定点或接近给定点的光滑曲线。这种曲线适用于表达具有不规则变化曲率半径的曲线，如地形轮廓线或波浪线等。

调用方式：菜单"绘图/样条曲线"或绘图工具栏上"样条曲线"图标 ∿

命令：SPLINE ↙（快捷命令：SPL）

当前设置：方式＝拟合　节点＝弦

指定第一个点或［方式(M)/节点(K)/对象(O)］：

M——确定是使用拟合点还是使用控制点来创建样条曲线。

K——用来确定样条曲线中连续拟合点之间的零部件曲线如何过渡。

O——将二维或三维的二次或三次样条曲线拟合多段线转换成等效的样条曲线。

当设定拟合公差值"Fit tolerance＝0"时，样条曲线将通过每一个控制点；当设定该值为非 0 时，样条曲线仅通过起始点和终止点。

14.2.5　多边形的绘制

1. 矩形的绘制

调用方式：菜单"绘图/矩形"或绘图工具栏上"矩形"图标□

命令：RECTANGLE ✓（快捷命令：REC）

指定第一个角点或［倒角(C)/标高(E)/圆角(F)/厚度(T)/宽度(W)］：

指定另一个角点或［面积(A)/尺寸(D)/旋转(R)］：

主要选项说明：

指定第一个角点——指定矩形的两个对角点来创建矩形。

C/ F——绘制倒直角或倒圆角矩形，并设置倒直角的距离或圆角半径。

E/ T——创建具有深度和厚度的矩形。

W——创建具有宽度的矩形。

A/ D——通过指定矩形面积或矩形的长与宽来创建矩形。

2. 正多边形的绘制

调用方式：菜单"绘图/正多边形"或绘图工具栏上"正多边形"图标 ⬡

命令：POLYGON ✓（快捷命令：POL）

输入侧面数<4>：（输入多边形边数）✓

指定正多边形的中心点或［边(E)］：（输入正多边形中心点）✓

输入选项［内接于圆(I)/外切于圆(C)］<I>：

可以选择以 "I（圆内接）" 或 "C（圆外切）" 的方式来绘制正多边形，其中"E"选项是由边长及其方向、边数来确定正多边形。

14.2.6　文字标注

文字是工程图样中不可缺少的一部分，在进行设计时，我们不仅要绘制图形，还要标注一些文字说明，如图形对象的注释、标题栏内容的填写和尺寸标注等。AutoCAD 提供了强大的文本标注与文本编辑功能，本节主要介绍 AutoCAD2020 的文本标注与编辑。

1. 设置文字的样式

AutoCAD2020 图形中所有的文字都有其相对应的文字样式，文字样式包括文字的字体、字高和特殊效果等特征，用以确定文字字体和字符的外观形状。

调用方式：菜单"格式/文字样式"或样式工具栏上"文字样式"图标 A

命令：STYLE ✓（快捷命令：ST）

命令激活后，AutoCAD 打开"文字样式"对话框（图 14-26）。其中"样式"列表框用于新建、修改、删除字体样式；"字体"选项组用于确定字体样式；"高度"文本框内用于设置字体的高度，如果在文本框内给定高度值，则在标注文本过程中不提示输入字高。如高度值设为 0，表示字高在标注过程中设置；"效果"选项组中的各组选项用于控制字体的特殊效果。

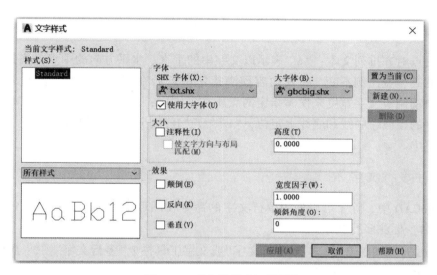

图 14-26　"文字样式"对话框

2. 单行文本标注

在 AutoCAD 中，可以使用"TEXT"或"DTEXT"命令在图形上添加单行文字对象。

调用方式：菜单"绘图/文字/单行文字"或"文字"工具栏上图标 **A**

命令：TEXT ↙

当前文字样式："Standard"当前文字高度：2.5000　注释性：　否　对正：　左

指定文字的起点或[对正(J)/样式(S)]：

指定高度 <2.5000>：指定文字的高度

指定文字的旋转角度 <0>：指定文字的倾斜角度

主要选项说明：

指定文字的起点——指定文字标注的起始点。

样式——选择已有的文字样式，缺省使用"Standard"样式。

对正——指定文本的对齐方式。

AutoCAD 提供了十五种文本对齐方式：左(L)、居中(C)、右(R)、对齐(A)、中间(M)、布满(F)、左上(TL)、中上(TC)、右上(TR)、左中(ML)、正中(MC)、右中(MR)、左下(BL)、中下(BC)、右下(BR)，其中十三种对齐方式如图 14-27 所示。缺省选项"L"是以文字串的最左点对齐排列；"C"表示以文字串的中点对齐排列；"R"则以文

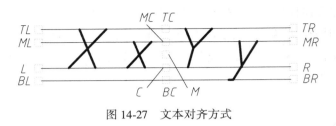

图 14-27　文本对齐方式

字串的最右点对齐排列文本；"M"表示以文字串的垂直、水平方向的中点对齐排列；"A"表示文字的高、宽比例不变，将其内容摆满指定两点所在范围内；"F"表示文字高度不变，通过自动调节文字宽度来摆满指定两点所在范围内；选项中的缩写"T""M"和"B"分别指在文字的顶线、中线和底线上定位，"L""C""R"则分别表示以文字的左、中、右对齐排列文字串。

3. 标注多行文字

在 AutoCAD 中，除了可以使用单行文字的命令在图形中添加文字以外，还可以使用"MTEXT"命令标注多行文字。

调用方式：菜单"绘图/文字/多行文字"或文字工具栏上"多行文字"图标 **A**

命令：MTEXT ✓（快捷命令：MT）

命令激活后，用户首先在屏幕上指定一个矩形框作为文字标注区域，然后 AutoCAD 打开"文字编辑器"选项卡（图 14-28）和多行文字编辑器，用户可以利用此编辑器输入多行文本并对其格式进行设置，来设置文字的样式、字体、字高、粗体、斜体、下划线、放弃、文字颜色以及符号等。特殊符号的输入可利用"符号"按钮，还可用双百分号和一个控制符从键盘上实现，例如：键盘输入"%%%"的显示结果为"%"。同时还可以控制多行文本的对正方式、宽度等特性。

图 14-28　"文字编辑器"选项卡面板

"MTEXT"命令以段落的方式处理输入的文字，输入的多行文字是一个整体。该选项卡面板不仅可以用于输入多行文字，还可以对文字进行实时修改和重新设置。

4. 文字编辑

调用方式：菜单"修改/对象/文字/编辑"

命令：DDEDIT✓（快捷命令：ED）

选择注释对象或[放弃(U)/模式(M)]（选择需要修改的文本对象）✓

用户也可以直接双击需编辑的文本对象，直接进入文本编辑器后对文本进行编辑。

14.3 图形的编辑

图形编辑是指对图形对象进行修改、移动、复制或删除等操作，对编辑命令的熟练掌握能有效提高绘图的效率。AutoCAD 提供了强大的图形编辑功能，用户可以在"修改"下拉菜单或"修改"工具栏(图 14-29)或在"默认"选项卡的"修改"面板中激活编辑命令，也可以从命令行窗口直接输入图形编辑命令。

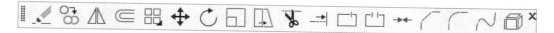

图 14-29 "修改"工具栏

14.3.1 构造选择集

用户在编辑图形对象时，AutoCAD 命令栏通常会提示"选择对象："，此时屏幕上十字光标变成小方框(拾取框)，提供给用户选择图形对象，这种操作过程称之为构造选择集。下面介绍几种常见的选择集构造方式(表 14-3)。

表 14-3 选择集的主要构造方式

构造方式	功　　能
点	缺省方式，用"拾取框"在屏幕上逐个点取对象，被选中的图形呈虚线显示
窗口(W)/窗交(C)	定义一个矩形窗口，窗口的大小由两个对角点确定； W-窗口范围内的对象全部被选中； C-窗口范围内及与其边界相交的所有对象都被选中
框(BOX)	直接将"拾取框"移到屏幕上的某个位置，单击鼠标左键，在"Other corner:"提示下，拖曳鼠标拉成一个矩形窗口，再单击鼠标左键得到一个定义窗口；当从左向右定义窗口时，AutoCAD 按窗口方式选择对象；当从右向左定义窗口时，则按窗交方式选择对象
全部(ALL)	选择绘图区域内的所有图形对象
上一个(L)	选择当前文件中用户最后创建的图形对象
栏选(F)	用户临时绘制一些图线，凡是与这些图线相交的对象均被选中
圈围(WP)	使用一个不规则的多边形来选择对象

14.3.2　删除与恢复

"ERASE"（快捷命令：E）与"OOPS"命令用于删除图形对象和恢复图中最后一次用"ERASE"命令删除的图形对象。

14.3.3　取消与重做

"UNDO"与"REDO"命令用于取消已经执行的命令操作和恢复用"UNDO"取消的命令操作。

14.3.4　复制图形

1. 简单复制

"COPY"用于将选定的对象复制到指定位置，且原对象保持不变，还可以多重复制。

调用方式：菜单"修改/复制"或修改工具栏上"复制"图标

命令：COPY ↙（快捷命令：CO）

选择对象：（选择需复制的对象）

选择对象：↙

当前设置：　复制模式 = 多个

指定基点或［位移(D)/模式(O)］<位移>:

主要选项说明：

指定基点——指定一个坐标点作为复制对象的基点。

D——直接输入移动的位移值。

O——选择单个或多个的复制方式，对所选对象进行复制。

2. 镜像复制

"MIRROR"命令用于将选定的对象按指定的镜像线为轴进行对称复制。

调用方式：菜单"修改/镜像"或修改工具栏上"镜像"图标

命令：MIRROR↙（快捷命令：MI）

命令行提示用户输入镜像线上的两点，然后选择是否删除源对象来执行镜像复制操作。

3. 偏移复制

"OFFSET"命令用于对图形对象进行偏移复制，如创建平行线、等距曲线或同心圆等。

调用方式：菜单"修改/偏移"或修改工具栏上"偏移"图标

命令：OFFSET↙（快捷命令：O）

当前设置：删除源＝否　　图层＝源　　OFFSETGAPTYPE＝0

指定偏移距离或［通过（T）/删除（E）/图层（L）］＜通过＞：

主要选项说明：

指定偏移距离——输入复制对象的偏移距离。

T——指定复制对象通过的一个点。

E——是否在偏移源对象后将其删除。

L——确定将偏移对象创建在当前图层，还是源对象所在图层。

4. 阵列复制

"ARRAY"命令用于将选定的对象按照矩形、环形和路径阵列的方式进行多重复制。下面以矩形阵列为例，介绍其操作方式与选项说明。

调用方式：菜单"修改/阵列"或修改工具栏上对应阵列图标

命令：ARRAY↙（快捷命令：AR）

输入阵列类型［矩形（R）/路径（PA）/极轴（PO）］＜矩形＞：↙

类型 ＝ 矩形　关联 ＝ 是

选择夹点以编辑阵列或［关联（AS）/基点（B）/计数（COU）/间距（S）/列数（COL）/行数（R）/层数（L）/退出（X）］＜退出＞：

矩形阵列命令执行后，根据命令行参数显示，用户需输入行数（R）和列数（COL）、行间距和列间距（S）等参数；选择环形阵列方式时，须输入环形阵列的中心点、复制对象的数目、项目之间的角度及复制的总角度。如果选择了路径阵列，则需要指定直线、多段线、样条曲线、圆弧、圆或椭圆等用作复制时的路径对象。

14.3.5　移动图形

移动图形就是将对象在指定方向上移动指定距离。

调用方式：菜单"修改/移动"或修改工具栏上"移动"图标✛

命令：MOVE ↙（快捷命令：M）

命令行提示用户选择需移动对象，对象选择完毕后回车，继续提示用户指定移动的基点或移动位置的起点与终点。

14.3.6　旋转图形

调用方式：菜单"修改/旋转"或修改工具栏上"旋转"图标↻

命令：ROTATE ↙（快捷命令：RO）

命令行提示用户选择需旋转的对象，对象选择完毕后回车，继续提示用户指定旋转的基点，然后输入旋转的角度或以参考角度方式旋转图形。用户可以在旋转的同时保留源对象，也可以采用参照的方式旋转对象。

14.3.7　缩放图形

调用方式：菜单"修改/缩放"或修改工具栏上"缩放"图标 ⊡

命令：SCALE ↙（快捷命令：SC）

命令行提示用户选择需缩放的对象，对象选择完毕后回车，继续提示用户指定缩放的基点，然后指定一个绝对缩放的比例因子，或采用参照的方式，通过输入两个长度值，系统自动测算缩放比例。

14.3.8　修整图形

1. 修剪

"TRIM"命令可以在一个或多个对象定义的边界上精确地剪切对象。剪切边界可以是直线、圆、圆弧、多义线、椭圆、样条曲线、构造线、填充区域、浮动的视区和文字等。

调用方式：菜单"修改/修剪"或修改工具栏上"修剪"图标 ✂

命令：TRIM ↙（快捷命令：TR）

当前设置：投影=UCS，边=无

选择剪切边…

选择对象或 <全部选择>：（选取剪切边界对象）↙

选择要修剪的对象，或按住 Shift 键选择要延伸的对象，或[栏选（F）/窗交（C）/投影（P）/边（E）/删除（R）]：（选择需剪切的对象）↙

主要选项说明：

F——以栏选的方式选择修剪对象。

C——以窗交的选择方式选择修剪对象。

P——指定修剪对象时使用的投影方式。

E——该项确定是否对剪切边界延长后，再进行剪切。

以图 14-30 为例，介绍修剪命令的使用方法。

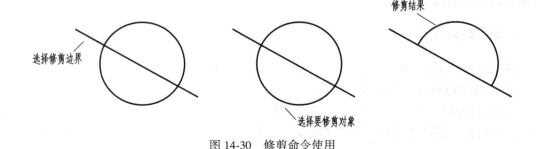

图 14-30　修剪命令使用

2. 断开

BREAK 命令用于删除对象的一部分或将一个对象分成两部分，包括"打断于点"和"打断"两种方式，其中"打断"方式操作步骤如下。

调用方式：菜单"修改/打断"或修改工具栏上"打断"图标凸

命令：BREAK↙（快捷命令：BR）

命令行提示用户选择需断开的对象，对象选择完毕后，AutoCAD 以拾取点为第一点，继续提示用户指定第二点，然后剪断并删除这两点间的图形。如果以"F"响应，则用户需重新输入第一点、第二点，然后剪断并删除这两点间图形。

3. 倒角

1) 倒直角

"CHAMFER"命令是利用一条斜线来连接两个不平行的线型对象。

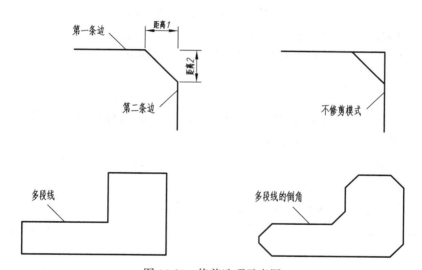

图 14-31　修剪选项示意图

调用方式：菜单"修改/倒角"或修改工具栏上"倒角"图标

命令：CHAMFER ↙（快捷命令：CHA）

（"修剪"模式）当前倒角距离 1 = 0.0000，距离 2 = 0.0000

选择第一条直线或［放弃(U)/多段线(P)/距离(D)/角度(A)/修剪(T)/方式(E)/多个(M)］

主要选项说明如下，各选项操作示意如图 14-31 所示。

选择第一条直线——选定倒角的第一条边，然后再选定倒角的另一条边。

P——对整条二维多段线作相同的倒角。

D——指定两条边的倒角距离，可以相同，也可以不同。

A——以给定第一条边的倒角长度和倒角线的角度的方式进行倒角。

T——确定倒角对象是否要被修剪。

E——设置指定两个倒角距离或指定一个倒角距离加一个角度的方式进行倒角。

M——为多组对象进行倒角。

2）倒圆角

"FILLET"命令实现用给定半径的圆弧来相切连接两个对象。

调用方式：菜单"修改/圆角"或修改工具栏上"圆角"图标

命令：FILLET↙（快捷命令：FIL）

其各选择项的功能与"CHAMFER"类似，在使用时，需要先指定倒圆角的半径。

4. 分解

"EXPLODE"命令是将一组复合对象分解为其组件对象，可以分解的对象包括块、多段线、文本、矩形、多边形及面域等。

调用方式：菜单"修改/分解"或修改工具栏上"分解"图标

命令：EXPLODE↙（快捷命令：X）

命令激活后，用户直接在屏幕上选择需分解的对象即可。

14.3.9　二维多段线编辑

"PEDIT"命令用于编辑由"PLINE"命令绘制的多段线。包括打开、封闭、连接、修改顶点、线宽、曲线拟合等多段线操作。

调用方式：菜单"修改/对象/多段线"或"修改Ⅱ"工具栏"编辑多段线"图标

命令：PEDIT↙（快捷命令：PE）

选择多段线或［多条（M）］：（选择需编辑的多段线）↙

输入选项［闭合（C）/合并（J）/宽度（W）/编辑顶点（E）/拟合（F）/样条曲线（S）/非曲线化（D）/线型生成（L）/反转（R）/放弃（U）］：

主要选项说明：

C/O——将开放的多段线闭合或将闭合的多段线断开。

J——把直线、圆弧或其他多段线与正在编辑的多段线合并成一条多段线。

W——修改多段线的线宽。

E——对多段线进行顶点编辑。用户可以实现选择上一个或下一个顶点为当前编辑顶点；断开多段线；插入新的顶点；移动当前顶点；重新生成多段线；拉直两点之间的多段线等功能。

F——用一条双圆弧曲线拟合多段线。

S——用一条 B 样条曲线拟合多段线，其控制点为多段线各顶点。

D——拉直多段线所有曲线段，包括使用"F""S"选项所产生的曲线。

L——重新生成多段线，使其线型统一规划。

14.3.10 多线编辑

"MLEDIT"命令是用于编辑由"MLINE"绘制的多线。当图形中有两条多线相交,可以通过此命令所提供的多种方法来控制和改变它们的相交点,如交点为十字形或 T 字形,则十字形或 T 字形相交处可以被闭合、打开或合并。

调用方式:菜单:"修改/对象/多线"

命令:MLEDIT↙

命令执行后,AutoCAD 打开"多线编辑工具"对话框(图 14-32),框中各图标形象地显示了几种多线编辑功能的实现效果,用户可以用鼠标直接选择相应的工具,然后再点取需要编辑的多线,即可实现多线的编辑。

图 14-32 "多线编辑工具"对话框

14.3.11 夹点编辑

在编辑图形时,用户可以使用不同类型的夹点和夹点模式以其他方式来重新塑造、移动或操纵图形对象。AutoCAD 在图形对象上定义了一些特殊点,称为"夹点",如图 14-33

所示，图中蓝色的小方块就是直线与圆的夹点。

图 14-33　图形对象的夹点

用户在使用夹点操作对象时，首先在图形上选择一个夹点作为基准夹点，该夹点会改变颜色，然后选择编辑操作：镜像、移动、旋转、拉伸和缩放，同时可以通过点击"SPACE"键和"ENTER"键循环选择这些功能，快速便捷地编辑对象。

14.4　图块与图案填充

14.4.1　图块的设置

用户在绘制工程图时，经常要重复绘制一些图形，如建筑施工图中的标高符号、门窗符号和一些图例符号等。为了提高绘图效率，节省磁盘空间，通常将需要重复绘制的图形预先定义成块，然后再插入到图中所需要的位置。

1. 定义图块

块是一组特定对象的集合，其中各个对象可以有自己的图层、颜色、线型、线宽等特性。一旦这组对象定义成块，就变成了一个独立的实体，并被赋予块名、插入基点、插入比例等信息。在 AutoCAD 中创建块的命令是"BLOCK"。

调用方式：菜单："绘图/块/创建…"或绘图工具栏"创建块"图标

命令：BLOCK　↙（快捷命令：B）

命令激活后，系统打开"块定义"对话框（图 14-34），其中"名称"下拉列表框用以输入或选择块名。块名及定义均保存在当前图形文件中，如果将块插入到其他图形文件中，必须使用"WBLOCK"命令；"基点"选项组是用以设置块的插入基准点，用户可以采用两种方式设置基点：用鼠标在屏幕上点取或在 X、Y、Z 框中输入基点坐标；"对象"选项组是用来确定构成图块的图形对象；"方式"选项组用于指定块的行为。

2. 插入图块

"INSERT"命令用于将用户定义好的图块插入到当前图形中。

调用方式：菜单："插入/块…"或绘图工具栏"插入块"图标

图 14-34 "块定义"对话框

命令：INSERT↙（快捷命令：I）

命令执行后，用户可以在打开的"块"选项板中（图 14-35）里，指定要插入的图块、插入基点、缩放比例和旋转角度。在插入时，可以直接输入插入块的基点坐标或选择在屏幕上直接指定插入点的方式。同时，该选项板可以控制块在插入时是否分解，或者是否自动重复插入块。

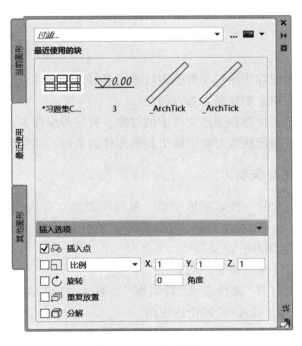

图 14-35 "块"选项板

3. 图块存盘

"WBLOCK(快捷命令：W)"命令用于将图形对象或图块保存到一个指定的图形文件中，以便于后期图块的插入。当命令被激活时，系统打开"写块"对话框(图 14-36)。

图 14-36　"写块"对话框

其中：

"源"选项组确定要保存为图形文件的图块或图形对象。

"基点"选项组用于指定图块插入基点的坐标。

"对象"选项组指定要保存到图形文件中的对象，有三种保存方式。

"目标"选项组用于指定块或对象要输出到的文件的名称、路径以及块插入的单位。

4. 属性块的创建与编辑

属性是附加于图块上的一种非图形信息，属性不能独立存在，用于对图块进行文字说明。

调用方式：菜单"绘图/块/定义属性..."

命令：ATTDEF　↙(快捷命令：ATT)

命令激活后，系统打开"属性定义"对话框(如图 14-37)，在该对话框内，包括"模式""属性""文字设置"及"插入点"四个选项组。

其中，"模式"选项组主要用于控制属性的显示模式，"不可见"用于设置属性块插入后是否显示属性值。"固定"是设置属性值是否为固定值。"预设"将属性值定义为默认值。

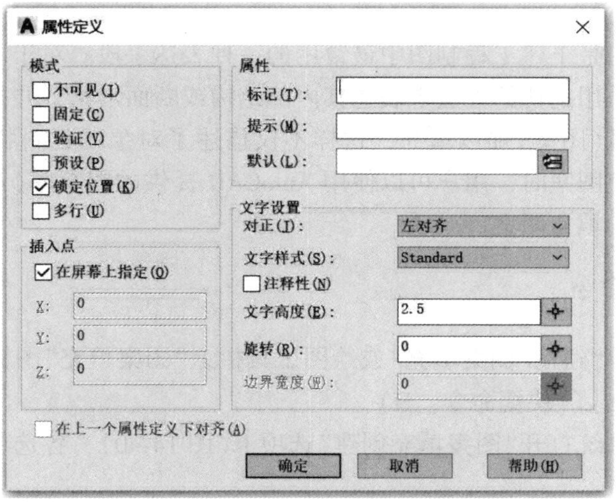

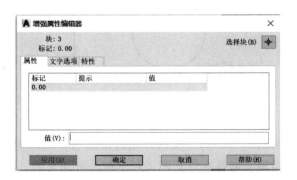

图 14-37　"属性定义"对话框

"验证"用于在插入块时确认属性值是否正确;"属性"选项组用于设定属性的标记名、插入属性块时的文字提示及属性的默认值;"文字设置"选项组用于设置属性文字的样式、对正模式及高度等参数;"插入点"选项组是用于设置属性文字的插入点位置。

当用户定义了属性后,还需要将文字属性和图形一起定义为块,然后在插入属性块时才能体现属性的作用。当用户插入属性块时,可以使用"编辑属性"的对话框(图 14-38)对块的属性值和属性的文字特性等内容进行修改。也可以双击属性块,打开"增强属性编辑器"(图 14-39)来编辑块属性。

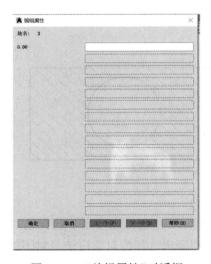

图 14-38　"编辑属性"对话框

图 14-39　"增强属性编辑器"对话框

第 14 章　计算机绘图基础

14.4.2　图案填充

剖面图与断面图是土建工程制图中最常用的一种表达手段。对于一些复杂的建筑构件和建筑物，往往要采用剖切的方法来表达其内部结构或断面形状，并把被剖切到的实体部分用相应的剖面符号(图案)加以填充，这样不仅描述了对象的材料特性，而且增加了图形的可读性。在填充图案时，用户可以使用 AutoCAD 提供的图案库(ACADISO. PAT)，也可以使用自己创建的填充图案。

1. 图案填充命令

调用方式：菜单"绘图/图案填充"或绘图工具栏上"图案填充"图标▨
命令：BHATCH ↙(快捷命令：H)
命令执行后，系统打开"图案填充创建"选项卡(图 14-40)，各选项主要功能如下。

图 14-40　"图案填充创建"选项卡

1)边界面板

填充边界是指由直线、双向构造线、多义线、圆、圆弧、椭圆、椭圆弧、块等对象构成的封闭区域。定义填充边界主要有以下几种方式：

"拾取点"——通过用拾取内部点的方式自动确定填充边界。当用户单击"拾取点"按钮后，命令窗口中提示用户在填充区域内部任意拾取一点，拾取某区域内部点后，AutoCAD 将自动检测到包围该区域的边界并在屏幕上显示预填充情况，然后直接回车来确定填充(图 14-41)。

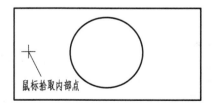
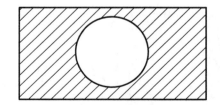

图 14-41　图案填充

"选择"——以定义选择集的方式选择图形对象作为填充边界。可用于选择诸如文字类的对象，使得在填充图案时不覆盖所选文字。此选项要求选择的对象应该是封闭的，如多段形、圆、椭圆、矩形等。

"删除"——从边界定义删除之前添加的对象。

2)"图案"面板

显示所有预定义和自定义图案的预览图像。AutoCAD 提供有三种类型图案：预定义图案、用户自定义图案和定制图案。预定义图案是指 AutoCAD 提供的标准图案，它们均保存在"ACAD. PAT"或"ACADISO. PAT"文件中。用户自定义图案是用户以当前线型定义的一种简单图案，它只能生成一组平行线或两组相互垂直的平行线。定制图案是指用户为某一种特定图形所设计的图案，它可以存放在"ACADISO. PAT"文件中，也可以存放在某个指定的图案文件(. PAT)里。

3)"特性"面板

设置填充图案的特性。如图案填充类型和颜色，或者修改图案填充的透明度级别、角度或比例。

4)"选项"面板

在展开的"选项"面板中(图 14-42)，可以更改绘图顺序以指定图案填充及其边界是显示在其他对象的前面还是后面在图案填充时。默认情况下，使用一个命令将图案填充应用到多个区域时，结果为一个图案填充对象。如果需要更改一个区域的特性或删除区域，则需要分隔图案填充对象。

图 14-42　"选项"面板

在填充图案时会使用到"孤岛"的定义，"孤岛"是指包含在填充区域最外层边界内的小的封闭区域。AutoCAD 主要提供了"普通""外部"和"忽略"三种孤岛填充方式(图 14-43)。"普通"方式(图 14-43(a))是一种自最外层边界开始，从外到内填充图案的方式，当遇到内部边界就停止填充，然后间隔一个区域继续按这种方式填充；"外部"方式(图 14-43(b))是由最外层边界开始向内填充，遇到第一个内部边界就停止填充；"忽略"方式(图 14-43(c))将忽略所有内部边界，在定义的总区域内填充图案。

2. 编辑填充图案

创建填充图案以后，用户可以通过"HATCHEDIT"命令对填充图案进行编辑，如：修改填充图案、改变图案的比例和角度、修改填充方式等。

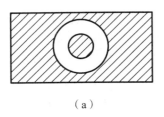
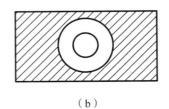
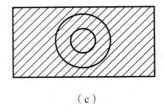

（a）　　　　　　　　　　　（b）　　　　　　　　　　　（c）

图 14-43　"边界图案填充"对话框

调用方式：菜单"修改/对象/图案填充"

命令：HATCHEDIT↙

在 AutoCAD 中用填充命令生成的图案是一个图形对象，图案中的点和线条均为一个整体，用户不能对图案中某条线作修改，只有采用二维图形编辑命令"EXPLODE（分解）"将图案分解成多条线段的组合，才能对其中的线条进行编辑。

14.5　尺寸标注

尺寸标注是工程图中一个非常重要的组成部分，图形只能表达形体的形状，形体的实际大小和各部分之间的相对位置关系，是要靠尺寸标注来进行表达。

14.5.1　尺寸标注样式

尺寸标注样式用以控制尺寸标注的外观和格式，如尺寸的测量单位格式与精度、尺寸箭头的形状与大小、尺寸文字的书写大小和方向、是否标注带有公差的尺寸等。AutoCAD 为用户提供的缺省尺寸标注样式名是"ISO-25"，用户也可以根据绘图的需要建立不同的尺寸标注样式。

1. 尺寸标注样式管理器

为了便于用户标注尺寸，AutoCAD 为用户提供了一个"标注样式管理器"（图 14-44），用于创建、修改、替换和比较尺寸样式。

命令调用方式：菜单"格式/尺寸样式..."或"标注"工具栏图标

命令：DIMSTYLE ↙（快捷命令：D）

主要选项功能如下：

置为当前——将用户选择的尺寸标注样式设置为当前样式。

新建——新建尺寸样式。单击"新建"按钮，弹出"创建新标注样式"对话框（图 14-45），在"新样式名"编辑框中输入新建样式的名称，并在"基础样式"列表框中选择新标注样式的基础样式（缺省为 ISO-25），表明新样式将继承指定样式的所有外部特征。在"用于"列表框中指定新样式的应用范围。

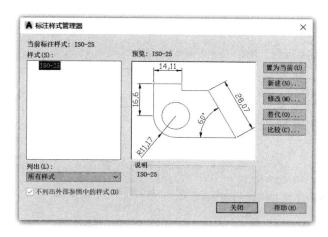

图 14-44 "标注样式管理器"对话框

修改——修改当前样式中的标注。

替代——允许用户建立临时的替代样式，即以当前样式为基础，修改某种标注。

比较——用于比较两个样式之间的差异。

图 14-45 "创建新标注样式"对话框

2. 编辑尺寸样式

当用户选择了修改或替代选项时，AutoCAD 将打开"修改标注样式"对话框（图 14-46)，该对话框中有 7 个选项卡，每个选项卡的内容和功能简述如下：

（1)"线"选项卡：此选项卡用于设置尺寸线、尺寸界线的型式与特性。

（2)"符号和箭头"选项卡：此选项卡用于设置尺寸箭头、圆心标记、弧长符号和半径折弯标注的型式和特性。

（3)"文字"选项卡：此选项卡用于设置尺寸标注文字的样式、外观、书写方向、位置以及对齐方式等属性。

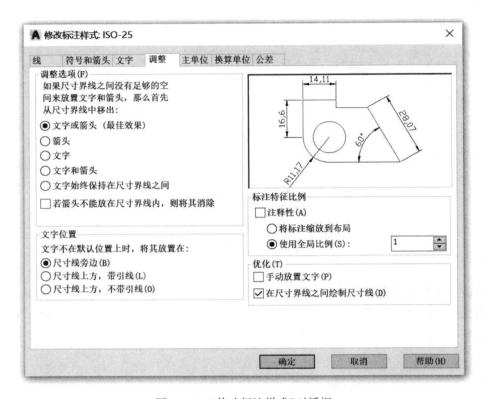

图 14-46　"修改标注样式"对话框

（4）"调整"选项卡：该选项卡可以调整尺寸界线、箭头、尺寸文字以及引线间的相互位置关系。

（5）"主单位"选项卡：AutoCAD 把当前标注的尺寸单位称主单位，并在该选项卡中提供了多种方法来设置其单位格式和精度，同时还可设置标注文字的前缀和后缀。

（6）"换算单位"选项卡：此选项卡是用来设置尺寸标注的换算单位的格式和精度。通过换算，可以将一种单位转换到另一种测量系统中的标注单位，如公制标注和英制标注之间相互转换等。

（7）"公差"选项卡：用户在标注公差之前，首先要选择一种合适的标注格式，然后再设定公差值的精度、上偏差值和下偏差值，并设置公差文字与标注测量文字的高度比例等。

14.5.2　尺寸标注

AutoCAD 提供了多种类型的尺寸标注样式，如线性标注、对齐标注、坐标标注、角度标注、半径（直径）标注、基线标注、连续标注、引线标注等，以适用于建筑工程图、机械工程图、土木工程图、水利工程图等不同类型图形的尺寸标注。

调用方式：菜单"标注"或"标注"工具栏(图14-47)或"默认"选项卡的"注释"面板上对应的功能按钮。

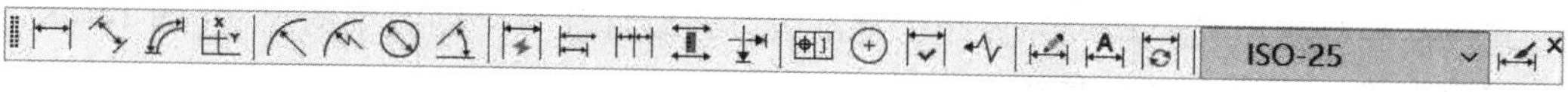

图14-47 "标注"工具栏

命令：DIM ✓

选择对象或指定第一个尺寸界线原点或［角度(A)/基线(B)/连续(C)/坐标(O)/对齐(G)/分发(D)/图层(L)/放弃(U)］:

1. 线性标注

线性型尺寸是指标注两点之间的直线距离，可分为水平、垂直和旋转三种基本类型。
调用方式：菜单"标注/线性"
命令：DIMLIN ✓(快捷命令：DLI)
指定第一个尺寸界线原点或 <选择对象>:
指定第二条尺寸界线原点:
指定尺寸线位置或
［多行文字(M)/文字(T)/角度(A)/水平(H)/垂直(V)/旋转(R)］:
主要选项说明：

指定第一条尺寸界线的起点或<选择对象>——用户可以指定两条尺寸界线的起点或直接选择需标注的对象，如果用鼠标选中对象，AutoCAD将自动测量指定边的起始点和终止点的长度。

M/ T——选择多行文本或单行文本的编辑方式以替换测量值。

A——指定一个角度来摆放尺寸文字。

H/V——确定标注水平或垂直方向尺寸。

R——指定尺寸线的旋转角度。

2. 角度标注

"DIMANG"命令用于标注两直线间夹角、圆弧中心角、圆上某段弧的中心角以及由任意三点所确定的夹角。

调用方式：菜单"标注/角度"
命令：DIMANG ✓(快捷命令：DAN)
择圆弧、圆、直线或 <指定顶点>:
指定标注弧线位置或［多行文字(M)/文字(T)/角度(A)/象限点(Q)］:
当图形对象为直线时，标注两条直线间的角度；当图形对象为圆弧时，标注圆弧的角度；

当图形对象为圆时，标注圆及圆外一点的角度；缺省情况标注图形上三点的角度。

3. 基线标注

基线标注是指以某一条尺寸界线为基准线，连续标注多个同类型的尺寸（图 14-48）。

调用方式：菜单"标注/基线"

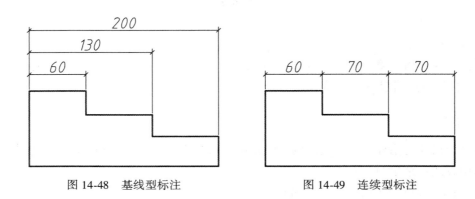

图 14-48　基线型标注　　　　　　图 14-49　连续型标注

命令：DIMBASE ↙（快捷命令：DBA）

指定第二条尺寸界线的起点或［放弃（U）/选择（S）］＜选择＞：

主要选项说明：

指定第二条尺寸界线的起点——直接确定另一个尺寸的第二条尺寸界线的起点，然后 AutoCAD 继续提示确定另一个尺寸的第二条尺寸界线的起点，直至标注完全部尺寸。

U——取消此次操作中最后一次基线标注的尺寸。

S——该缺省项表示要由用户选择一条尺寸界线为基准线进行标注。

4. 连续标注

连续型尺寸也是一个由线性、坐标或角度标注组成的标注簇（图 14-49），标注后续尺寸将使用上一个尺寸的第二条尺寸界线作为当前尺寸的第一条尺寸界线，适用于一系列连续的尺寸标注。

调用方式：菜单"标注/连续"

命令：DIMCONT ↙（快捷命令：DCO）

指定第二条尺寸界线原点或［放弃（U）/选择（S）］＜选择＞：

在创建连续标注或基线标注时，必须首先创建线性标注、角度标注或坐标标注以用作基准标注，从而以其为参照来进行后续标注，否则应响应"S"来选择基准标注。在标注进程中，AutoCAD 总是继续提示本类型的标注，直到键入"S"，再按回车键结束操作。如果要取消刚刚标注的尺寸，可选择"U"响应。

5. 坐标标注

"DIMORD"命令可以标注图形中任意一点的 X 或 Y 坐标值。
调用方式：菜单"标注/坐标"
命令：DIMORD ↙

6. 对齐标注

使用对齐标注时，尺寸线与尺寸界线起点的连线平行，适合于标注倾斜的直线。
调用方式：菜单"标注/对齐"
命令：DIMALI ↙（快捷命令：DAL）
其各选项的功能类似于"DIMLIN"命令。

7. 半径/直径标注

"DIMRAD"或"DIMDIA"命令用于标注指定圆弧、圆的半径或直径尺寸。
调用方式：菜单"标注/半径"
命令：DIMRAD ↙
选择圆弧或圆：
指定尺寸线位置或［多行文字(M)/文字(T)/角度(A)］：
用户可以响应"M""T"或"A"，来输入、编辑尺寸文本或其书写角度，也可直接给定
尺寸线的位置，标注出指定圆或圆弧的位置。

8. 引线标注

在设计图中，对于一些小尺寸或者有多行文字注释的尺寸及图形，可采用引线旁注的
形式来标注。引线标注样式可在"尺寸样式管理器"中设置，可以根据需要把指引线设置
为直线或曲线，带箭头或不带箭头。注释文本可以是多行文本，也可以是形位公差。
调用方式：菜单"标注/引线"
命令：LEADER ↙（快捷命令：LEAD）

9. 圆心标注

在 AutoCAD 中，用户可以用"DIMCENTER"命令，对圆或圆弧标记圆心或标注中心
线。圆心标记与中心线的尺寸格式在"新建标注样式"对话框中设置。
调用方式：菜单"标注/圆心标记"

14.5.3 编辑尺寸对象

AutoCAD2020 可以对已标注尺寸对象的特性进行修改。

1. DIMEDIT 命令

用于编辑尺寸标注中的尺寸线、尺寸界线以及尺寸文字的属性。

调用方式：菜单"标注/倾斜"

命令：DIMEDIT ↙（快捷命令：DIMED）

输入标注编辑类型［默认（H）/新建（N）/旋转（R）/倾斜（O）］＜默认＞：

主要选项说明：

H——缺省把尺寸文字恢复到默认的位置；

N——更新所选的尺寸文本；

R——改变尺寸文本行的倾斜角度；

O——调整线性尺寸界线的倾斜角度。

2. DIMTEDIT 命令

用于对已标注的尺寸文字的位置和角度进行重新编辑。

调用方式：菜单"标注/对齐文字"

命令：DIMTEDIT ↙（快捷命令：DIMTED）

为标注文字指定新位置或［左对齐(L)/右对齐(R)/居中(C)/默认(H)/角度(A)］：

AutoCAD 允许用户用光标来定位文字的新位置。其主要选项的功能如图 14-50 所示。

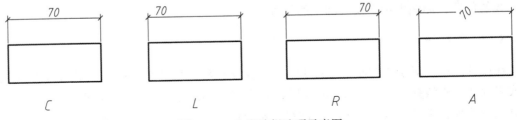

图 14-50　文字编辑选项示意图

14.6　三维绘图基础

AutoCAD 具有强大的三维绘图功能，它能创建三维点、三维线、三维面以及三维实体，并允许用户对三维实体进行三维编辑，以构成更加复杂的三维模型。本节主要介绍有关三维绘图的基本概念及三维造型的基本操作，为用户后续的三维建模打下基础。

14.6.1　三维实体的观察

用户在编辑图形时，常常需要从不同的角度观察图形，即首先要设置视点，所谓的视点是指用户观察图形对象时所处的观察方向。

1. 用 VPOINT 命令观察图形

在 AutoCAD 中，使用"VPOINT"命令可以设置图形的三维可视化观察方向。。

调用方式：菜单"视图/三维视图/视点预设"

命令：VPOINT ↙

命令执行后，弹出"视点预设"对话框，如图 14-51 所示，用户可以通过指定在 XY 平面中视点与 X 轴的夹角，或指定视点与 XY 平面的夹角来设置三维观察方向。

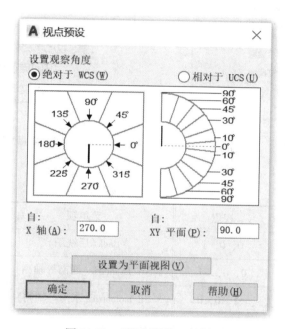

图 14-51 "视点预设"对话框

2. 特殊视点的设置

为了便于用户快速绘出基本视图(六个基本视图与四个方位的正等测图)，AutoCAD 提供了十个特殊视点。

调用方式：菜单"视图/三维视图"或"视图"工具栏(图 14-52)，其各选项功能如表 14-4 所示。用户也可以打开屏幕左上角的"视图"控件(图 14-53)进行选择。

图 14-52 "视图"工具栏

[−][俯视][二维线框]

图 14-53　"视图"控件

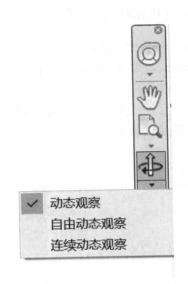

图 14-54　屏幕导航盘"动态观察"按钮

表 14-4　"视图"工具功能表

菜单项	视点	菜单项	视点
Top(俯视图)	0, 0, 1	Back(后视图)	0, 1, 0
Bottom(仰视图)	0, 0, −1	SW Isometric(西南等轴测)	−1, −1, 1
Left(左视图)	−1, 0, 0	SE Isometric(东南等轴测)	1, −1, 1
Right(右视图)	1, 0, 0	NE Isometric(东北等轴测)	1, 1, 1
Front(前视图)	0, −1, 0	NW Isometric(西北等轴测)	−1, 1, 1

3. 动态观察

AutoCAD2020 提供了交互控制功能的三维动态观察器，用户可以实时地控制和改变当前视口中创建的三维视图，达到期望的效果。动态观察分为三类，分别为"受约束的动态观察""自由动态观察""连续动态观察"。其中"受约束的动态观察"即沿 XY 平面或 Z 轴约束三维动态观察。"自由动态观察"是不参照平面，在任意方向上进行动态观察，沿 XY 平面和 Z 轴进行动态观察时，视点不受约束。"连续动态观察"是连续地进行动态观察。

调用方式：菜单"视图/动态观察"

命令：3DFORBIT

功能区："视图"选项卡上"导航"面板或屏幕导航盘上的"动态观察"按钮（图 14-54）

14.6.2 三维实体创建

1. 三维实体模型的构造方式

在计算机绘图中，有三种方式的三维模型：线框模型、表面模型和实体模型。线框模型只是用来描绘组成三维图形对象框架的点和线，它没有面和体的特征；表面模型定义了三维图形对象表面，具有面的特征，但没有体的特征；实体模型不仅定义了三维图形对象表面，还定义了表面所围成的一部分空间，具有体的特征，可以进行布尔运算，如挖孔和挖槽等，是一种高层次的三维模型。

AutoCAD 中提供了多种三维建模的构造方式，如：线框建模、实体建模、曲面建模和网格建模。用户使用 AutoCAD 创建的这些不同类型的模型之间是可以进行转换的。

2. 三维基本实体的创建

在 AutoCAD2020 中，用户可以通过命令直接创建基本实体，如：长方体、圆锥体、圆柱体、球体、圆环体和楔形体等。还可以通过拉伸或旋转二维图形对象来创建自定义的实体。

调用方式：菜单："绘图/建模"或"建模"工具栏（图 14-55）或"三维工具"选项卡的"建模"面板。

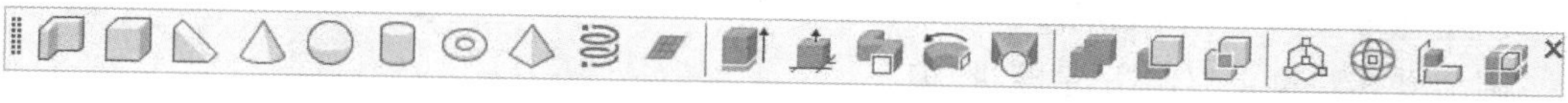

图 14-55 "建模"工具栏

1）创建基本实体

例 创建长方体，"BOX"命令用于创建长方体或正方体。

调用方式：菜单"绘图/建模/长方体"

命令：BOX ↙

指定第一个角点或［中心点（C）］<0，0，0>：（指定长方体的一个角点）↙

指定其他角点或［立方体（C）/长度（L）］：（指定长方体的另一个角点）↙

指定高度或［两点（2P）］：（指定长方体的高度）↙

主要选项说明：

C——通过指定长方体的中心点来创建长方体。

L——通过指定长方体的长、宽、高来创建长方体。

2）创建拉伸三维实体

"EXTRUDE 命令"用于通过拉伸二维实体创建三维实体。

调用方式：菜单"绘图/建模/拉伸"

命令：EXTRUDE↙（快捷命令：EXT）

当前线框密度：ISOLINES＝4，闭合轮廓创建模式 = 实体

选择要拉伸的对象或［模式（MO）］：（选择需拉伸的二维图形对象）

指定拉伸的高度或［方向（D）/路径（P）/倾斜角（T）/表达式（E）］<默认值>：

其中，"路径（P）"用于基于选定的对象定义拉伸路径。所有指定对象的剖面都沿着指定的路径拉伸，路径可以为直线、圆、圆弧、椭圆、椭圆弧、多段线和样条曲线。

3）创建旋转三维实体

"REVOLVE"命令可以通过旋转闭合的多段线、多边形、圆、椭圆、样条曲线及圆环或面域来创建三维实体。

调用方式：菜单"绘图/建模/旋转"

命令：REVOLVE↙（快捷命令：REV）

当前线框密度：ISOLINES＝4

选择对象：（选择需旋转的对象）↙

指定旋转轴的起点或定义轴依照［对象（O）/X 轴（X）/Y 轴（Y）］：

主要选项说明：

O——用于选择已有的直线或多段线中的单条线段定义旋转轴。

X，Y——将当前用户坐标系的 X、Y 轴正方向作为旋转轴。

4）创建三维扫掠实体

用户可以通过沿路径扫掠对象来创建实体，即沿开放或闭合路径扫掠二维对象或子对象来创建三维实体或三维曲面。

调用方式：菜单"绘图/建模/扫掠"

命令：SWEEP↙

当前线框密度：ISOLINES＝4，闭合轮廓创建模式 = 实体

选择要扫掠的对象或［模式（MO）］：（选择需扫掠的对象）↙

选择扫掠路径或［对齐（A）/基点（B）/比例（S）/扭曲（T）］：

A——指定是否对齐轮廓以使其作为扫掠路径切向的法向。

B——指定要扫掠的对象的基点。

S——指定比例因子以进行扫掠操作。

T——设置扫掠对象的扭曲角度

14.6.3　三维实体的编辑与布尔运算

1. 三维实体的编辑

编辑三维对象的方法主要有：对齐、旋转、镜像、阵列等。用户可以从"修改/三维操作"菜单或者通过"实体编辑"工具栏（图 14-56）中实现相应的操作。其具体功能如表14-5所示。

图 14-56 "实体编辑"工具栏

表 14-5 实体编辑功能表

命令	调用方式	功　能
ALIGN	修改/三维操作/对齐	用于在三维空间中移动和旋转对象。
3DROTATE	修改/三维操作/三维旋转	用于三维对象绕一个三维轴旋转。
MIRROR3D	修改/三维操作/三维镜像	沿指定的镜像平面创建三维对象的镜像。
3DARRAY	修改/三维操作/三维阵列	用于在三维空间中按阵列的方式复制对象。

2. 三维实体的布尔运算

任何一个复杂的物体都可看作由若干简单基本体经过一定的组合方式组合而成。当用户在用 AutoCAD 中绘制一个复杂的三维实体时，可以用布尔运算将两个或两个以上的基本体组合成复杂的三维实体。

AutoCAD 中有三种基本的集合运算：UNION（并）、SUBTRACTION（差）和 INTERSECTION（交）。用户可以从"修改/实体编辑"菜单或者通过"实体编辑"工具栏（图 14-56）中实现相应的操作。

1）并集运算（UNION）

"UNION"命令用于将一个或多个实体生成一个新的复合的实体。

调用方式：菜单"修改/实体编辑/并集"

2）差集运算（SUBTRACT）

"SUBTRACT"命令用于从选定的实体中删除与另一个实体的共有部分。

调用方式：菜单"修改/实体编辑/差集"

3）交集运算（INTERSECT）

"INTERSECT"命令用于将两个或多个实体的共有部分生成复合的实体。

调用方式：菜单"修改/实体编辑/交集"

14.6.4 三维实体的简单处理

1. 消隐

"HIDE"命令用于生成三维模型的消隐图，它能自动删除单个实体的不可见轮廓线，也能删除多个实体中被遮挡住的线段。

调用方式：菜单"视图/消隐"

命令：HIDE↙

2. 渲染

利用 AutoCAD 的渲染功能可以创建更加逼真的三维图形。在创建过程中，用户可以建立光源、调整光线、设置背景、附着材质、存储和观察来渲染图像。

调用方式：菜单"视图/渲染"

命令：RENDER↙

关于以上命令的具体使用方法，用户请参阅有关书籍，这里就不一一赘述。

14.7　绘图实例

建筑平面图是建筑施工图中的基本图样之一，主要表示建筑物的平面形状、大小、房屋布局、门窗位置、楼梯、走道安排、墙体厚度及其承重构件的尺寸等。它是施工放线、建造、门窗安装、室内外装修、编制预算及备料等的依据。本节将以图 14-57 为例，来介绍建筑平面图的画法。

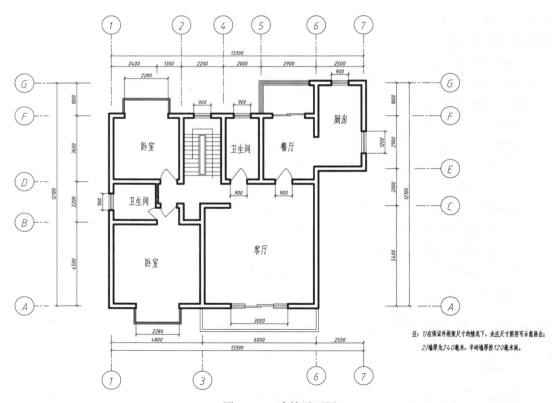

图 14-57　建筑平面图

14.7.1 绘图环境设置

正式绘图前首先要设置绘图环境，包括绘图界限、图层、颜色、线型、绘图辅助工具、尺寸标注样式和文字标注样式等。

1. 绘图界限

根据绘图要求，采用"acadiso.dwt"样板文件，图形的绘图界限为420×297。本图的绘图比例为1∶100，在绘图时按缩小到原来1/100的尺寸绘制。

2. 图层设置

为了便于对建筑平面图中各图形对象进行管理，平面图的各组成要素要分别绘制在相应的图层上，这就需要建立相应的图层，并设置图层相应的颜色、线型和线宽等属性。如图14-58所示，在建筑平面图中被剖到的墙体线用粗实线，定位轴线用点画线，标注、门窗、轴线圆、楼梯一般用细实线。

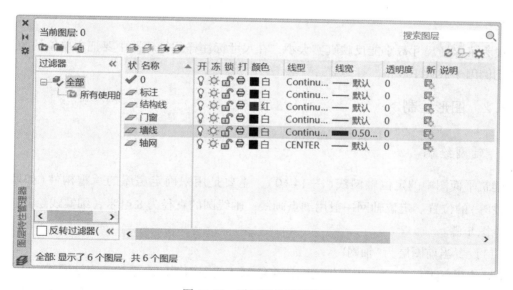

图 14-58 平面图的图层设置

3. 设置文字标注样式和尺寸标注样式

在建筑平面图中文字标注一般为工程字，本建筑平面图中文字样式的设置如图14-59所示。字高一般设置为0，便于在绘图过程中根据需要设置不同的高度。

尺寸标注样式的设置可以使用 AutoCAD 的"标注样式管理器"，根据图形的需要来调整标注样式的各种参数。由于在绘制时平面图是按缩小到原来1/100的比例绘制，在标注

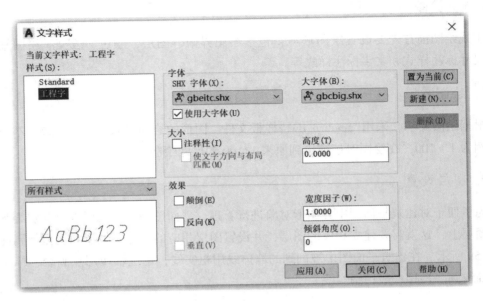

图 14-59　文字样式设置

的时候为了保证尺寸数字能反映真实大小，在尺寸标注样式管理器中要把主单位的测量单位的比例因子放大 100 倍。

14.7.2　图形绘制

1. 轴网绘制

建筑平面图中的定位轴网线（图 14-60），主要是用来确定房屋的承重构件（如墙体，结构柱等）的位置。定位轴网一般用细点画线，轴线圆的直径为 8 毫米，细实线绘制。

绘图步骤：

（1）设置当前图层为"轴网"。

（2）使用"偏移"命令，根据轴网间距来绘制建筑平面图的水平和竖直轴网线。

（3）轴网圆的绘制可以根据图形要求创建"轴网圆"图块，赋予图块文字属性，然后在合适的点插入图块，并修改图块的文字属性即可。

（4）使用"修剪"命令修剪轴网线，满足图形要求。

2. 绘制墙线

建筑平面图里墙线主要采用"多线"命令和"多线编辑"命令来创建。

绘图步骤：

（1）先设置当前图层为"墙线"。选择下拉菜单"格式/多线样式"，在弹出的"多线样

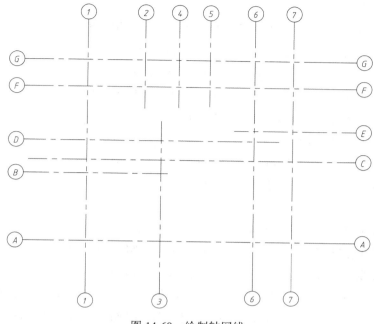

图 14-60　绘制轴网线

式"对话框中新建一个"墙线"的多线样式，其多线样式具体参数的设置如图 14-61 所示。

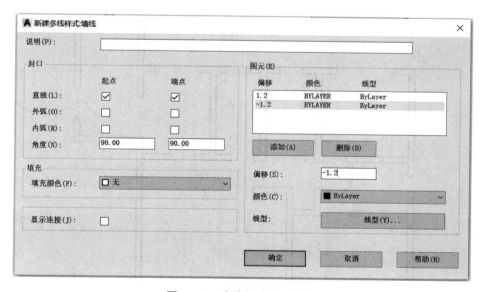

图 14-61　多线样式参数设置

（2）绘制墙线。

使用"多线"绘制命令，修改多线的对正模式为"无"，比例为 1，样式为"墙线"。

命令：MLINE

当前设置：对正 = 上，比例 = 20.00，样式 = STANDARD

指定起点或 [对正(J)/比例(S)/样式(ST)]：　j

输入对正类型 [上(T)/无(Z)/下(B)] <上>：　z

当前设置：对正 = 无，比例 = 20.00，样式 = STANDARD

指定起点或 [对正(J)/比例(S)/样式(ST)]：　s

输入多线比例 <20.00>：　1

当前设置：对正 = 无，比例 = 1.00，样式 = STANDARD

指定起点或 [对正(J)/比例(S)/样式(ST)]：　st

输入多线样式名或 [?]：　墙线

当前设置：对正 = 无，比例 = 1.00，样式 = 墙线

　　然后根据轴网定位和尺寸要求绘制内外墙线。绘制出来的墙线在连接处不符合要求，这时需要用"多线编辑"命令对其进行编辑。选择"修改/对象/多线"命令，弹出"多线编辑工具"对话框，在对话框中选择合适的选项来编辑墙线。后期如果墙线还有细节需要微调，可以在墙体上修剪完门窗洞后，使用"分解"命令将墙体分解后再进行编辑。

　　为了方便下一步平面图中门窗的插入，需要在墙体上，根据门窗的尺寸预先修剪好门窗洞。门窗洞的绘制可以先使用辅助线在门窗洞的精确位置定位，然后再使用"修剪"命令来修剪门窗洞，修剪后的具体效果如图 14-62 所示（隐藏轴网后）。

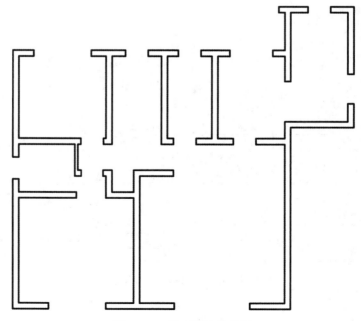

图 14-62　平面图墙体绘制

3. 绘制门、窗、阳台

在平面图中包含相当数量的门、窗和阳台，在绘制时可以利用多种方式来实现。窗的图例符号是由四条平行线组成，可以采用多线的命令绘制，也可以采用单线偏移的方法实现，如果图中窗的数量众多，可以创建窗块，然后在合适的位置插入即可。阳台线的绘制方法跟窗类似。

该建筑平面图中门图例有多种样式，一般是45°的细实线加圆弧开启线的门图例，可通过设置45°极轴角度、绘制直线和圆弧的方式来绘制。如果是推拉门的样式，可以通过"矩形"绘制命令来实现。实现效果如图14-63(隐藏轴网后)所示。

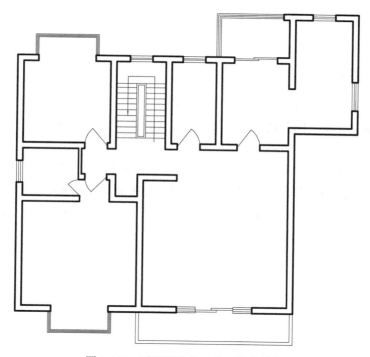

图 14-63 平面图中门、窗、阳台绘制

4. 绘制楼梯

在建筑平面图中楼梯图形主要包括一系列踏步线和扶手线，踏步线的绘制可以先画一条起始线，然后使用"阵列"的命令进行矩形阵列复制，形成踏步线。扶手线可以用"矩形"的命令绘制内扶手线，然后使用"偏移"的命令形成外扶手线。下行箭头的绘制可以使用"多段线"的绘制命令，设置多段线的起始线宽为一个合适的数值，终止线宽设为0，即可形成箭头。楼梯绘制如图14-64所示。

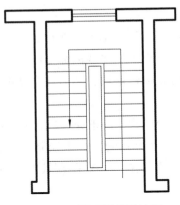

图 14-64　平面图楼梯绘制

5. 尺寸和文字标注

在平面图中需要标注的尺寸主要有房屋的总体尺寸，轴线间距、门窗的大小和定位尺寸及其一些细部尺寸等。同时根据绘图要求，需要在图中注写文字，包括房间属性和说明文字等。

在标注时，首先设置"标注"图层为当前图层，打开"标注"工具栏，根据平面图的尺寸标注要求，主要使用"线性标注"和"连续标注"两种命令来完成尺寸标注。平面图中文字的注写按预设好的文字样式，根据绘图要求，在适当的位置书写文字。标注完成后的建筑平面图如图 14-57 所示。

参 考 文 献

［1］刘永主编．机械工程图学［M］．武汉：武汉大学出版社，2020．

［2］陈永喜，夏唯主编．土木工程图学［M］．3 版．武汉：武汉大学出版社，2017．

［3］丁宇明，黄水生，张竞主编．土建工程制图［M］．3 版．北京：高等教育出版社，2012．

［4］殷佩生，吕秋灵主编．画法几何及水利工程制图［M］．6 版．北京：高等教育出版社，2015．

［5］卢传贤主编．土木工程制图［M］．6 版．北京：中国建筑工业出版社，2022．

［6］章金良，周乐主编．建筑阴影和透视［M］．5 版．上海：同济大学出版社，2015．